Thomas Gold

Die Biosphäre der heißen Tiefe und der Mythos der fossilen Energieträger

Thomas Gold

Die Biosphäre der heißen Tiefe

und der Mythos der fossilen Energieträger

Mit einem Vorwort
von Freeman Dyson

Aus dem amerikanischen Englisch
von Holger J. Thuß

Die Originalausgabe erschien 1999 unter dem Titel *The Deep Hot Biosphere – The Myth of Fossil Fuels* bei Copernicus/Springer-Verlag New York, Inc.

2. Auflage

www.TvRMedienverlag.de
Redaktion: Antje Bettac, Ruta Thuss, Robert W. Mochrie
Titelbild: Verlagsarchiv
Druck und Bindung: UAB „Baltijos Kopija“, Vilnius
Printed in Lithuania

ISBN 978-3-940431-45-5

Inhalt

Vorbemerkung

Im Juni 1997 bat mich die NASA, den Jahresvortrag am *Goddard Space Flight Center* in Maryland zu halten. Mein Beitrag zur Theorie der Biosphäre der heißen Tiefe und seine Bedeutung für das außerirdische Leben hatten mir die Einladung eingebracht. Sicher, ich fühlte mich geschmeichelt, doch gleichzeitig ärgerte mich das Thema, über das ich sprechen sollte: das Leben unter extremen Umweltbedingungen. Ich hatte kaum Interesse, über die Biosphäre an der Erdoberfläche zu reden, doch hätte ich das Thema wörtlich genommen, wäre genau das von mir vorzutragen gewesen. Unser eigenes Leben an der Oberfläche ist ein Leben unter extremen Umweltbedingungen.

Wenn es eine Idee gibt, von der ich hoffe, daß Sie sie noch lange nach der Lektüre dieses Buches in Erinnerung behalten mögen, dann ist es diese: Wir selbst sind es, die unter extremen Umweltbedingungen leben. Und wenn es eine Leidenschaft gibt, die ich in Ihnen zu wecken hoffe, dann ist es die Neugier, mehr über die ersten wirklichen *Land*lebewesen zu erfahren, die alle tief unter unseren Füßen in dem leben, das ich neuerdings Biosphäre der heißen Tiefe nenne.

Leider kann ich diese Neugier hier nur ansatzweise befriedigen, weil unser derzeitiges biologisches und kosmisches Wissen noch immer mehr Fragen als Antworten liefert. Aber genau das ist es ja, was die Erforschung der Biosphäre der heißen Tiefe so aufregend macht.

Thomas Gold

Vorwort

Das erste Mal traf ich Tommy Gold im Jahre 1946, als ich ihm in einem seiner Experimente über die Fähigkeiten des menschlichen Ohres als Versuchskaninchen diente. Menschen haben bemerkenswerte Fähigkeiten bei der Unterscheidung von Tonhöhen musikalischer Klänge. Wir können ohne Probleme den Unterschied erkennen, wenn die Frequenz eines reinen Tones nur ein Prozent abweicht. Wie machen wir das? Es war diese Frage, die Gold unbedingt beantworten wollte. Es gab dabei zwei mögliche Antworten: Entweder besitzt das Innenohr einen Satz fein abgestimmter Resonatoren, die mit Vibrationen auf einfallende Geräusche reagieren. Oder das Ohr schwingt selbst nicht, sondern übersetzt die einfallenden Geräusche in neuronale Signale, die dann von unserem Gehirn durch einen bisher unbekannten neuronalen Prozeß in reine Töne zerlegt werden. 1946 glaubten die Experten für die Anatomie und Physiologie des Ohres, daß die zweite Antwort die richtige ist. Die Zerlegung von Geräuschen geschehe im Hirn, nicht im Ohr. Antwort eins wurde verworfen, weil man davon ausging, daß es sich beim Ohr nur um einen mit weichem Gewebe und Flüssigkeit gefüllten kleinen Hohlraum handelte. Daß die weichen kleinen Membranen im Ohr wie die Seiten einer Harfe oder eines Klaviers schwingen könnten, konnte man sich nicht vorstellen.

Golds Plan war, die Experten mit seinem Experiment zu widerlegen. Das Experiment war einfach, elegant und originell. Während des Zweiten Weltkrieges war er in der britischen Marine in der Funk- und Radarkommunikation aktiv gewesen. Seine Geräte konstruierte er aus überzähligen elektronischen Teilen und Kopfhörern der Marine. In die Kopfhörer leitete er ein Signal ein, das aus kurzen Impulsen eines reinen Tones bestand, unterbrochen von Ruheintervallen. Die Dauer der Ruheintervalle war mindestens dreimal so lang wie die der reinen Töne. Die Impulse hatten alle die gleiche Form, aber sie hatten Phasen, die unabhängig voneinander umgekehrt werden konnten. Die Umkehrung der Phase eines Impulses bedeutet, daß die Bewegung des Lautsprechers im Kopfhörer umgekehrt wird. Bei einem umgekehrten Impuls drückt der Lautsprecher die Luft nach außen. Wenn der Impuls nicht umgekehrt wird, zieht er die Luft nach innen. Manchmal wählte Gold für alle Impulse die gleiche Phase, und manchmal wechselte er die Phasen, so daß die gleichförmigen Impulse eine Phase und die abweichenden Impulse die entgegengesetzte Phase erhielten. Ich mußte dabei nur mit aufgesetzten Kopfhörern dasitzen und zuhören, während Gold Signale mit gleichförmigen oder schwankenden Phasen einspeiste. Dann mußte ich ihm sagen, ausgehend vom Klang, ob die Phase konstant oder schwankend war.

Wenn der tonlose Intervall zwischen den Impulsen der zehnfachen Länge der Periode mit dem reinen Ton entsprach, fiel die Unterscheidung leicht. Ich höre ein moskitoartiges Geräusch, ein gleichzeitiges Summen und Brummen, und die Art und Weise des Summens änderte sich deutlich, wenn die Phase von konstant zu wechselhaft geändert wurde. Wir wiederholten die Versuche mit längeren Intervallen der Stille. Ich konnte immer noch den Unterschied heraushören, sogar dann, wenn der Ruheintervall 30 Perioden entsprach. Ich war nicht das einzige Versuchskaninchen. Einige andere von Golds Freunden lauschten den Signalen und kamen zu ähnlichen Ergebnissen. Das Experiment zeigte, daß sich das menschliche Ohr an die Phase eines Signals erinnern kann, nachdem das Signal aufgehört hat, und zwar dreißigmal so lang wie die Dauer des Signals. Um sich an die Phasen erinnern zu können, muß das Ohr über fein abgestimmte Resonatoren verfügen, die in den Pausen der Stille weiterschwingen. Das Ergebnis des Experiments zeigte, daß die Tonhöhenunterscheidung hauptsächlich im Ohr und nicht im Gehirn stattfindet.

Außer dem experimentellen Beweis, daß das Ohr mitschwingen kann, hatte Gold auch eine Theorie entwickelt, mit der er erklären konnte, wie ein fein eingestellter Resonator aus schlaffen und dissipativen Materialien zusammengesetzt werden kann. Er ging dabei davon aus, daß das Innenohr einen elektrischen Rückkopplungsmechanismus enthält. Die mechanischen Sensoren seien mit elektrisch angetriebenen Sensoren und Motoren gekoppelt. Damit funktioniere das kombinierte elektromechanische System wie ein Präzisionsverstärker. Die von den elektrischen Komponenten kommende positive Rückkopplung wirke der von der Weichheit der mechanischen Komponenten ausgelösten Dämpfung entgegen. Aufgrund seiner Erfahrungen als Elektroingenieur erschien Gold diese Theorie plausibel, obwohl er nicht in der Lage war, die anatomischen Strukturen im Ohr zu identifizieren, die dabei als Sensoren und Motoren dienten. 1948 veröffentlichte er zwei Fachaufsätze. Einer berichtete die Ergebnisse seines Experiments. Der andere beschrieb die Theorie.

Als jemand, der am Experiment teilgenommen und Gold bei der Erläuterung seine Theorie zugehört hat, zweifelte ich nie daran, daß er richtig lag. Dagegen glaubten die professionellen Gehörphysiologen, daß er unrecht hatte. Für sie war die Theorie nicht plausibel und das Experiment überzeugte sie nicht. Gold hielten sie für einen ignoranten Außenseiter, der in Bereiche vorstieß, von denen er keine Ahnung und für die er keinen akademischen Hintergrund hatte. Über Jahre ignorierte man seine Arbeit über das Hören und er wechselte in andere Themenbereiche.

30 Jahre später begann eine neue Generation von Gehörphysiologen, das Ohr mit viel ausgeklügelteren Instrumenten zu untersuchen. Sie entdeckten, daß alles, was Gold schon 1948 beschrieben hatte, richtig war. Die elektrischen Sensoren und Antriebe des Innenohres wurden identifiziert. Demnach gibt es zwei unterschiedliche Arten von Haarzellen, die so, wie von Gold vorhergesagt, funktionieren. Die

Gemeinde der Physiologen erkannte endlich die Bedeutung seiner Arbeiten an, 40 Jahre nach deren Veröffentlichung.

Golds Erforschung des Hörmechanismus ist ein Beispiel dafür, wie er sein ganzes Leben lang gearbeitet hat. Etwa alle fünf Jahre dringt er in ein neues Forschungsgebiet ein und veröffentlicht dazu eine aufsehenerregende Theorie, die bei den jeweiligen Experten intensiven Widerstand hervorruft. Danach arbeitet er sehr intensiv daran, die Experten eines Besseren zu belehren. Damit ist er nicht immer erfolgreich gewesen. Manchmal stellt sich heraus, daß die Experten recht haben und er nicht. Davor hat er keine Angst. So lag er besonders weit (das glauben jedenfalls die meisten) mit der sogenannten Steady-State-Theorie des Universums daneben. Dabei postulierte er eine konstante durchschnittliche Dichte an Materie in einem sich ständig ausdehnenden Weltall. Ständig werde Materie neu erzeugt, um die Dichte trotz All-Expansion konstant zu halten. Er hätte auch falsch liegen können, als er warnte, daß die Landung auf der Mondoberfläche mit Gefahren verbunden sein könnte, da diese von einem feinen, pudrigen Staub bedeckt sei. Es sollte sich zeigen, daß der Mond tatsächlich von einer Staubschicht bedeckt ist, die jedoch für die Astronauten nicht gefährlich war. Wenn er falsch lag, räumt er das stets gutgelaunt ein. Wissenschaft macht keinen Spaß, wenn man nicht auch einmal unrecht hat, meint er. Verglichen mit seinen viel wichtigeren richtigen Ideen sind seine falschen unbedeutend. Zu seinen wichtigen richtigen Ideen gehört die, nach der Pulsare, die gleichförmig pulsierenden himmlischen Strahlungsquellen, die 1967 von Radioastronomen entdeckt wurden, rotierende Neutronensterne sind. Anders als die meisten seiner richtigen Ideen wurde seine Pulsar-Theorie fast sofort von den Experten akzeptiert.

Eine andere von Golds richtigen Ideen wurde noch länger als seine Theorie des Gehörs abgelehnt. Dies war die Theorie der 90-Grad-Drehung der Erdachse. 1955 veröffentlichte er dazu den revolutionären

Aufsatz *Instability oft the Earth's Axis of Rotation*. Darin behauptete er, daß die Erdachse gelegentlich, innerhalb eines Zeitraumes von etwa einer Million Jahren, in einem Winkel von 90 Grad kippen würde. Dabei würden sich der alte Nord- und der alte Südpol zum Äquator bewegen und zwei Punkte des Äquators würden zu neuen Polen. Diese Umkehrung würde von Massebewegungen ausgelöst, die die alte Rotationsachse instabil und die neue Rotationsachse stabil werden ließen. Beispielsweise könnten große Eisakkumulationen an den alten Polen einen solchen Stabilitätsausgleich auslösen. Golds Aufsatz wurde von den Experten 40 Jahre lang ignoriert. Die konzentrierten sich damals voll und ganz auf das Phänomen der Kontinentaldrift und die Theorie der Plattentektonik. Golds Theorie war für die Experten uninteressant, weil sie mit dem Phänomen der Kontinentaldrift und der Theorie der Plattentektonik nichts zu tun hatte. Die von Gold vorhergesagte Drehung würde viel schneller ablaufen als die Kontinentaldrift und hätte keinen Einfluß auf die relative Position der Kontinente zueinander. Die Drehung würde die Position der Kontinente lediglich in ihrem Verhältnis zur Rotationsachse verändern.

1997 veröffentlichte Joseph Kirschvink, ein Experte für Gesteinsmagnetismus am *California Institute of Technology*, einen Fachaufsatz mit Belegen für eine 90-Grad-Drehung innerhalb eines geologisch kurzen Zeitraumes im frühen Kambrium. Diese Entdeckung hat eine große Bedeutung für die Geschichte des Lebens, da die Drehung während der sogenannten „kambrischen Explosion" aufgetreten zu sein scheint, einem kurzen Zeitraum, in dem plötzlich alle wichtigen Formen höherer Organismen in den Fossilienschichten auftauchten. Möglich ist, daß die Drehung der Rotationsachse grundlegende Umweltveränderungen in den Ozeanen auslöste und damit die Evolution neuer Lebensformen beschleunigte. Kirschvink würdigte Gold dabei ausdrücklich für dessen Theorie, durch die seine eigenen Beobachtungen erklärt werden konnten. Wäre diese Theorie nicht mehr als

40 Jahre ignoriert worden, wären die Belege zu ihrer Bestätigung vielleicht früher gesammelt worden.

Golds kontroverseste Idee ist der nichtbiologische (abiotische bzw. abiogenetische) Ursprung von Erdgas und Erdöl. Er behauptet, daß Erdgas und Erdöl aus Vorkommen tief im Erdinneren stammen und Überbleibsel von Stoffen sind, aus denen die Erde durch einen Verdichtungsprozeß entstanden ist. Die biologischen Moleküle, die im Erdöl gefunden werden, würden zeigen, daß das Erdöl von lebenden Organismen kontaminiert ist, aber nicht, daß es von Lebewesen produziert wurde. Auch diese Theorie widerspricht wie seine Theorien zum Gehör und zur Poldrehung dem gängigen Expertendogma. Einmal mehr gilt Gold als ignoranter Eindringling in ein fremdes Fachgebiet. Sicher ist Gold ein Eindringling, aber ignorant ist er nicht. Die geologischen Details sind ihm genauso bekannt wie die Erdgas- und Erdöl-Chemie. Die seine Theorie stützenden Argumente basieren auf einem überwältigenden Faktenreichtum. Vielleicht wird es wieder 40 Jahre dauern, bis wir entscheiden können, daß er recht hat. Doch unabhängig davon, ob die Theorie eines abiotischen Ursprungs am Ende stimmt oder nicht, wird ihre Erforschung sehr viel zu unserem Wissen über die Erde und ihre Geschichte beitragen.

Der Gegenstand dieses Buches ist Golds jüngster revolutionärer Vorschlag: die Theorie von der Biosphäre der heißen Tiefe. Diese besagt, daß die gesamte Erdkruste mehrere Meilen tief mit Lebewesen bevölkert ist. Die an der Erdoberfläche lebenden Organismen bilden nur einen kleinen Teil der Biosphäre. Der bedeutendere und ältere Teil der Biosphäre liege in der Tiefe und sei heiß. Die Theorie wird von einer bedeutenden Anzahl von Belegen untermauert. Diese werde ich an dieser Stelle nicht zusammenfassen, denn um sie geht es ausführlich auf den hier nachfolgenden Seiten. Da lasse ich lieber Gold für sich selbst sprechen.

Das Ziel meiner Ausführungen besteht lediglich darin zu erklären, in welcher Beziehung die Theorie der Biosphäre der heißen Tiefe zum Lebenswerk Thomas Golds steht. Golds Theorien sind stets originell, wichtig, kontrovers – und normalerweise richtig. Ich glaube, nach 50 Jahren mit Gold als Kollege und Freund, daß auch die Theorie von der Biosphäre der heißen Tiefe originell, bedeutsam und kontrovers ist – und richtig.

Prof. Freeman Dyson (1999)

1] Unser Garten Eden

Keine Wissenschaft hält für uns mehr Überraschungen bereit als die Biologie. Die größte Überraschung besteht darin, daß es überhaupt Leben gibt. Wie konnte das Leben entstehen? Hat ein außergewöhnliches Zufallsereignis im Universum den ersten primitiven lebendigen Organismus geschaffen, und folgte darauf dann alles andere?

Welche chemischen und physikalischen Umstände waren erforderlich, ein so völlig unwahrscheinliches Ereignis eintreten zu lassen? Lieferte nur unsere Erde dafür günstige Bedingungen? Oder ist Leben (nach der „Panspermie" genannten Hypothese) irgendwo anders entstanden und hat sich von dort aus über das Weltall ausgebreitet, um an jeder fruchtbaren Stelle, an die es gelangte, Wurzeln zu schlagen? Oder ist das Leben doch nicht so unwahrscheinlich? Vielleicht ist Leben aber auch eine unvermeidliche Folge physikalischer Gesetzmäßigkeiten und entsteht spontan an Millionen von Orten?

Wie immer man diese Fragen beantwortet: wir wissen, daß das Leben auf der Erdoberfläche ungeheuer vielfältig ist. Die Lebensformen umfassen winzige Mikroben ebenso wie riesige Wale, gigantische Pilzgeflechte und gewaltige Bäume. Dazu kommt eine unfaßbar große Anzahl von Insekten. Wenn wir noch die ausgestorbenen Lebensformen dazurechnen, dann erweitert sich die Lebensvielfalt um Dinosaurier, Trilobiten und sehr vieles mehr.

Die gesamte Lebensvielfalt hat vieles gemein. Am Bau aller bekannten Organismen sind komplizierte Protein-Moleküle beteiligt. Diese wiederum setzen sich aus Bausteinen zusammen, die Aminosäuren genannt werden. Diese kommen in allen bekannten Lebensformen vor. Die chemische Zusammensetzung dieser Aminosäuren *kann* in zwei Formen auftreten, wobei die eine Seite das Spiegelbild der anderen darstellt.

Wir stellen jedoch fest, daß jede einzelne Lebensform dieser ungeheuren Vielfalt nur eine Art von jedem dieser Molekülpaare nutzt. Anscheinend sind alle uns bekannten Lebensformen eng miteinander verbunden.

Nicht weniger wichtig als die gemeinsamen Bestandteile des Lebens sind die allgemeinen Bedingungen, unter denen sich alle bekannten Lebensformen entwickeln und überleben können. Zu diesen Bedingungen gehört das Vorhandensein von Wasser in flüssigem Zustand, ein begrenzter Temperaturbereich und Energie, die für sie in chemischer Form bereitstehen muß (oder die in eine solche umgewandelt werden kann). Wir neigen zu der Annahme, daß diese Bedingungen am besten und vielleicht sogar auf ideale Weise auf der Oberfläche unseres eigenen Planeten gegeben sind. Wir schließen daraus, vielleicht ein wenig traurig, daß diese Bedingungen höchstwahrscheinlich nirgendwo anders im Sonnensystem gegeben sind. Doch treffen diese Annahmen zu?

Das schmale Fenster für Leben an der Erdoberfläche

Das Universum ist ein rauer unfreundlicher Ort, ein Reich der Extreme. Der größte Teil des Universums ist nahezu leer und sehr kalt. Um genau zu sein, es herrschen dort etwa 2,7 Kelvin oder -270,5 °C, also nur 2,7 °C über dem absoluten Nullpunkt. Diese Kältewüste wird von Stellen mit intensiver Hitze und Licht durchzogen – den Sternen. Ihre Oberflächen erreichen Temperaturen von einigen Millionen Grad Celsius.

Sterne strahlen nicht für immer. Von ihnen stammen die Bausteine des Lebens. Sterne mit der dreifachen Masse der Sonne oder mehr laufen in einer Explosion der Gewalt aus, in einer Supernova-Explosion, die für kurze Zeit mit der Helligkeit von hundert Milliarden Sternen aufflackert. Die Explosion verteilt die Sternenmaterie im All und sorgt für die kalten Staub- und Gaswolken, aus denen sich neue Sterne bilden. Die verschiedenen atomaren Kerne, die im Inneren der Sterne oder während der Explosion entstehen, liefern die Materialien, aus denen sich Planeten bilden können. Das gleiche Sternenmaterial bringt die Elemente hervor, aus denen wir selbst und alle uns bekannten Kreaturen bestehen.

Das Leben entsteht daher aus einer Reihe von Atomen, die von Kernreaktoren tief im Inneren riesiger Sterne geformt wurden. Genau genommen entsteht das Leben aus Molekülen, Verklumpungen von Atomen, die sich eng genug beieinander befinden und kalt genug sind, um durch eine schwache Anziehungskraft zusammengehalten zu werden. Das Innere der Sterne bietet geeignete Voraussetzungen, um chemische Elemente zu bilden. Allerdings ist es dort viel zu heiß für die Bildung komplexer Moleküle.

Die meisten Orte des Universums lassen keine chemischen Reaktionen zu, die für das Leben unerläßlich sind. Die Sterne sind zu heiß und die meisten anderen Orte sind so kalt, daß sich die chemischen Stoffe in einem derart festen oder gasförmigen Zustand mit so geringer Dichte befinden, daß chemische Reaktionen äußerst langsam ablaufen. Doch wir können im Kosmos einige wenige Bereiche ausmachen, in denen sich viele verschiedene Arten von Molekülen gebildet haben. Es sind dies die großen Gas- beziehungsweise Staubwolken im interstellaren Raum, die von Sternen in ihrem Inneren oder ihrer Nähe erwärmt werden. Funktechniken haben die Identifikation vieler unterschiedlicher Moleküle ermöglicht. Wasser ist ein verbreiteter Bestandteil dieser Gaswolken, ebenso Kohlenwasserstoffe, Verbindungen aus Kohlenstoff und Wasserstoff. Man nimmt an, daß sich unser und andere Sternensysteme aus dem Material solcher Wolken gebildet haben.

Damit Lebensformen entstehen und überleben können, müssen Moleküle in einer Flüssigkeit oder einem Gas schwimmen, so daß sie sich leicht berühren und zu neuen Molekülen verbinden können. Daraus bildet sich dann ein Gebräu mit jener Komplexität, die wir in biologischen Materialien vorfinden. In allen uns bekannten Ausdrucksformen des Lebens wird diese Beweglichkeit durch flüssiges Wasser geschaffen. Man kann davon ausgehen, daß bei den fürchterlichen und unfreundlichen Lebensbedingungen des Universums – mit extremen Hitzepunkten und dem weiten extrem kalten Raum – Orte selten sind, an denen beständig eine Oberflächentemperatur herrscht, die Wasser im flüssigen Zustand hält. Oberflächentemperaturen hängen nicht nur von der Sonnenstrahlung ab, die ein Planet einfangen kann, also von seinem Abstand von der Sonne und deren jeweiligen Größe und Oberflächentemperatur, sondern auch von der Masse und Zusammensetzung der Atmosphäre des Planeten.

Es sind Masse und Zusammensetzung der Atmosphäre, die den Atmosphärendruck im wesentlichen bestimmt. Ohne Luftdruck gibt es so etwas wie flüssiges Wasser nicht. Fehlt eine entsprechende Atmosphäre, ist Wasser entweder fest oder gasförmig. Alles in allem ist ein Planet mit flüssigem Wasser an seiner Oberfläche eine seltene Erscheinung. Noch seltener ist die Teilmenge solcher Orte, die das komplizierte Design hervorgebracht hat, das wir „Leben“ nennen.

Kann es in diesem feindlichen Universum Orte geben, an denen vielleicht ein kleiner Bach den Hang hinabplätschert, sich Bäume sanft im Wind wiegen und Kreaturen daneben sitzen, die sich an dem Anblick erfreuen? So etwas muß in diesem bedrohlichen Universum wie ein Hirngespinst erscheinen. Und doch kennen wir so einen Ort: unsere kleine Erde.

Wie konnte unser Planet jenen enormen Überfluß an Leben auf seiner Oberfläche hervorbringen, den wir um uns erblicken? Kein anderer Planet und keiner ihrer Monde hat etwas Vergleichbares aufzuweisen. Weil die Oberflächen aller anderen Himmelskörper unseres Planetensystems im wesentlichen keine Möglichkeit für die Existenz flüssigen Wassers bieten, ist es in der Tat sehr unwahrscheinlich, daß in unserem Sonnensystem irgendwo anders als auf der Oberfläche unserer Erde Leben existiert. Es dürfte hier nur einen Garten Eden für so große Lebewesen wie uns geben. Doch Lebewesen, die klein genug sind, um enge Gesteinsporen zu bevölkern, können sehr wohl *im Inneren* einiger – vielleicht sogar vieler – Planeten und Monde existieren.

Chemische Energie für unterirdisches Leben

Die Sonne bewirkt zwei verschiedene Dinge. Zum einen liefert sie die Wärme, die die Oberflächentemperatur der Erde auf einem Niveau hält, das komplexe chemische Reaktionen zwischen den Molekülen und damit das Leben ermöglicht. Doch kann Umgebungswärme keine Energiequelle sein, die Wärme um uns her kann dem Leben auf der Erdoberfläche keine Energie liefern. Nur der Wärme*fluß* von einem heißeren auf einen kälteren Körper läßt sich in andere Energieformen umwandeln. Ein solcher Wärme*fluß* findet von der heißen Sonnenoberfläche zur kälteren Erde statt – die zweite Wirkung der Sonne auf die Erde. Von diesem Wärmefluß wird Energie abgezweigt und durch Photosynthese in chemische Energie umgewandelt.

Photosynthese wird vorwiegend von Pflanzen und Algen betrieben, die das Sonnenlicht nutzen, um Wassermoleküle (H_2O) und atmosphärisches Kohlendioxid (CO_2) aufzuspalten. Danach gruppieren sie die einzelnen Atome um und bilden daraus Kohlenwasserstoffe wie $C_6H_{12}O_6$. Diese können dann wieder zu H_2O und CO_2 oxidiert (d.h. „verbrannt“) werden, um Energie für den Stoffwechsel zu gewinnen. Dieser Prozeß stellt die grundlegende Energiequelle allen Lebens der Erdoberfläche dar. Die Oberfläche eines Planeten ohne Leben aus Photosynthese wäre allen uns bekannten Lebensformen der Erde ein feindlicher Ort. Unter der Oberfläche könnten ähnliche Temperaturen herrschen wie an der Oberfläche. Doch bei geringen Ausmaßen – wie die Größe der dort lebenden Wesen – findet nur ein recht geringer Energie*fluß* statt. Daher kann es unter der Erdoberfläche keine mit der Photosynthese vergleichbare Energiequelle geben.

Wenn wir den Ursprung des Lebens betrachten, erkennen wir, daß diese Darstellung der Energieumwandlung ein Rätsel aufwirft. Photosynthese ist ein überaus komplexer Vorgang. Die Mikroorganismen, die dazu fähig sind, müssen bereits über komplizierte chemische Verarbeitungssysteme verfügt haben, bevor sie diese noch weiter entwickelte Fähigkeit erlangten. Die Energiequelle, die diese ursprünglichen Mikroorganismen vor der Photosynthese nutzten, muß zunächst eine chemische gewesen sein. Die chemische Energie, die vor der Photosynthese vorhanden war, kann nicht durch Sonnenenergie oder Lebewesen zuwege gebracht worden sein. Es muß ein Geschenk des Kosmos gewesen sein.

Woher genau stammt diese chemische Energie? Ich schlage vor, daß die ursprüngliche Energiequelle des irdischen Lebens nicht auf der Photosynthese beruhte, sondern auf der Oxidation von bereits vorhandenen Kohlenwasserstoffen, wie man sie auch auf vielen anderen Planeten und Monden und in der ursprünglichen Materie vorfindet, aus der das Sonnensystem entstand. Vom leichten Gas Methan bis hin zu schwersten Erdölen ist ein breites Spektrum an Kohlenwasserstoffen in beträchtlichen Mengen und bis hinunter in große Tiefen in der Erde vorhanden. Ich bin überzeugt, daß die vorhandenen Mengen weit größer sind und die Vorkommen viel weiter hinunterreichen als gemeinhin geglaubt wird. Diese Sicht auf die Entstehung der Kohlenwasserstoffe habe ich *Theorie des Gasursprungs in den Tiefen der Erde bzw. Tiefengastheorie* genannt.[1]

---

[1] Die Idee, Kohlenwasserstoffe könnten nicht auf biologische Weise entstanden sein, veröffentlichte ich erstmals hier: *Rethinking the origins of oil and gas*, Wall Street Journal, 8. 6. 1977. Die Idee wurde 1979 weiterentwickelt. Vgl. dazu *Terrestrial sources of carbon and earthquake outgassing,* Journal of Petroleum Geology 1(3):3-19, und Thomas Gold, Steven Soter (1980): *The*

Ich glaube, wir verfügen jetzt über ausreichend Hinweise dafür, daß ein ganz bedeutender Lebensbereich weit unterhalb der oberirdischen Biosphäre, in der wir Menschen zuhause sind, existiert hat und noch existiert. Dieser unterirdische Lebensbereich und seine Bewohner bilden das, was ich *die Biosphäre der heißen Tiefe* nenne; tief deshalb, weil diese sich bis in eine Tiefe von 10 Kilometern und mehr unter der Erdoberfläche erstrecken könnte, und heiß deshalb, weil dort Temperaturen, als Folge der natürlichen Temperaturzunahme zum Erdinneren hin, oft 100 °C erreichen und sogar übersteigen.[2]

Es wird allgemein angenommen, daß die in der oberen Erdkruste vorhandenen Kohlenwasserstoffe ausschließlich aus den Rückständen von Pflanzen und Tieren stammen, die durch geologische Vorgänge umgewandelt worden sind. Daher sei es unmöglich, daß Kohlenwasserstoffe bei der *Entstehung* des Lebens eine Rolle gespielt haben können. Doch haben wir allen Grund, dies in Frage zu stellen, zusammen mit vielen anderen Annahmen. Wie wir in Kapitel 2 sehen werden, bestätigt eine Fülle neuer Entdeckungen das Vorhandensein von Leben in diesem Bereich der Erdkruste und unter Bedingungen, die selten zuvor für irgendeine Lebensform als erträglich galten.

Chemische Energie wird durch chemische Reaktionen freigesetzt. Die Stoffe, die wir in unserem oberirdischen Lebensbereich Brennstoffe nennen, bilden nur eine Komponente der energiefreisetzenden Reaktionen. Die andere Komponente, Sauerstoff, gibt es so reichlich um uns her, daß wir ihn allzu leicht übergehen. Kohlenwasserstoffe, Wasserstoff und Kohlenstoff sind für uns nur deshalb Brennstoffe, weil der andere für die energieerzeugende Reaktion erforder-

---

deep-earth gas hypotheses, Scientific American 242:154-161. Die Idee steht ebenfalls im Zentrum meines Buches von 1987: *Power from the Earth: Deep Earth Gas – Energy for the Future*, London 1987. Deutsch: *Das Jahrtausend des Methans: Die Energie der Zukunft (...)*. Düsseldorf u.a. 1988.

[2] Die Existenz einer *Biosphäre der heißen Tiefe (deep hot biosphere)* und die entsprechende Terminologie wurden erstmals vorgeschlagen in: Thomas Gold (1992): *The deep, hot biospere*, Proceedings of the National Academy of Science 89, S. 6045ff.

liche Bestandteil O_2 aus dem riesigen Sauerstoffvorrat unserer Atmosphäre oder gelöst im Meerwasser leicht verfügbar ist. Dieser Sauerstoff entsteht weitgehend, aber nicht vollständig, als Beiprodukt der Photosynthese. Viel mehr als Erdöl und Kohle ist Sauerstoff der *fossile* Brennstoff, den eine frühere Vegetation hinterlassen hat.

Bevor sich das Leben die Photosynthese ausgedacht hat – und noch heute in einer Tiefe, in die der Luftsauerstoff nicht vordringen kann – muß das gesamte von Kohlenwasserstoffen abhängiges Leben über andere Sauerstoffquellen verfügt haben. Sauerstoff ist das (nach Silizium) zweithäufigste Element in der Erdkruste. Deshalb enthält das Gestein große Mengen Sauerstoff, der jedoch chemisch meist zu fest gebunden ist, als daß er sich nutzen ließe. Eine Sauerstoffquelle, bei der mehr Energie aufgewendet werden muß, um den Sauerstoff aus seiner Verbindung im Gestein zu lösen, als die Energie, die danach durch die Oxidation von Kohlenwasserstoffen mit ihm gewonnen wird, kann Mikroben eindeutig nicht als Quelle ihrer Energieversorgung dienen.

Unterirdisches Leben muß daher von Sauerstoffquellen abhängen, bei denen diese lebenswichtigen Atome nur schwach an andere Elemente gebunden sind. Die größte Quelle chemisch schwach gebundenen Sauerstoffs in der Erdkruste sind bestimmte Eisenoxide und Sulfate (oxidierte Schwefelverbindungen). Wenn man Eisenoxiden wie Eisen(III)-Oxid ihren Sauerstoff entzieht, bleibt ein niedriger oxidiertes, magnetisches Eisen zurück. Als Beispiele seien die Mineralien Magnetit und Greigit genannt. Wenn Sulfaten Sauerstoff entzogen wird, kann entweder reiner Schwefel oder Sulfid übrigbleiben, zum Beispiel Hydrogensulfid oder Eisensulfid. Die Existenz solcher Nebenprodukte des Stoffwechsels in unterirdischen Bereichen hilft dabei, die dort auftretenden biochemischen Prozesse zu identifizieren. Die Nebenprodukte vermitteln uns auch ein Gefühl für Ausmaß und Umfang der Biosphäre der heißen Tiefe.

Für die Theorie vom Leben unter der Erdoberfläche ist entscheidend, daß die eigentliche Quelle der aufsteigenden Kohlenwasserstoffe sehr viel tiefer liegt als der am weitesten unten liegende Lebensbereich. Die Biosphäre der heißen Tiefe kann zwar weit nach unten, aber nicht übermäßig weit nach unten reichen. Warum ist das so? Die exponentiellen Wachstumsraten von Mikroben (und anderen Lebensformen) setzen voraus, daß die Energiequelle, die hinter dem Wachstum steht, *gleichförmig* sprudelt. Wenn die frühesten Formen unterirdischen Lebens nicht bei ihrer Versorgung mit Nahrung in Schach gehalten worden wären, hätte ihre rasche Vermehrung den gesamten Vorrat in einem geologisch betrachtet kurzen Zeitraum aufgebraucht und damit ihre allmähliche Evolution verhindert.

Energie, die vom Leben genutzt werden kann, muß also zur Verfügung stehen, aber nicht auf einmal, in ihrer Gesamtheit. Für den gleichförmigen Energiefluß zur Versorgung der oberirdischen Biosphäre sorgt eine Sonne, die Milliarden von Jahren benötigt, um ihren eigenen endlichen Brennstoffvorrat aufzubrauchen. Die chemische Energie (wie Zucker), die Lebewesen hier auf der Erde durch Photosynthese erzeugen, wird also über die Zeiten auf gedrosselte Weise und nur in Gegenden bereitgestellt, in denen flüssiges Wasser vorhanden ist – doch nicht in den trockensten Wüsten oder auf den Eisfeldern der polaren oder Hochgebirgsregionen. Die Umwandlung solarer zu chemischer Energie erfolgt heute in einer Geschwindigkeit, die ausreicht, das gesamte Leben der Erdoberfläche zu ernähren. Dabei spielt es keine Rolle, wie gierig Lebewesen sind: Sie können die Sonne nicht zwingen, ihre Energie schneller abzustrahlen. Energie erhält das Leben, doch nur ein gleichförmiger Energiefluß kann das Leben über lange Zeiträume hinweg erhalten.

Die Bedeutung einer gleichförmigen Energieversorgung für das Leben zu verstehen ist entscheidend, um die Möglichkeiten für die Entstehung des Lebens einzugrenzen. Der vieldiskutierte warme kleine Tümpel, der Nährstoffe enthielt, die unter großen Schwierigkeiten durch Prozesse an der Oberfläche geschaffen wurden, ist meiner Meinung nach nicht der beste Kandidat für die Umgebung, in der der Übergang von der unbelebten zur belebten Natur erfolgte. Eine solche Umgebung könnte nur eine begrenzte Menge, aber keine langfristige, dauerhafte und gleichförmige Versorgung mit chemischen Stoffen und Energie bereitstellen. Erforderlich ist jedoch eher eine Umwelt, die über Hunderte Millionen Jahre gleichförmig chemische Energie liefern kann. In diesem Zeitraum könnten dann unvorstellbar viele molekulare Experimente stattfinden.

Eine Übersicht über dieses Buch

In den folgenden Kapiteln werde ich die Theorie weiter ausbauen, nach der eine voll funktionsfähige und widerstandsfähige Biosphäre tief in der Erde existiert, die sich von Kohlenwasserstoffen ernährt, und daß ihr eine Quelle für Kohlenwasserstoffe vorgelagert ist, die noch tiefer liegt. Ich werde ausführen, daß die Photosynthese in Ablegern unterirdischen Lebens entstand, die sich in die Nähe der Oberfläche vorgearbeitet hatten und sich dann so entwickelten, daß sie mit Hilfe von Photonen ihre Versorgung mit chemischer Energie steigern konnten. Als sich die Bedingungen an der Erdoberfläche für diese Lebewesen verbesserten (im Hinblick auf Temperatur, das Vorhandensein von flüssigem Wasser, die Filterung harter Bestandteile der Sonnenstrahlung und das Ende der verheerenden Asteroideneinschläge), konnte an der Erdoberfläche eine gewaltige Fülle von Lebensformen entstehen.

Rückblickend läßt sich leicht verstehen, warum die Wissenschaft in der Regel nur nach oberirdischem Leben gesucht hat. Eine Art „Oberflächen-Chauvinismus“ behinderte die Wissenschaftler. Und weil Geowissenschaftler nicht erkannten, daß unter ihren Füßen chemische Energie vorhanden war, konnten Astronomen und Astrophysiker keine unterirdische Komponente in ihre Suche nach außerirdischen Lebensformen integrieren. Leider hält dieses Mißverständnis noch an. Es war außerordentlich schwierig, mit der Vorstellung aufzuräumen, die Kohlenwasserstoffe der Erde seien die chemischen Überreste von Lebewesen der Erdoberfläche, die in den Untergrund gelangten und unter Druck und Hitze zu Erdöl oder Erdgas verkocht wurden. Seit 1977 versuche ich, das zu widerlegen und habe dabei entdeckt, daß mir einige wegweisende russische Wissenschaftler vorausgingen.[3] Der Grund für die anhaltende Verwirrung über die Entstehung der Kohlenwasserstoffe ist eine Geschichte für sich, die ich im dritten Kapitel aufgreifen werde.

Solange westliche Wissenschaftler bei ihrer Ansicht bleiben, alle irdischen Kohlenwasserstoffe seien biologischen Ursprungs, werden die Hauptquellen für die chemische Energie der Erde nicht erkannt werden. Solange diese bedeutende Nährstoffversorgung unerkannt bleibt, wird das Konzept einer riesigen unterirdischen Biosphäre auch in großen Tiefen für die Wissenschaft unattraktiv bleiben. Deshalb ist das Kapitel 3 von besonderer Bedeutung. Darin untersuche ich die Erwägungen, die für die Theorie sprechen, nach der das Gas aus den Tiefen der Erde stammt.

Belege für diese Theorie von der Erdoberfläche folgen in Kapitel 4. Am wichtigsten ist dabei eine Reihe von durch mich vorgelegte Beobachtungen, die keinesfalls damit erklärt werden können, daß Kohlenwasserstoffe aus Ablagerungen stammen. Dazu gehört die Tatsache, daß Kohlenwasserstoffe meistens zusammen mit einem Gas auftreten, das weder mit pflanzlichem Material noch mit Kohlenwasserstoffen chemisch interagieren kann: das reaktionsträge Element He-

---

[3] P. N. Kropotkin erörterte die Geschichte der Theorie über den abiotischen Ursprung der Kohlenhydrate 1997 in: *On the history of science: Professor N. A. Koudryavtsev and the development of the theory of origin of oil and gas,* in: Earth Science History 16 (1), S. 17ff.

lium. Wie kann Erdöl zum einen Moleküle eindeutig biologischen Ursprungs und andererseits ein inertes Gas aufgenommen haben, das normalerweise kaum im Gestein enthalten ist? Diese Verbindung nenne ich das „Erdölparadox". Die Erklärung dafür (in Kapitel 5) ist die Existenz einer großen Zahl mikrobieller Lebensformen in den Gesteinsporen der Erdkruste. Meiner Ansicht nach sind Kohlenwasserstoffe keine Biologie, die durch Geologie umgearbeitet wurde (worauf die traditionelle Sicht besteht), sondern eher Geologie, die durch die Biologie umgearbeitet wurde. Mit anderen Worten sind die Kohlenwasserstoffe das Ursprüngliche. Doch wenn sie in die äußere Erdkruste aufsteigen, dringen in sie lebende Mikroben ein.

Kapitel 6 präsentiert die überraschenden Ergebnisse eines größeren Bohrvorhabens ein, das ich in Schweden angeregt hatte, um die Theorie vom Gas aus dem Inneren der Erde zu überprüfen und nach mikrobiellem Leben in der Tiefe zu suchen. In den Kapiteln 7 und 8 will ich zeigen, wie sich mit der Theorie vom Gas aus dem Inneren der Erde Konzentrationen bestimmter Erze in der Erdkruste und wesentliche Begleiterscheinungen bei Erdbeben erklären lassen.

In den Kapiteln 9 und 10 greife ich auf die Theorien vom Gas aus dem Erdinneren und von der Biosphäre der heißen Tiefe zurück, um Überlegungen zu den beiden vielleicht tiefgründigsten Mysterien der Biologie vorzutragen: Dem Ursprung des irdischen Lebens und der Aussicht auf außerirdisches Leben. Zur besseren Verdeutlichung beginne ich mit einem Vergleich der beiden Biosphären. Welches könnten die wesentlichen Unterschiede zwischen den beiden Biosphären sein, sieht man von der einfachen Tatsache ab, daß die eine von chemischer Energie lebt, die andere von Sonnenenergie? Danach wende ich mich der Frage nach dem Ursprung des Lebens zu und lege dar, warum ich glaube, daß das Leben an der Erdoberfläche von einer ursprünglichen Lebensform abstammt, die in der Tiefe begann, und nicht andersherum.

Wenn eine solche Abfolge von der Tiefe zur Oberfläche den Ursprung und die Ausbreitung des Lebens auf der Erde am besten erklären kann, dann wäre unterirdisches Leben auf vielen anderen Planeten und Monden äußerst wahrscheinlich. Von vielen Himmelskörpern des Sonnensystems nimmt man an, daß in ihrem Inneren Bedingungen herrschen, die denen in unserer Erdkruste sehr ähneln, deren Oberfläche aber dem Leben nicht die außergewöhnlichen Vorzüge unserer Erde bietet. Es wäre tatsächlich eher unwahrscheinlich, daß sich unterirdisches Leben nur in dem einen einzigartigen Himmelskörper entwickelt, der auch Leben an der Oberfläche ermöglichen konnte. Solche Überlegungen haben mich 1992 zu der vorsichtigen Schätzung veranlaßt, daß unser Sonnensystem nicht nur eine, sondern *zehn* tiefe heiße Biosphären beherbergt.[4]

Wir Oberflächenkreaturen sind im Sonnensystem vielleicht allein. Doch die Bewohner der irdischen Tiefe haben möglicherweise viele Kollegen, die sich auch unabhängig von ihnen entwickelt haben können. Erst wenn wir die Existenz einer üppigen unterirdischen Biosphäre auf unserem eigenen Planeten anerkennen, werden wir die geeigneten Techniken für die Suche nach außerirdischem Leben auf anderen Planeten entwickeln. Einige dieser Techniken und weitere Vorschläge für künftige Forschungen werden in Kapitel 10 vorgestellt.

Unsere Reise beginnt im nächsten Kapitel mit einem Blick auf die Grenzzonen zwischen den beiden Biosphären. Entlang der Heißwasserschlote und Erdölaustrittstellen der Ozeane und in heißen Quellen und methanreichen Höhlen an Land werden wir auf einige außergewöhnliche Botschafter der Biosphäre der heißen Tiefe treffen. Hierbei beginnen wir vielleicht auch zu verstehen, warum die Tiefe tatsächlich für das Leben vorteilhaft sein kann.

---

[4] Meine Vohersage von 10 tiefen heißen Biosphären in unserem Sonnensystem erschien in: Thomas Gold (1992), wie Anm. 2.

2] Leben an der Grenze

Im Februar und März 1977 tauchte das kleine Tiefsee-U-Boot *Alvin* am Ostpazifischen Rücken auf eine Tiefe von 2,6 Kilometer. Die Gegend nordöstlich der Galapagos-Inseln war dafür bekannt, daß sich hier der Meeresboden besonders schnell aufspreizt. Im Jahr zuvor hatte ein Forschungsschiff eine Kamera in dieser Gegend über den Meeresboden gezogen. Dabei bestätigte sich, daß der Ozeanboden von einer Reihe von Spalten mit scheinbar vulkanischen Aktivitäten durchzogen wird. Doch die Besatzung der *Alvin* sah noch viel mehr.

Weit unter dem tiefsten Punkt, an dem noch photosynthetisches Leben möglich ist, erschien ein Stück Ozeanboden im Scheinwerferlicht der *Alvin*, an dem es im scharfen Kontrast zur umgebenden Ödnis nur so von Lebewesen wimmelte. Das kleine Gebiet war von dicht gedrängten Gemeinschaften von Meereslebewesen bedeckt. Davon waren einige für ihre Art ungewöhnlich groß. Diese Geschöpfe hatten sich an die Felsen geheftet und gediehen hervorragend in einer reichen Grenzzone, in der heiße Flüssigkeiten aus dem Erdinneren auf das kalte Meerwasser treffen. Die Wissenschaft entdeckte bisher unbekannte, zitronengelbe Muscheln und solche mit weißen Schalen, die etwa dreißig Zentimeter lang waren. Am auffälligsten waren Röhrenwürmer, die in senkrechten, weißen Stängeln aus ihrer eigenen Herstellung lauerten, aus denen leuchtend rote Kiemen herausragen. Wie die bekannten Röhrenwürmer der seichten Gewässer leben diese Tiefenbewohner in Gruppen zusammen und richten ihre Röhren wie die Borsten einer Bürste nach außen. Doch anders als ihre bekannteren Verwandten sind die Röhrenwürmer der Tiefsee wahre Giganten. Sie erreichen Längen von über zwei Metern.

Weitere Untersuchungen ergaben bald, daß diese seltsame und isolierte Lebensgemeinschaft keinesfalls eine Einzelerscheinung war. Populationen der gleichen Organismen wurden auch an anderen Punkten dieses Ozeangrabens entdeckt, sowie an weiteren hydrothermalen Quellen im Pazifik, Atlantik und dem Indischen Ozean. Es handelt sich also eindeutig um ein globales Phänomen. Die unerwarteten Oasen stellen einen gänzlich neuen Lebensraum für Organismen dar. Wo kamen diese Geschöpfe her? Welche Energie- und Nahrungsquellen standen hinter ihrer erstaunlichen Fruchtbarkeit – und das bei einer derart ungleichmäßigen Verteilung?

Durch die Fenster der *Alvin* beobachtete die Entdeckermannschaft von 1977 nicht nur seltsame Lebensformen, sondern auch Ströme milchiger Flüssigkeiten und schwarzen „Rauches", die aus Schloten am Meeresgrund austraten. Diese ausströmenden hydrothermalen Fluide, erhitzt und mit Gasen und Mineralien angereichert, werden inzwischen als die Quellen für die chemische Energie am Anfang der Nahrungskette der Lebensgemeinschaften an diesen Schloten angesehen. Zwei Jahrzehnte später haben wir jedoch erst begonnen zu verstehen, wie das alles funktioniert.

Weil wir selbst an der Erdoberfläche leben, neigen wir nur allzu leicht zu der Annahme, ein Leben an der Erdoberfläche sei die einzig mögliche Art zu leben. Wir bestaunen das exotische Leben an den Tiefseeschloten. Wir nehmen unwillkürlich an, daß diese Schlote ursprünglich von Zuwanderern aus einem Ökosystem der Oberfläche besiedelt worden sind – Pioniere, die sich evolutionär darauf einstellten, von Energie aus mineralischen Quellen, statt von in Photonen gebündelter Energie, leben zu müssen, jenen Energie-Einheiten, die vom Licht stammen. Dieses Szenario einer Entwicklung von oben nach unten ergibt Sinn, bezieht man es auf die größeren Tiere. Die Röhrenwürmer und Muscheln sind sicherlich aus seichten Gewässern in die Tiefe gelangt. Doch kein Tier aus diesen beiden Arten kann den

Anfang der Nahrungskette dort unten bilden. Alle Tiere hängen von chemischer Energie ab, die in den Körpern der Lebewesen enthalten sind, von denen sie sich ernähren. Um die Tiefseeschlote herum muß also bereits etwas Nahrhaftes gewachsen sein, bevor die Würmer und Muscheln dort ankamen.

Ich bin der Ansicht, daß sich die Grundlage der Nahrungskette an den Tiefseeschloten eher von unten als von oben entwickelte. Die Mikroben (Bakterien und Archäen), von denen die komplexen Lebensgemeinschaften dort unten heute abhängen, stammen von mikrobiellen Gemeinschaften ab, die unterhalb der Erdkruste gelebt haben und dort immer noch leben. Während größere Lebensformen sich nur dort aufhalten können, wo verhältnismäßig viel Raum für sie vorhanden ist, finden sich Mikroben, von denen sich die größeren Lebewesen ernähren, in Einheiten, die klein genug sind, um in Rissen und Spalten des Felsgesteins am Meeresboden oder auch anderswo im oberen Bereich der Erdkruste siedeln zu können. Die Menge an Felsgestein, die den Mikroben zugänglich ist, ist gewaltig groß. Wie wir in Kapitel 5 sehen werden, übersteigt der Bestand an Mikroben in der oberen Erdkruste möglicherweise sogar den aller Lebewesen auf der Erdoberfläche an Masse und Umfang. Tatsächlich hatten höchstwahrscheinlich Mikroben aus dem Bereich, den ich *Biosphäre der heißen Tiefe* nenne, den Grenzbereich zwischen diesen beiden Welten – zwischen der Biosphäre der Tiefe und jener der Erdoberfläche – schon lange eingenommen, bevor sich die Photosynthese an der Erdoberfläche entwickelte. Die chemischen Unterschiede zwischen den beiden Welten sind vor Beginn der Photosynthese möglicherweise nur gering gewesen. Denn erst die Photosynthese verwandelte die Erdoberfläche eine von freiem Sauerstoff durchdrungene Zone – den O_2-Molekülen.

Energie tief unten in der Erde

Die Photosynthese ist ein außergewöhnlich komplexer Vorgang, um Lichtenergie in chemische Energie umzuwandeln. Aber warum muß der Weg, den die Energie nimmt, chemische Formen beinhalten? Warum kann das Sonnenlicht nicht alle Prozesse, die der Organismus benötigt, direkt steuern? Es gibt dafür zwingende Gründe:

1. Die für den Zellstoffwechsel nötige Energie muß in kleinen Einheiten bereitgestellt werden, die weniger als ein Zehntel der Energie enthalten, die nur ein einziges Photon mit sich führt. Von einer Zelle zu erwarten, ein Photon direkt zu nutzen, um Zucker zu synthetisieren, wäre so, als würde man von einem Baseballspieler erwarten, Geschosse aus einem Maschinengewehr zu fangen. Dagegen hat das Leben zur Bewältigung der Ursprungsaufgabe, diese Geschosse einzufangen, einen ausgefeilten Apparat geschaffen.

2. Ein Photon hat keine Geduld. Wenn man es nicht unmittelbar nutzt, ist es für immer verloren. Sonnenlicht kann man nicht in einem Topf einsammeln und in ein Regal stellen. Doch kann man mit seiner Energie Moleküle wie Zucker bauen, die erst dann Energie liefern, wenn sie sich mit Sauerstoff aus der Luft verbinden. Das läßt sich an unserer Atmung zeigen: Wir nehmen mit unserer Nahrung „reduzierte", das heißt sauerstofffreie, Kohlenstoffverbindungen auf und atmen dazu noch Sauerstoff ein, um dann Kohlendioxid auszuatmen. Das beschreibt allgemein unseren Stoffwechsel. Doch tatsächlich gibt es dazwischen zahlreiche Zwischenschritte, die alle von der Energie abhängig sind, die am Ende der Oxidation (Verbrennung) der eingenommenen reduzierten Kohlenstoffverbindungen zu CO_2 entsteht. Zucker, Stärke und andere derartige Moleküle lassen sich in den Zellen speichern und der Grad ihrer „Verbrennung"

> läßt sich steuern. Chemische Energie hat den Vorteil, daß sie immer dann, wenn sie nachgefragt wird, in der benötigten Menge zur Verfügung steht.

Weil die Photosynthese ein so komplexer Vorgang ist und weil die Energie der Photonen erst in chemische Energie umgewandelt werden muß, ehe sie eine Zelle nutzen kann, sind Forscher, die sich mit den möglichen Ursprüngen irdischen Lebens befassen, überzeugt, daß die ersten lebenden Zellen nicht das Sonnenlicht, sondern die chemische Energie ihrer Umgebung angezapft haben. Woher diese Energie stammt und woraus sie bestand, sind noch immer heiß diskutierte Fragen. Doch ist die Annahme weit verbreitet, daß diese ursprüngliche Energiequelle entweder inzwischen weitgehend aufgebraucht ist oder die Bedingungen, die sie vor Jahrmilliarden hervorgebracht haben, nicht länger bestehen. Ich werde in späteren Kapiteln darauf zurückkommen. Vorerst ist nur wichtig daran zu erinnern, daß es weit schwieriger ist, eine lebende Zelle zu entwickeln, die chemische Energie aus Photonen erzeugen kann, als eine lebende Zelle, die chemische Energie aus ihrer Umgebung aufnimmt.

Die Zellen, die diese komplexe Funktion der Photosynthese ausführen, müssen, wie bereits erwähnt, Zugang zu flüssigem Wasser haben. Ihnen muß auch Kohlenstoff und Stickstoff zur Verfügung stehen, um Proteine herzustellen, die wichtigsten Bausteine ihrer chemischen Apparatur. Die Sonnenenergie wird genutzt, jene Verbindungen zu „reduzieren", das heißt vom Sauerstoff zu trennen, die später dazu dienen, Energie zu liefern, während sie wieder oxydiert werden. Daher muß auch genug Sauerstoff zur Verfügung stehen. Hinzu kommen Katalysatoren (Enzyme), um die Reaktionen in Gang zu bringen und so unter Kontrolle zu halten, daß nur die jeweils gewünschte Menge Energie frei wird.

Das Leben, so wie wir es kennen, hängt im wesentlichen vom vorhandenen Kohlenstoff ab. Das irdische Leben wird oft „Leben auf Kohlenstoffbasis“ genannt, um es vom theoretisch möglichen aber (noch unbekannten) „Leben auf Siliziumbasis“ zu unterscheiden. Kohlenstoffatome bilden die Skelettstruktur aller Proteine und des gesamten Erbguts aller bekannten Lebensformen. Der Biosphäre der Erdoberfläche steht Kohlenstoff aus Kohlendioxid zur Verfügung, das in geringen Mengen in der Atmosphäre enthalten ist. Jedes der verschiedenen Verfahren der Photosynthese, die das Leben hervorgebracht hat, beginnt mit Kohlendioxid. Damit werden die komplexen Moleküle des Lebens geformt. Bei der verbreitetsten Art der Photosynthese werden die energiereichen Photonen der Sonne genutzt, um Wasser zu spalten und so Zugang zu den Atomen des Wasserstoffs zu erhalten. Als nächstes werden mit Hilfe von Wasserstoff Kohlendioxid-Moleküle „reduziert“ (d.h. der Sauerstoff wird abgetrennt). So erhält man unoxidierten Kohlenstoff, der als Baumaterial für Zellen und eine Vielzahl von Stoffen mit speziellen Funktionen wie Proteine verwendet werden kann. Nicht oxidierter Kohlenstoff kann auch dazu genutzt werden, die vielfältigen Zuckerarten (Saccharide und Polysaccharide) zu bilden, mit denen sich chemische Energie speichern läßt.

Wenn ein Organismus, der Photosynthese betreibt, abstirbt, und die anderen Organismen, die von seinen Syntheseprodukten leben, absterben, kehren alle Substanzen, die der Atmosphäre entnommen wurden, im Verlauf ihrer Zersetzung durch Mikroben wieder zu ihr zurück. Je nachdem, welche Mikroben für die Zersetzung sorgen, wird der Kohlenstoff entweder als Kohlendioxid oder als Methan (CH_4) an die Atmosphäre abgegeben. Weil die Atmosphäre sauerstoffreich ist, wird alles an sie abgegebene Methan in einem Zeitraum von etwa zehn Jahren automatisch in Kohlendioxid und Wasser umgewandelt. Was die Energiebilanz betrifft, ist keine aus der Erde stammende chemische Energie verbraucht worden. Kohlendioxid kehrt als Kohlendioxid und Wasser als Wasser zurück.

Es scheint also, als ob Kohlenstoff die Biosphäre der Erdoberfläche in einem vollständigen und in sich geschlossenen Kreislauf durchwandert. Wenn die Atmosphäre und das freiliegende Gestein von Anfang an über die für das Leben erforderlichen Mengen an Rohstoffen verfügen, sollte der Prozess so lange andauern, wie die Sonne scheint und die Temperaturen das Wasser flüssig sein läßt. Doch wie wir im vierten Kapitel sehen werden, ist der Kohlekreislauf durch Photosynthese und Oxidation alles andere als in sich geschlossen. Ein Vielfaches der Menge Kohlenstoff, die von Lebewesen aufgenommen wird, bleibt der Atmosphäre und dem Kohlenstoffkreislauf durch die Karbonatisierung von Gestein (z.B. bei der Kalksteinbildung) auf lange Zeit entzogen. Die Biosphäre der Erdoberfläche muß also durch einen stetigen und hohen Zustrom von Kohlenstoff in Form von Methan oder CO_2 (oder, worauf einige Beobachtungen hindeuten, von einem Gemisch aus beiden) am Leben erhalten worden sein. In beiden Fällen dürfte CO_2 der letzte Zusatz zur Atmosphäre gewesen sein.

In der Biosphäre der Erdoberfläche stammt alle Energie, die die biochemische Transformation vorantreibt, letztendlich vom Sonnenlicht. Das Leben in der Biosphäre der heißen Tiefe hat keinen Zugang zu Sonnenlicht. Deren Energiequelle dürfte also anders funktionieren. Doch sogar hier ist Kohlenstoff Grundbaustein des Lebens. Woher stammt dieser Kohlenstoff im unterirdischen Lebensbereich?

Die aus der Oberflächenbiologie abgeleitete Vorstellung, daß CO_2 die Standard-Kohlenstoffversorgung für alles Leben ist, wurde von einigen Forschern auch auf das Leben in der Tiefe übertragen. Nun enthält Meerwasser zwar reichlich CO_2. Es fehlt dort aber eine Energiequelle, um es zu reduzieren. Reduzierter Kohlenstoff, der aus den oberen Wasserschichten absinkt, reicht dazu überhaupt nicht aus. Energie kann nie durch einen Vorgang gewonnen werden, der zugleich mit Kohlendioxid beginnt und endet. Würde reduzierter Kohlenstoff von Anfang an zur Verfügung stehen, etwa in Form von aufsteigenden Kohlenwasserstoffmolekülen, dann kämen diese Moleküle als logische Kandidaten für die Kohlenstoffversorgung in Betracht, was auch eine energieerzeugende Reaktionskette ergeben würde, an deren Ende CO_2 steht.

Die heißen Schlote der Ozeane sind selbst keine eigenen Biosphärengebiete der heißen Tiefe. Sie bilden Grenzzonen zwischen den beiden Welten, zwischen Oberfläche und Untergrund. Jedoch wird die Nahrungskette hier von Vorgängen bestimmt, die sich so sehr vom Lebensbereich an der Erdoberfläche unterscheiden, daß sie sich gut dazu eignen, an ihnen mit unserer Erkundung der Biosphäre der heißen Tiefe zu beginnen. Die Mengen von abgesunkenem Kohlenstoff, der von Lebewesen der Meeresoberfläche stammt, reicht bei weitem nicht aus, um die außerordentlich fruchtbare Biologie an den Tiefseeschloten zu versorgen. Das vulkanische Gestein am Meeresboden enthält nur sehr wenig Kohlenstoff – etwa 200 Teile auf eine Million (200 ppm). Aus dieser Quelle Kohlenstoff zu beziehen, wäre schwierig und energieaufwendig. Es gibt dort jedoch eine andere, weit größere Kohlenstoffquelle für diese Lebensgemeinschaften: Kohlenwasserstoffe. Methan (CH_4) kommt in der Regel am häufigsten vor. Doch man findet an diesen tektonischen Bruchlinien, allerdings in Bereichen mit geringerer vulkanischer Aufheizung, auch schwerere Mitglieder dieser Familie wie Äthan (C_2H_6) oder Öle, die aus 20 bis 30 Kohlenstoffatomen bestehen. Wie die nächsten beiden Kapitel zeigen werden, besitzen diese Kohlenwasserstoff-Fluide viele Eigenschaften, die darauf hindeuten, daß sie aus viel tieferen Bereichen der Erdkruste stammen.

Die Versorgung mit chemischer Energie dürfte unserer Meinung nach aus der Oxidation solcher Kohlenwasserstoffe stammen. Wenn mit Kohlenwasserstoffen begonnen wird, entfällt der erste Schritt im

Kohlenstoff-Energiekreislauf der Erdoberfläche, der zugleich auch der energieaufwendigste ist, die Reduktion von CO_2. Die chemische Energie, die an den Tiefseeschloten gewonnen wird, ähnelt sehr der bei der Verbrennung von Erdgas (das weitgehend aus Methan besteht) freigesetzten Energie, wobei Wasser und Kohlendioxid entstehen. Allerdings gibt es einen Haken. Wenn man Methan in einem Brenner verbrennt, steht dafür jederzeit eine nahezu unbegrenzte Menge an Sauerstoff aus der Atmosphäre zur Verfügung. In den Tiefseeschloten, ein Grenzgebiet zwischen den Biosphären der Erdoberfläche und der Tiefe, mag noch etwas atmosphärischer Sauerstoff vorhanden sein, der sich im kalten Meereswasser gelöst hat und abgesunken ist. Würde er ausreichen, um alles Methan, das die Tiefseeschlote ausgasen, zu Kohlendioxid und Wasser zu verbrennen, dann könnte es sein, daß auch dieses Grenzgebiet von biologischen Prozessen abhängt, wie sie an der Erdoberfläche stattfinden. Das Leben dort wäre dann kein Außenposten jenes unabhängigen Lebensbereichs, der sich in das Felsgestein darunter erstreckt. Es ist zwar zweifelhaft, daß das üppige Leben an diesen konzentrierten Stellen am Meeresboden ausreichend im Wasser gelösten atmosphärischen Sauerstoff beziehen kann. Doch gibt es bisher auf diese Frage keine klare Antwort. Allerdings ist das nicht von zentraler Bedeutung. Wir kennen inzwischen viele andere Fälle, wo man so tief hinunter in die Tiefenbiosphäre vorgedrungen ist, wo atmosphärischer Sauerstoff mit absoluter Sicherheit nie Zugang hatte und wo man im allgemeinen ähnliche Stoffwechselprozesse beobachten kann. Woher stammt der dazu notwendige Sauerstoff?

Eine große Menge Sauerstoff ist, wie schon gesagt, im Gestein enthalten. Doch das meiste davon ist chemisch so fest gebunden, daß mehr Energie erforderlich wäre, den Sauerstoff zu lösen, als bei der darauffolgenden Oxydation von Kohlenwasserstoffen gewonnen werden könnte. Es gibt allerdings zwei häufige Substanzen, in denen die Sauerstoffatome locker genug gebunden sind, daß durch den Einsatz des Sauerstoffs mehr Energie freigesetzt würde, als zu seiner Gewinnung benötig wird. Diese Substanzen sind hochoxidiertes Eisen (Fe_2O_3 und verwandte Verbindungen) und oxidierter Schwefel (wie SO_2 und H_2SO_4 und Schwefel in allen Verbindungen, die Sulfat heißen). Wenn Mikroben an oder unter den Tiefseeschloten ihren Bedarf an Sauerstoff aus Eisenoxid decken, hinterlassen sie weniger oxidierte Eisenverbindungen wie Magnetit oder Greigit. Diese mikrobielle Aktivität hinterläßt einen deutlichen Fingerabdruck: Die Kristalle dieser Produkte sind wesentlich kleiner als die Kristalle der gleichen Substanzen, die bei der Abkühlung von Gestein von einem flüssigen in einen festen Zustand entstanden sind.

Die zweite Quelle für leicht gebundenen Sauerstoff, Sulfat, ist im Meerwasser reichlich enthalten. Sulfat (SO_4) liefert jenes negativ geladene Ion, das am zweithäufigsten im Meerwasser vorkommt. Die Sauerstoffmenge, die aus Sulfat-Ionen des Meerwassers gewonnen werden kann, dürfte die Menge des an den Tiefseeschloten vorhandenen konvektiven atmosphärischen Sauerstoffs aus der Luft bei weitem übersteigen. Wenn Sauerstoff an den Tiefseeschloten tatsächlich vor allem in Form von Sulfat bereitsteht, dann befänden sich die Mikroben, die Kohlenwasserstoffe nutzen, in einer idealen Lage: Die chemischen Umwandlungen für die Gewinnung chemischer Energie aus den aufsteigenden Kohlenwasserstoffen werden nicht selbständig ablaufen, weil Startenergie zugeführt werden muß, um den ersten Schritt der Ablösung des Sauerstoffs vom Sulfat auszulösen. Die Mikroben werden jedoch für diesen energieaufwendigen Schritt reichlich entschädigt, wenn der zweite Schritt durchgeführt wird.

Es bleibt damit den Mikroben überlassen, die Energiewandlungen dann vorzunehmen, wenn sie diese benötigen. Dabei ist es wichtig, daran zu denken, daß ein chemischer Brennstoff für das Leben nutzlos ist, wenn er unkontrolliert verbrennt. Ein Abendessen, das sich auf dem Teller plötzlich in Flammen auflöst, nutzt uns überhaupt nichts. Eine Substanz wird erst dann zur Nahrung, wenn er mit Hilfe eines Katalysators oxidiert wird, den der lebende Organismus selbst erzeugt und einsetzt. Das ein grundlegendes Erfordernis für die Organismen am Anfang der Nahrungskette, ob sie an der Erdoberfläche oder unterirdisch leben, aber auch für alle anderen Organismen, die in der Nahrungskette folgen.

Wenn Sauerstoff aus Sulfat gewonnen wird, bleibt entweder reiner Schwefel (als Element) oder Sulfid zurück. Sulfide sind Schwefelverbindungen, die keinen Sauerstoff enthalten. Die großen Mengen an Metallsulfiden, die sich an den Rändern der Tiefseeschlote angehäuft finden, legen den Schluß nahe, daß hier tatsächlich derartige biologisch gesteuerte Umwandlungsprozesse ablaufen.

Eine weitere Bedingung für den Aufbau von Organismen – für Bewohner der oberirdischen und der unterirdischen Biosphäre gleichermaßen – ist, daß sie mit verschiedenen Metallen versorgt werden, die sie zur Bildung jener Proteine benötigen, die als Enzyme bekannt sind, die ihnen als Katalysatoren der chemischen Reaktionen dienen. Ebenso benötigen sie einige für den Aufbau des biologischen Materials und für einzelne chemische Abläufe wichtige, stark reaktive Moleküle, die Schwefel, Phosphor und Chlor enthalten. Die notwendigen Mengen dieser Elemente sind so gering, daß sie aus der oberen Erdkruste bezogen werden können. Die Biosphäre der Tiefe und die Festlandbestandteile der Oberflächenbiosphäre werden daher ausreichend versorgt. Dagegen können die Oberflächengewässer der Ozeane mit diesen Elementen unterversorgt sein, vor allem fehlt hier Phosphor und Eisen.

Zusammenfassend läßt sich sagen, daß zwischen den beiden Biosphären wichtige Unterschiede und Ähnlichkeiten bestehen. Die Biosphäre der Erdoberfläche lebt von Sonnenenergie, die sie in chemische Energie umwandelt. Die Biosphäre der Tiefe beginnt mit chemischer Energie, mit denen sie aus den Tiefen der Erde großzügig versorgt wird. Beide Biosphären hängen von nicht-oxidiertem Kohlenstoff als dem Grundbaustein des Lebens ab. Während ihn Lebewesen an der Oberfläche mit Hilfe von Sonnenlicht aus dem Kohlendioxid der Atmosphäre bezieht, kommt er für Lebewesen in der Tiefe aus der gleichen Quelle, die ihnen auch Energie liefert: den Kohlenwasserstoffen. Sauerstoff wird in beiden Lebensbereichen benötigt, da die chemische Energie nur durch Oxidation freigesetzt werden kann. Den Lebewesen der Erdoberfläche steht Sauerstoff reichlich als reiner, molekularer Sauerstoff in der Atmosphäre zur Verfügung. Die Bewohner der Tiefe müssen sich um ihre Versorgung mit Sauerstoff stärker bemühen, indem sie Sauerstoffatome aus locker verbundenen Eisenoxiden und Sulfaten herauslösen.

Die Ökologie des Lebens an den Tiefseeschloten

Als Kreaturen der Erdoberfläche neigen wir dazu, ein Ökosystem, das seine Lebensenergie statt aus Photosynthese aus chemischen Energieträgern gewinnt, als seltsame oder auch wundervolle Anpassung des Lebens zu betrachten. Wir bewundern die Ökologie an den Tiefseeschloten als eine geschickte Anpassung des Oberflächenlebens an ein ungastliches Gelände. Doch weisen die Belege in eine andere Richtung. Mikroben und sogar Tiere gedeihen an diesen Schloten. Man nimmt an, daß die Wachstumsraten dort sogar größer sind als in den fruchtbarsten Gebieten der Erdoberfläche. Ist die Theorie von einer Biosphäre in der heißen Tiefe korrekt, müßten wir daraus folgern, daß die mikrobiellen Pioniere die Erde von unten erobert haben. In der Folge müßten viele Lehrmeinungen geändert werden.

Die Lebensgemeinschaften an den hydrothermalen Tiefseeschloten unterscheiden sich von anderen maritimen Ökosystemen weniger wegen ihrer auffälligen Großfauna als in den kaum sichtbaren

Mikroben, den Bakterien und Archäen am Anfang der Nahrungskette. Studien der letzten beiden Jahrzehnte haben ergeben, daß sich diese Mikroben von Molekülen ernähren, die aus den Schloten heraussprudeln: Wasserstoff (H_2), Wasserstoffsulfid (H_2S), und Methan (CH_4). Jedes dieser Moleküle kann nur dann Energie liefern, wenn Sauerstoff vorhanden ist.[5] Keines der bekannten Tiere kann sich unmittelbar von diesen Chemikalien ernähren, doch können Tiere sich von Mikroben ernähren, die das können. Besonders bemerkenswert an den Lebensgemeinschaften um die Tiefseeschlote ist, daß viele Lebewesen der Makrofauna von symbiotischen Partnerschaften mit den Mikroben abhängig zu sein scheinen.

Diverse Muschelarten sind mit Mikroben, die in ihren Kiemen leben, symbiotische Partnerschaften eingegangen. Eine Art aus der Gattung der Bartwürmer, *Riftia pachyptila,* ist jedoch eine Partnerschaft ganz neuer Art eingegangen. Die in ihr lebenden Gäste stellen sich so geschickt bei der Nahrungsproduktion für sich und ihren Wirt an, daß die gemeinsame Evolution den Verdauungsapparat des Wurmes einschließlich der Mundöffnung haben verkümmern lassen. Da der Röhrenwurm vollständig abhängig von der Überproduktion seiner Symbionten geworden ist, hat er eigens für die Mikroben tief im Inneren seines Körpers ein großes Organ ausgebildet, in welchem er sie ansiedelt. Der Wurm versorgt seine Mikroben mit den Nährstoffen, die sie brauchen, indem er mit seinen federartigen, roten Kiemen Moleküle aus dem Meerwasser herausfiltert. Die Versorgung der Mikroben mit dem, was die Kiemen gesammelt haben, geschieht mittels seines Kreislaufsystems.

Die größte Herausforderung für Organismen an Tiefseeschloten besteht in dem Risiko, weggeschwemmt zu werden und so die über-

---

[5] Eine neuere Auswertung der Entdeckung und der entsprechenden Studien zum Ökosystem der Tiefseeschlote bietet Daniel L. Distel (1998): *Evolution of chemoautotrophic endosymbiosis in bivalves,* BioScience 48(4), S. 277ff. Vgl. dazu die entsprechenden Kapitel in David M. Karl (Hg.): *The Mikrobiology of Deep-Sea Hydrothermal Vents.* Boca Raton 1995.

lebensnotwendige Versorgung mit Mineralstoffen und Wärme zu verlieren. Zweischalige Muscheln und Röhrenwürmer lösen das Problem, indem sie sich fest im Boden verankern. Krebse, Garnelen und Schnecken, die zwischen den fest verankerten Organismen leben, können natürlich je nach Bedarf herumkriechen oder sich festklammern. Auch Mikroben, die den Anfang der Nahrungskette bilden, haben Wege gefunden, ihren Platz zu behalten. Die Arten, die sich am meisten der Hitze angepaßt haben, können sehr nahe am Schlot oder sogar in ihm leben. Wo es für die meisten Weidetiere wie Schnecken bereits zu heiß ist, haften noch Mikrobenkolonien als Schleimteppich am Gestein. Diejenigen, die sich in der Wassersäule oberhalb der austretenden Flüssigkeiten aufhalten, besitzen eine peitschenartige Geißel, mit der sie sich fortbewegen, indem sie Temperatur- oder chemische Reize wahrnehmen, um ihre Bewegungen zu steuern und so innerhalb oder nahe des Austrittsstroms zu bleiben. Die mutigsten bakteriellen Unternehmer sind die, die sich als willkommene Gäste im Gewebe der Zweischalenmuscheln und Röhrenwürmer eingenistet haben. Sie sind dort sowohl vor herumstreunenden Fressfeinden als auch vor gefährlichen Strömungen geschützt.

Die Brennstoffe Wasserstoff, Schwefelwasserstoff und Methan, die sowohl von freilebenden als auch von symbiotischen Mikroben der Schlotgemeinschaften verbraucht werden, werden von Mikroben ausgebeutet, die auf lose in Eisenoxid gebundene Sauerstoffatome zugreifen können. Eisenoxid ist Bestandteil der aus der Tiefe aufsteigenden Schlotflüssigkeiten. Diese Mikroben nehmen zudem Sauerstoff auf, der aus Sulfat stammt, das im Meerwasser enthalten ist, und vielleicht auch freien Sauerstoff aus dem Meerwasser.

Alle Tiere benötigen jedoch für ihren Stoffwechsel molekularen Sauerstoff. Es sind keine Tiere bekannt, die den benötigten Sauerstoff unmittelbar aus oxidiertem Material ihrer Umgebung gewinnen. Deshalb haben viele Forscher vermutet, daß die Makrofauna im Bereich der Tiefseeschlote von dem mit dem Meerwasser absinkenden molekularen Sauerstoff abhängig ist. Damit wären diese Arten immer noch indirekt von der Photosynthese an der Erdoberfläche abhängig. Sie gehörten damit noch immer zu unserer Kantine.

Der große Reichtum an molekularem Sauerstoff in der Atmosphäre ist auf seine Entstehung als Abfallprodukt der Photosynthese zurückzuführen – durch Landpflanzen sowie Algen und Cyanobakterien knapp unter dem Meeresspiegel. Molekularer Sauerstoff dringt besonders in höheren Breiten in die oberen Wasserschichten ein, da seine Löslichkeit mit abnehmender Temperatur zunimmt. Sauerstoffreiches Wasser sinkt in Polnähe ab und gleitet dann am Meeresboden, entlang der Tiefseegräben, langsam in Richtung Äquator. Ein globales Zirkulationssystem von Atmosphäre und Ozeanen läßt demnach molekularen Sauerstoff an einige tiefgelegene Stellen am Meeresgrund gelangen.

Die meisten bisher entdeckten Tiefseeschlote liegen an untermeerischen vulkanischen Gebirgsrücken und höher gelegenen Stellen am Meeresgrund. An solche Stellen gelangt das kalte sauerstoffreiche Polarwasser nicht. Es ist zu bezweifeln, ob der Sauerstoff, der sich dort findet und über träge fließende Meeresströme dorthin gelangt ist, ausreicht, um das an den Schloten beobachtete extrem üppige Wachstum zu unterstützen. Obwohl die Makrofauna nicht in der Lage ist, den benötigten Sauerstoff aus anderen Quellen zu beschaffen, die Mikroben können es. Wenn für die Gemeinschaft an den hydrothermalen Schloten die Versorgung mit Sauerstoff der begrenzende Faktor ist, dann muß vermutet werden, daß sich der symbiotische Austausch so weit entwickelt hat, daß die in Tieren siedelnden symbiotischen Mikroben nicht nur für sich selbst Sauerstoff aus den Sulfaten des Meereswassers beziehen, sondern auch für ihre tierischen Wirte. Zweifellos wird die weitere Forschung herausfinden, woher die Makrofauna ihren Sauerstoff bezieht. Doch wurden bereits – wie wir im nächsten Abschnitt zeigen werden – viele mikrobielle Gemeinschaften identifiziert, die mit Sicherheit keinen Zugang zu atmosphärischem Sauerstoff haben.

Das Leben an den Tiefseeschloten gedeiht, weil diese sich an der Grenze zweier Lebenswelten befinden. Chemische Energie kann im Überfluß aus den Chemikalien gewonnen werden, die hier zu finden sind und hier keine Möglichkeit finden, miteinander in einen Gleichgewichtszustand einzutreten. Die aus der Unterwelt aufsteigenden Ströme sind reich an „reduzierten" Molekülen wie Wasserstoff und Methan. Auch Wasserstoffsulfid kommt vor, doch wissen wir noch nicht, ob es als Primärfluid dem Erdinneren entstammt oder von Mikroben produziert wurde, die für ihre Energiebedürfnisse auf eine Kombination aus Wasserstoff und Sulfat zurückgreifen.

Von den drei Energieträgern, die bei der Reaktion mit Sauerstoff Energie abgeben (Wasserstoff, Wasserstoffsulfid und Methan), hat unter Forschern Wasserstoffsulfid das größte Interesse auf sich gezogen, weil es der Brennstoff zu sein scheint, von dem die mit den Röhrenwürmern *(Riftia pachyptila)* und den Muscheln zusammenlebenden Mikroben abhängig sind. Allerdings müssen sie die Kohlenstoffatome, die allen organischen Molekülen zugrunde liegen, anderswo beziehen. Es ist daher von besonderer Bedeutung, daß aus den Tiefseeschloten auch Methan ausströmt, das als Quelle des benötigten Kohlenstoffes und der chemischen Energie dienen kann.

Kohlenwasserstoffe ähneln strukturell unseren Lebensmitteln, insofern sie aus der Photosynthese hervorgegangen sind. So besteht der einzige materielle Unterschied zwischen einem Hexanmolekül (eine sechskettige Form von Erdöl) und einem Glukosemolekül (ein in Nahrungsmitteln der Erdoberfläche häufig vorkommendes Zuckermolekül mit sechs Kohlenstoffatomen) darin, daß die Kohlenstoffkette des Hexans von Wasserstoffatomen umgeben ist, während die Kohlenstoffkette des Zuckers von Wassermolekülen (Hydoxyl) umgeben ist. Hexan (C_6H_{14}) ist genau genommen ein *Hydrokarbon (Kohlenwasserstoff)*, während Zucker ($C_6H_{12}O_6$) ein *Karbonhydrat (Kohlenhydrat)* ist. Der Unterschied ist zwar begrifflich fein, aber wichtig. Für uns tierische Lebewesen ist Kohlenhydrat Nahrung und Kohlenwasserstoff Gift. Trotzdem sollten uns die biologischen Eigenheiten unseres eigenen komplexen Lebensbereiches nicht dazu verleiten, die möglichen Optionen und Vorlieben der Mikroben mit ihren vielfältigen Fähigkeiten zu unterschätzen. Sie könnten sehr wohl über einen Stoffwechsel verfügen, der nach Mineralöl verlangt.

Es ist bekannt, daß sich unter den Lebewesen an den hydrothermalen Tiefseeschloten Mikroben finden, die Methan einerseits als Energiequelle nutzen, wenn Sauerstoff vorhanden ist, und andererseits auch als Kohlenstoffquelle. Solche *methanotrophen („methanfressenden")* Mikroben wurden als Symbionten der Makrofauna – bisher aber nur bei Muscheln – identifiziert. Aber sie dürften vermutlich auch freilebend vorkommen.[6] Sie können auch Kohlenwasserstoffe mit vielen Kohlenstoffatomen verdauen.

Ob die methanotrophen Mikroben an den Tiefseeschloten Botschafter jener anderen, tieferen und vielleicht völlig eigenständigen Welt sind? Wir wissen, daß Muscheln und Würmer nicht tiefer vordringen als in die dünne Schicht aus Oberflächengestein und Sedimenten. Doch wie steht es mit Bakterien und Archäen? Wenn mikrobieller Schleim am Gestein um und innerhalb der Tiefseeschlote durch aufsteigendes Methan und Sulfidgas gedeiht, warum sollte er dann nicht auch einen passenden Lebensraum in Rissen und Poren tief unterhalb der Erdkrustenoberfläche finden?

---

[6] Für einen Überblick über die Veröffentlichungen zu methanotrophen Lebewesen an den Tiefseeschloten und als Symbionten der Makrofauna vgl. Distel (1998, wie Anm. 5).

Die Ökologie anderer Grenzzonen

In den letzten drei Jahrzehnten wurden in den Grenzbereichen zahlreiche verschiedenartige Ökosysteme entdeckt und ihre Geheimnisse erforscht. Die ersten Mikrobengemeinschaften, die die Aufmerksamkeit der Wissenschaft auf sich lenkten, waren jene, an denen sich viele Touristen seit langem erfreuen und die das Gestein in den Becken der Heißwasserquellen des Yellow-Stone-Nationalparks farbenprächtig überziehen. Seriöse wissenschaftliche Studien zum Stoffwechsel der dort lebenden thermophilen (hitzeliebenden) Mikroben begannen Mitte der sechziger Jahre.[7] Bei ihnen haben die Wissenschaftler zum ersten Mal die außergewöhnlichen Fähigkeiten der scheinbar primitivsten Lebensformen der Erde schätzen gelernt. Zum Beispiel lieferte das in den heißen Pools des Yellow Stone Parks entdeckte Bakterium *Thermus aquaticus* ein Enzym, das die molekularbiologische Industrie ins Leben rief, weil damit schnell und einfach Kopien von DNA-Ketten hergestellt werden können. Heute bieten die heißen Yellowstone-Quellen jenen Wissenschaftlern ein reiches Betätigungsfeld, die der Liste der dem taxonomischen Bereich der Archaea zugeordneten Mikroben neue Namen hinzufügen wollen.

1977 wurden die interessanten Exoten, von denen schon die Rede war, unter den Ozeanen entdeckt, eine komplexe Lebensgemeinschaft von Mikroben und Tieren an den Rändern heißer Quellen auf dem Meeresboden. 1984 entdeckte man weitere symbiotische Lebensgemeinschaften von Mikroben, Röhrenwürmern und zweischaligen Muscheln, doch nicht in großen Tiefen, sondern an seichteren Festlandsockeln.[8] Die Röhrenwürmer und zweischaligen Muscheln der Festlandsockel ähneln in ihrer Erscheinung zwar sehr denen der

---

[7] Thomas D. Brock: *Thermophilic Microorganism and Life at High Temperatures.* New York 1978.

[8] C. K. Paull *et al.* (1984): *Biological communities at the Florida Escarpment resemble hydrothermal vent taxa,* Science 226, S. 965ff. Desgleichen: M. C. Kennicutt *et al.* (1985): *Vent-type taxa in a hydrocarbon seep region on the Lousiana Slope,* Nature 317, S. 351f.

Tiefsee, werden aber nach Art und Gattung anders eingeordnet. Sie leben in „kalten Sickerzonen", wo Erdöl und flüchtige Kohlenwasserstoffe durch Sedimentgesteine nach oben durchsickern. Mit diesen Sickerungen werden keine heißen Quellen oder andere hydrothermale Aktivitäten in Verbindung gebracht. Anders als hydrothermale Tiefseeschlote, bei denen es sich um punktuelle Quellen von begrenzter Größe handelt, liefern diese Ölsickergebiete dem maritimen Leben über weite Gebiete des Festlandsockels chemische Energie. Auch diese Bereiche liegen schon zu tief, als daß dort Photosynthese möglich wäre (sogar im klarsten Meerwasser funktioniert die Photosynthese nur bis etwa 200 m Tiefe, Festlandsockel liegen oft bis über 1000 m tief). Allerdings sind die Wachstumsraten in den Gebieten, an denen Kohlenwasserstoffe austreten, nicht so hoch wie in den aktiv strömenden Grabenzonen der Tiefsee.

Auch an Land sind Wissenschaft und Öffentlichkeit auf Ökosysteme in Grenzzonen aufmerksam geworden. 1986 wurde in Rumänien eine Höhle entdeckt, die bis dahin gänzlich von der Atmosphäre abgeschottet war. Darin entdeckte man ein üppiges Ökosystem, das seine chemische Energie aus von unten aufsteigenden und dann reduzierten Gasen bezieht. Als das biologische Inventar dieser Höhle zehn Jahre später veröffentlicht wurde, hieß es in den Medien, hier sei das erste Ökosystem der Erde entdeckt worden, das nicht von Photosynthese abhängig ist und dennoch nicht nur Mikroben, sondern auch Landtiere unterhalten kann.[9] Von den Bakterien als Ausgangspunkt ihrer Nahrungskette ernährten sich dort mehr als 40 Arten wirbelloser Höhlentiere, darunter Spinnen, Tausendfüßler, Hundertfüßer, Wanzen, Springschwänze, Skorpione und Egel. Unter ihnen befanden sich 33 bisher unbekannte Arten. Wie bei den Habita-

[9] Zur Entdeckung der Movile-Höhle nahe des rumänischen Kostenortes Mangalia siehe Serban M. Sarbu, Thomas C. Kane, Brian K. Kinkle (1996): *A chemoautotrophically based cave ecosystem*, Science 272, S. 1953ff. Vgl. auch die Medienberichte in der Juniausgabe 1996 von Science News (vol. 149, S. 405) und in der Januarausgabe 1997 von Discover, S. 59.

ten an den Tiefseeschloten ermittelte man für die Höhle Wasserstoffsulfid als das reduzierte Gas, das am Anfang der Nahrungskette steht, obwohl ich glaube, daß auch Methan eine Rolle spielt. Tatsächlich können Methanfresser Wasserstoffsulfid als Abfallprodukt hinterlassen, wenn sie mithilfe von Sauerstoff aus Sulfaten Methan oxidieren. In diesem Falle wären die Sulfidkonsumenten etwas höher in der Nahrungskette angesiedelt. Womöglich ist durch das Wasserstoffsulfid, vom Wasser zu Schwefelsäure umgewandelt, sogar erst die Höhle im Kalkstein entstanden.

1997 entdeckte man im südlichen Mexiko ein weiteres Höhlenökosystem, dessen Lebenswelt ausschließlich von chemischen Energielieferanten abhängig war. Auch diese Höhle scheint Schwefelsäure in den Kalkstein hineingeätzt zu haben. Die Säuredämpfe in dieser Höhle waren so intensiv, daß die Wissenschaftler nur mit Hilfe von Atemschutzmasken in den über zwei Kilometer langen Gang vordringen konnten. Es herrschte ein so üppiges mikrobielles Leben, daß die Wände mit Mikrobenschleim überzogen waren.[10] Von den Mikroben ernährte sich eine Gemeinschaft wirbelloser Tiere, doch unterstützt dieses Ökosystem sogar Wirbeltiere: In den hüfttiefen Gewässern der Höhle fanden sich auch winzige kleine Fische.

Kürzlich haben sich zudem russische Wissenschaftler daran gemacht, einen riesigen See unter der 4.000 Meter dicken Eisschicht in der Zentralantarktis zu erkunden. Er hat etwa die Größe des Ontario-Sees in Kanada.[11] Seine Existenz verdankt der Wostok-See dem Einschluß der überall aus dem Erdinneren aufsteigenden Wärme. Das dicke Gletschereis wirkt seltsamerweise als Wärmeisolation und hält die extreme Kälte der Antarktis von ihm ab. Ferngesteuerte Sensoren

---

[10] Zu den Bakterienschichten in der mexikanischen Höhle siehe: Charles Petit (1998): *The walls are alive,* US News and World Report, 9. 2. 1998, S. 59f.

[11] Vgl. J. Cynan Ellis-Evans, David Wynn-Williams (1996): *A great lake under the ice*, Nature 381, S. 644ff. Erst am 6. 2. 2012 erreichten Bohrungen die Oberfläche des Wostoksees unter einer 3768 Meter dicken Eisdecke. Golds Vermutungen zur Biosphäre bestätigten sich (Anm. d. Red.).

zeigen an manchen Stellen eine Wassertiefe von etwa 600 Metern. Unter ihm befinden sich etwa 100 Meter dicke Ablagerungen. Man hatte die Bohrung rund 250 Meter oberhalb der Wasseroberfläche unterbrochen, um Verfahren zu entwickeln, die einen sterilen Zugriff ermöglichen. Sollte dort unten Leben geben, dann beruht es auf chemischer Energie, die von unten kommt. Um diese Möglichkeit zu überprüfen, muß man unbedingt ausschließen, daß Mikroben von außen in den unberührten See gelangen. Die NASA hat ihr Interesse bekundet, entsprechende Technologien für die sterile Erkundung des Wostok-Sees zu fördern, was sicher nicht vor 2001 möglich sein wird. Ein Grund für das Interesse der NASA dürfte sein, daß der See unter dem Gletscher auf außergewöhnliche Weise den Umweltbedingungen unter der Oberfläche des Jupitermondes Europa gleicht. Dieser Mond wird von einer dicken Eisschicht bedeckt, unter der sich möglicherweise flüssiges Wasser befindet.[12]

Eine bedeutende Entdeckung der letzten beiden Jahrzehnte waren riesige Methanlagerstätten. In vielen Bereichen des Ozeanbodens finden sich große Vorkommen von Methanhydrat. Das sind Wassereiskristalle, in deren Kristallgitter Methanmoleküle eingeschlossen sind. Methan erhöht bei entsprechendem Wasserdruck den Gefrierpunkt des Wassers. Daher kann sich dieses Eis in bestimmten Bereichen bilden, in denen flüssiges Wasser bei einem Zufluß von Methan gefriert.

Um Methanhydrat zu bilden, bedarf es einer Wassertemperatur unter +7 °C und eines Wasserdrucks über 50 Atmosphären. Das bedeutet, daß sich überall am Meeresboden außerhalb der vulkanisch aufgeheizten Gebiete unterhalb 500 Metern Wassertiefe Methanhydrat bilden könnte.[13] In den letzten zwanzig Jahren haben wir durch Fernerkundung und direkte Feldstudien gelernt, daß tatsäch-

---

[12] Zum Interesse der NASA am Wostok-See vgl. Richard Stone (1998): *Russian outpost readies for otherworldly quest*, Science 279, S. 658ff.

[13] Die Bedingungen für die Entstehung von Methanhydrat findet man bei Ian R. Mac-Donald (1997): *Botton Line for Hydrocarbons*, Nature 385, S. 389.

lich an vielen Stellen im Meer sehr viel Methanhydrat vorkommt. Solche Lagerstätten verursachen ein eindeutiges Echolotsignal und lassen sich bei Fernerkundung problemlos als eine besondere Schicht im Meeresschlamm ausmachen. Manchmal liegen die Methanhydrate unmittelbar auf dem Grundgestein des Meeresbodens auf. Ein großer Teil des Festlandsockels wurde daraufhin schon untersucht. Die Ergebnisse zeigen, daß sich überall dort Methanhydrat gebildet haben dürfte, wo es der Wasserdruck und die Temperatur zulassen.[14] Es wurde geschätzt, daß Methanhydrat (im arktischen Permafrost und in der Tiefsee) mehr unoxidierten Kohlenstoff enthält als alle anderen bekannten Lagerstätten der Erdkruste wie Erdöl, Erdgas und Kohle zusammengenommen.[15]

Oft enthalten die Methanmoleküle der Hydratlagerstätten mehr Kohlenstoffatome als alle anderen Ablagerungen der Umgebung. Bei so viel Methan greift die übliche Erklärung für seine Herkunft (unter Sedimenten begrabene Biomasse) nicht. Damit läßt sich die Herkunft einer solch großen Methanmenge nicht erklären. Das in den Wasserkristallen gebundene Methan muß von unten, durch die unzähligen Risse und Spalten im Grundgestein, aufgestiegen sein. Wenn sich einmal eine dünne Deckschicht aus festem Methanhydrat gebildet hat, wird es zwangsläufig zur Bildung von noch mehr solchem Methanhydrat kommen, solange Methan nachströmt.

Den Schluß, daß die Quelle des Methans unterhalb und nicht innerhalb der Erdkruste liegt, wird durch die Existenz von reinen Methanblasen unter einigen Bereichen des Methaneises[16] und unter den

---

[14] Vgl. K. A. Kvenvolden, L. A. Barnard (1982): *Hydrates of natural gas in continental margins*, in: J. S. Watkins, C. L. Drake (Hg.): *Studies in Continental Margin Geology*, Tulsa 1983, S. 631ff.

[15] Carl Zimmer (1997): *Their game is mud*, Discover, Mai-Ausgabe, S. 28ff. Darin der Vergleich von unoxidiertem Kohlenstoff in Methanhydraten mit anderen Kohlenwasserstoffen.

[16] So W. Steven Holbrook et al. (1996): *Methane hydrate and free gas on the Blake Ridge from vertical seismic profiling,* Science 273, S. 1840ff.

Permafrostschichten der arktischen Tundra untermauert.[17] Eine Abwärtsmigration von Methan aus darüberliegenden Schichten ist in solchen Regionen kaum vorstellbar. Im Allgemeinen wandern Gase in einer Flüssigkeit mit höherer Dichte nicht abwärts. Wenn es fließt, dann in die entgegengesetzte Richtung.

Der gerade erwähnte Wostok-See dürfte der ideale Ort sein, um die Menge an Kohlenwasserstoff zu untersuchen, die seit der Zeit, in der sich über ihm der Eisschild geschlossen hat, von unten aufgestiegen ist. Dort dürfte auch sehr viel Methanhydrat eingeschlossen sein, das sogar den Hauptbestandteil des Sees ausmachen könnte.

Wie in der Umgebung der Tiefseeschlote finden sich auch im Bereich der Methanhydratvorkommen höhere Lebensformen. Es wurden dort kleine Würmer gefunden, die durch das Methanhydrat und die darüber gelagerte Wasserschicht pflügen.[18] Ihre Existenz weist darauf hin, daß solche Methanhydrate schon so lange dort lagern, daß es Lebewesen möglich war, sich diesen seltsamen Umständen anzupassen. Höchstwahrscheinlich beziehen symbiotische Mikroben im Inneren dieser Würmer ihre Energie aus der Oxidation des Methans. Kohlenhydrate und andere von den Mikroben produzierte biologische Moleküle werden dann mit ihren tierischen Wirten geteilt.

Hydrate, die nicht aus Methan, sondern aus CO_2 bestehen, kommen ebenfalls vor, jedoch in einem weit engeren Stabilitätsbereich von Temperatur und Druck als Methanhydrate. Trotzdem sind die Bedingungen zur Bildung von CO_2-Hydrat auf weiten Strecken des Meeresgrundes gegeben. Doch wurden bisher nur wenige entsprechende Proben – wenn überhaupt – gefunden. Daraus muß geschlossen werden, daß ein „behutsamer", aber weit verbreiteter Eintrag von Kohlenstoff in die Atmosphäre ein globales Phänomen ist, das in der Dif-

---

[17] Zu Ansammlungen von Methanhydrat im Permafrost und anderswo vgl. Yuri F. Makogan: *Hydrates of Natural Gas*, Tulsa 1981.

[18] Zu den rosa Würmern, die sich von Methanhydraten ernähren vgl. (anonym, 1997): *Ice worms in the Gulf*, Science 277, S. 769.

fusion von Methan und anderen Kohlenwasserstoffen aus dem Untergrund besteht. Ohne Zweifel ist dieser Eintrag an unterschiedlichen Stellen und zu verschiedenen Zeiten in unterschiedlichen Graden erfolgt. Daß aus Vulkanen vorwiegend CO_2 und nicht Methan austritt, stellt eher die Ausnahme als die Regel dar. Zu diesem Schluß paßt, daß man bei Bohrungen häufiger auf Methan als auf CO_2 stößt (natürlich zum Vorteil der Ölindustrie). Der gleiche Schluß wird von Befunden aus Meteoriten gestützt, nach denen Kohlenwasserstoffe und nicht CO_2-produzierende Stoffe der wichtigere Kohlenstoffeintrag bei der Entstehung der Erde gewesen sein müssen (auf diesen Punkt werden wir in den Kapiteln 3 und 4 näher eingehen).

Die Tiefe ist dem Leben genehm

Angesichts der Entdeckung blühender chemisch-basierter Ökosysteme, die mit Methanhydraten, hydrothermalen Tiefseeschloten und kalten Petroleumsickerungen am Meeresboden in Verbindung gebracht werden – dazu kommen noch jene an Land, die man mit heißen Quellen und gasreichen Höhlen assoziiert – können wir schlußfolgern, daß Methan, Wasserstoffsulfid und andere energiereiche Gase (jene, die bei Sauerstoffzufuhr große Energiemengen liefern können) attraktiv für Lebensformen aus einem breiten Temperaturbereich sind. Allerdings leben höhere Tiere ebenso wenig in engster Nähe der heißen Tiefseeschlote wie in heißen Quellen an Land mit über etwa +45 °C. Dagegen finden sich an solchen Stellen massenhaft wärmebeständige, thermophile Mikroben.

Wenn die Temperaturen weiter steigen, verschwinden schließlich auch die Thermophilen. Doch gehen dort weiter hyperthermophile Mikroben, die in Temperaturen von 80 °C und höher am besten gedeihen, ihren Geschäften nach.[19] Die wachsartigen Zellmembrane, die für Hyperthermophile charakteristisch sind, erlauben noch bei so hohen Temperaturen den Austausch von Stoffen, bei denen fettartige Membrane wie unsere eigenen schmelzen würden.[20] Nur bei derart hohen Temperaturen können Hyperthermophile leben und sich vermehren. Bei tieferen Temperaturen versteifen sich ihre Membrane so sehr, daß sie Nährstoffe und andere benötigte Moleküle nicht mehr durchdringen können. Moleküle, die als Hitzeschockproteine bezeichnet werden, umhüllen die DNA und reguläre Proteine von Hyperthermophilen und schützen die kompliziert gefalteten Strukturen vor Auflösung, die eine so große Hitze sonst mit sich bringen würde.

Was sind die höchsten Temperaturen, die Hyperthermophile ertragen können? Das ist immer noch ungewiß. Doch wir wissen, daß die Temperatur die Lebensqualität eines Ortes ebenso wenig allein bestimmt, wie sie den Siedepunkt einer Flüssigkeit bestimmt. Ein weiterer Faktor muß dafür in Betracht gezogen werden: Druck.

Die Siedetemperatur des Wassers auf Normalmeereshöhe liegt zwar bei 100 °C. Sie steigt jedoch in einer Tiefe von nur 876 Metern unter dem Meeresspiegel auf 300 °C an. In dieser Tiefe übt die Wassersäule einen Druck von 87 Atmosphären aus. Das heißt der Druck ist hier um das 87-fache höher als der Atmosphärendruck auf Meereshöhe. Dieser Druck reicht aus, um Wassermoleküle bei einer Temperatur von 299 °C daran zu hindern, sich voneinander zu lösen und zu verdampfen. Noch tiefer, in einer Tiefe von 2.250 Metern, ist der „kritische Punkt" erreicht. Hier ist der Druck so groß, daß unabhängig von der Temperatur kein Unterschied zwischen flüssigem und gasförmigem Zustand mehr besteht. Es ist daher angemessen, Wasser un-

---

[19] Die Temperaturschwelle für Hyperthermophile wurde definiert bei John A. Baross, James F. Holden (1996): *Overview of Hyperthermophiles and their heat-shock proteins*, Advances in Protein Chemistry 48, S. 1-34.

[20] Vgl. dazu John Postage: *The Outer Reaches of Life*, Cambridge 1994, S. 15.

terhalb dieses kritischen Punktes als Fluid, oder noch genauer, als „superkritisches" Fluid zu bezeichnen.

Man bedenke, daß die erste jemals an hydrothermalen Schloten dokumentierte Gemeinschaft von Organismen im untersten Bereich der Meere in 2,6 Kilometern Tiefe entdeckt wurde. Hier ist das Wasser ein superkritisches Fluid. An den Schloten hat man entdeckt, daß Wasser mit einer Temperatur von etwa 300 °C austritt. Doch kühlt sich das Wasser rasch ab, weil es sich mit dem kalten Wasser der Umgebung mischt. Daß es dort unten kochen könnte, stellt für Organismen in dieser Tiefe keine Gefahr dar, weil es dort nicht kochen kann. Eher sind als einschränkende Faktoren für das Leben bei hohen Temperaturen anzusehen, daß Membranen schmelzen und sich Proteine auflösen könnten.[21]

Wenn man mit Temperaturen von annähernd oder mehr als 100 °C zurechtkommen muß, ist es in der Tiefe aufgrund der Druckwirkung sicherlich angenehm. Wie verbreitet sind Zonen mit so hohen Temperaturen? Heiße Quellen, ob an Land oder im Meer, sind keineswegs die Norm. Sie treten dort auf, wo Wärme aus dem tiefen Inneren der Erde einen schnellen Fluchtweg zur Oberfläche findet, mit Hilfe von Fluiden, die von unten nach oben gepresst werden, in aktiven vulkanischen Zonen. Bereiche ohne vulkanische Aktivitäten sind viel weiter verbreitet, so wie die, über denen Sie und ich wahrscheinlich gerade sitzen.

Die Erde erzeugt ihre eigene Wärme durch Kompression, durch die Neuordnung von unterschiedlich dichten Bestandteilen des Erdkerns durch Gravitation *(gravitational sorting)* und durch radioaktiven Zerfall tief im Inneren des Erdkerns und Erdmantels. In nichtvulkanischen Gebieten nimmt die Temperatur des Gesteins von der Erdoberfläche aus mit zunehmender Tiefe stetig zu. Dabei ist die Rate, in der die Temperatur ansteigt, überall nahezu gleich. Dieses Phänomen

---

[21] Baross und Holden (wie Anm. 19) gehen davon aus, daß der Druck dazu beiträgt, "die funktionale Konfiguration der Makromoleküle" zu erhalten.

wird als thermaler Gradient der Erde bezeichnet. Die Temperatur der Erdkruste nahe ihres Kontaktes mit der Atmosphäre beträgt in den meisten Gebieten etwa 20 °C. Die Temperatur nimmt in nichtvulkanischen Zonen um etwa 15 bis 30 °C auf 1.000 Meter zu.

Von Hyperthermophilen ist bekannt, daß sie bei einer Temperatur von 110 °C gedeihen können. Leben, so wie wir es kennen, kann demnach im Großen und Ganzen und wenn die nötigen chemischen Ressourcen vorhanden sind, in einer Tiefe von 3.000 bis 6.000 Metern überleben. Dabei handelt es sich zum einen um Bereiche der Erdkruste mit einem hohen Temperaturgradienten (z. B. 30 °C per 1.000 Metern bei 3.000 Meter Tiefe) und zum anderen um Bereiche mit einem niedrigen Temperaturgradienten (z. B. 15 °C per 1.000 Meter oder weniger bei 6.000 Metern). Es ist nicht auszuschließen, daß es auch Hyperthermophile gibt, die noch höhere Temperaturen ertragen können. Einige Mikrobiologen vertreten eine Temperaturgrenze für mikrobielles Leben in Höhe von immerhin 150 °C.[22] In diesem Falle könnte das Leben weiter hinunterreichen, in einigen kälteren Zonen der Erde vielleicht sogar bis in eine Tiefe von 10.000 Metern.

Es ist entscheidend daran zu erinnern, daß Wasser wegen des mit der Tiefe zunehmenden Drucks an keiner Stelle der Erdkruste (mit Ausnahme vulkanischer Zonen) aufgrund der Kombination aus Temperatur und Druck sieden kann. Wie sieht es aber mit Methan aus, dem leichtesten der Kohlenwasserstoffe mit dem niedrigsten Siedepunkt? Wenn man dem thermischen Gradienten nach unten folgt, wird Methan als Folge des mit zunehmender Tiefe wachsenden Drucks immer dichter, sogar als Gas. Was bedeutet diese Verdichtung für unterirdische Lebewesen, die sich von Methan ernähren?

Zum einen bedeutet die größere Dichte, daß Methan für das Leben in der Tiefe leichter zugänglich ist. In einer Tiefe von zum Beispiel

---

[22] Barros und Holder (wie Anm. 19) erörtern auch, wo die Temperaturobergrenze für Lebewesen liegen könnte.

6.000 Metern würde Methan vierhundertmal dichter vorkommen als beim Luftdruck der Erdoberfläche. Außerdem erhöhen durch die große Tiefe erhöhte Temperaturen die Häufigkeit, mit der die Methanmoleküle mit den Zellmembranen der Mikroben kollidieren. Beide Faktoren verbessern die Rate, zu der das Methan durch die Membrane in die Zelle eindringen kann. Die Tiefe ist also nicht nur erwünscht, weil sie einige der durch die hohen Temperaturen verursachten biologischen Probleme lindert, sondern auch den Methanverbrauchern den Zugang zu ihren Nahrungsmitteln erleichtert.

Hier oben, in der Biosphäre der Erdoberfläche, wo Methan nur als flüchtiges Gas vorkommt, wären Methankonsumenten ein seltsamer Verein. Doch in der Biosphäre der Tiefe dürften Methankonsumenten alles andere als eine Randerscheinung in der Nahrungskette sein. Sie bilden dort wahrscheinlich sogar die Grundlage der Nahrungskette.

Unterhalb der Grenzzonen

Um die heiße Biosphäre der Tiefe zu erkunden und ihre Bewohner zu erforschen, müssen wir weit unter die Grenzzonen der heißen Quellen, der hydrothermalen Schlote, der Ölsickerungen, der Methanhydrate und der gasreichen Höhlen vordringen. Wir müssen auf den Boden tiefer Schächte blicken, die in die Erdkruste gebohrt wurden.

Als ich in den frühen achtziger Jahren begann, an der Idee einer Biosphäre der heißen Tiefe zu arbeiten, und als mein erster Aufsatz mit dieser Überschrift 1992[23] veröffentlicht wurde, kritisierte man immer wieder, daß die Mikroben, die bei Bohrungen nach Erdöl und -gas in Proben heraufgebracht wurden, keine ursprünglichen Bewohner der Tiefenregion seien, sondern Opportunisten von der Erdoberfläche, die mit der biologisch kontaminierten Bohrflüssigkeit dort hin-

[23] Vgl. Thomas Gold, wie Anm. 4.

gelangten.[24] Zunächst war das Argument der Kontaminierung nur schwer zu widerlegen. Doch 1995 erschien der entscheidende Aufsatz in einer der anerkanntesten naturwissenschaftlichen Zeitschriften. Darin wurde gezeigt, daß Mikroben, auf die man in einer Tiefe von 1.600 Metern in Frankreich gestoßen war, wirklich „Mitglieder einer in der Tiefe einheimischen thermophilen Gemeinschaft" waren.[25] Im darauffolgenden Jahr bestätigte ein weiterer Bericht über einheimische Mikroben – dieses Mal von einem Bohrloch in Alaska – aktives Leben in einer Tiefe von 4.200 Metern und bei einer Temperatur von 110 °C.[26] 1997 bestätigte die Entdeckung eingelagerter fossiler Mikroben in einem Granitblock aus 200 Metern Tiefe die These, daß Mikroben in der Tiefe heimisch sind. Fossilien können nicht durch Bohrflüssigkeit in harten Granit einbracht werden.[27]

Die bis heute tiefste nachweislich aktive Lebensgemeinschaft wurde 1991 in Schweden in gut 5.200 Metern Tiefe entdeckt, wie wir in Kapitel 6 sehen werden.[28] Es fällt auf, daß die Bohrung, in der diese Mikroben entdeckt wurden, in ein hartes granitisches Grundgebirge und nicht in Sedimentschichten eingebracht worden war, wie sie im allgemeinen von Erdölsuchern bevorzugt werden. Aus einer Probe, die in der Tiefe entnommen, versiegelt und dann heraufgebracht worden war, hatte man im Labor Kulturen gezüchtet. Sie enthielt zu-

---

[24] Einen Überblick über die Diskussion, ob das mikrobiologische Leben der Tiefe dort einheimisch ist oder durch Kontamination von der Erdoberfläche aus dorthin gelangte, geben John Parkes und James Maxwell (1993): *Some like it hot (and oily)*, Nature 365, S. 694f.

[25] S. L'Hardon et al. (1995): *Hot subterranean biosphere in a continental oil reservoir*, Nature 377, S. 223f. Weil „diese thermophilen Solitärlebewesen wiederholt in verschiedenen (Öl-) Bohrlöchern gefunden wurden und sie in Medien gediehen, die den Lebensbedinungen in den Bohrlöchern gleichen", gehen die Autoren davon aus, daß „die Solitärlebewesen zu einer aus der Tiefe stammenden thermophilen Gemeinschaft" gehören.

[26] W. S. Fyfe (1996): *The biosphere is going deep*, Science 273, S. 448. Ein früher, oft zitierter Aufsatz über hyperthermophiles Leben in 3 km Tiefe in den Ölfeldern Alaskas ist K.O. Stetter et al. (1993): *Hyperthermophilic archaea are thriving in deep North Sea and Alaskan oil reservoirs*, Nature 365, S. 743ff.

[27] Richard Monastersky (1997): *Signs of ancient life in deep, dark rock*, Science News 153, S. 181.

[28] U. Szevtzyk et al. (1994): *Thermophilic, anaerobic bacteria isolated from a deep borehole in granite in Sweden*, Proccedings of the National Academiy of Science USA, March 1; 91(5), S. 1810ff.

vor unbekannte anärobe Mikrobenstämme, die sich nur in dem Temperaturbereich vermehrten, aus dem sie entnommen worden waren, nämlich im Bereich von 60 bis 70 °C.

Der von mir geprägte Begriff *Biosphäre der heißen Tiefe* wird manchmal in Fachaufsätzen oder von Medien aufgegriffen, um solche in der Tiefe entdeckten Funde mikrobiologischen Lebens zu beschreiben.[29] Viele der Studien mißverstehen jedoch meine Argumentation und mißinterpretieren die Tatsachen auf eine Weise, die keineswegs trivial ist. Dabei treten zwei Arten von Fehlern auf:

1. Von den Mikroben, die aus den tiefen Ölfeldern heraufgeholt werden, nimmt man zurecht an, daß sie sich von Kohlenwasserstoffen ernähren. Dabei wird aber implizit unterstellt, daß die Kohlenwasserstoffe umgeformte Überreste von Lebewesen sind, die einst zum photosynthetischen Nahrungsclub gehörten, wie Algen und dergleichen.[30] Das ist die standardmäßige westliche Auffassung von einem vermeintlich biotischen Ursprung des Erdöls, die ich im nächsten Kapitel in Frage stelle. Solange man annimmt, Erdöl sei biotisch, wird man Lebewesen – unabhängig davon, wie tief im Erdölbohrloch man sie entdeckt hat – stets als neuartige Sonderformen ansehen, als interessantes unteres Anhängsel der Oberflächenbiosphäre, das seine eigenen uralten Überreste verwertet.

---

[29] Die Theorie der heißen Biosphäre der Tiefe (Anm. 23) wird z. B. zitiert in: John Parkes, James Maxwell (1993), wie Anm. 24., William J. Broad. *Strange new microbes hint at a vast subterranean world*, New York Times, 28. 12. 1993, S. C1, C14; Richard Monastersky (1997): *Deep dwellers*, Science News 151, S. 192f.; J.R. Delaney et al. (1998): *The quantum event of oceanic crustal accretion: Impacts of diking at mid-ocean ridges*, Science 281, S. 222ff.

[30] Sogar bei in kristallinem Grundgestein, weit weg von Sedimenten als möglicher Quelle entdeckten Kohlenwasserstoffen (gewöhnlich Methan) wird ein biologischer Ursprung unterstellt. Mikroben, die sich davon ernähren, hält man für abhängig von eingelagerten organischen Produkten der auf Photosynthese beruhenden Biosphäre der Erdoberfläche. Vgl. dazu Karsten Pedersen (1996): *Investigations of subterranean bacteria in deep crystalline bedrock,* Canadian Journal of Microbiology 42, S. 382ff., und Delaney et al. (1998), wie Anm. 29.

2. Der zweite Fehler der Berichte, die die Entdeckung einer Biosphäre in der Tiefe oder sogar einer *heißen* Biosphäre in der Tiefe verkünden, besteht in der Charakterisierung der dort heimischen Mikroben als „Gesteinsfresser“. Dieser zweite Fehler verlangt eine etwas ausführlichere Erklärung als der erste. Zum einen ist „Ernährung von Gestein“ die übliche Interpretation des Stoffwechsels von Mikroben, die in Bohrlöchern in magmatischem Gestein entdeckt werden. Da solches Gestein durch eine Schmelze entsteht, müssen die dort möglicherweise enthaltenen Kohlenwasserstoffe von woanders her eingedrungen sein, nachdem sich das Magma abgekühlt und erhärtet hat. Nach der üblichen Vorstellung wären diese Kohlenwasserstoffe aus sedimentärem Ausgangsgestein in der Nähe durch Risse und Poren in das magmatische Gestein eingesickert. Wenn es in der Nähe kein Ausgangsgestein gibt, ist diese Erklärung ohne Wert.

Es liegen bedeutend weniger Berichte über mikrobielles Leben in magmatischen Gesteinen vor als solche über Mikroben, die man in Sedimentgesteinen entdeckt hat. Dafür gibt es einen einfachen Grund: Wenn man glaubt, Öl und Gas seien umgeformte Überreste von Wesen, die einst an der Erdoberfläche lebten und dann lange in Sedimenten lagerten, die sich zu Gestein verfestigten, warum sollte man dann in magmatischen Bereichen bohren? Die Zahl der Bohrungen in Sedimentgestein ist daher so viel größer als die der Bohrungen in magmatisches Gestein, daß dieses Mißverhältnis allein für die unterschiedliche Zahl von Studien zu mikrobiellem Leben in den beiden Bereichen verantwortlich gemacht werden kann.

Trotzdem wurden Bohrungen in nichtsedimentären Gesteinen unternommen: zum einen für Erkundungen allgemeiner Art, zum anderen für einen ganz anderen Zweck, die Bestimmung der radioaktiven

Verschmutzung von Grundwasser. Während des Kalten Krieges wurden radioaktive Abfälle aus der Plutoniumproduktion nicht immer sorgfältig entsorgt. Das war der Fall in der nuklearen Aufbereitungsanlage in Hanford im amerikanischen Bundesstaat Washington, die auf Columbia-River-Basalt errichtet worden war. Eine 400 Meter tiefe Testbohrung in das magmatische Gestein, um festzustellen, inwieweit das Grundwasser mit radioaktivem Material kontaminiert worden war, ergab als Nebenertrag die Entdeckung von Bakterien.[31] Wovon lebten sie? Weil alle glaubten, ein so ausgedehnter Basaltstock könne unmöglich Kohlenwasserstoffe enthalten, stufte man das dort ebenfalls reichlich vorhandene Methan als Stoffwechselprodukt einer in der Nahrungskette nachgelagerten Stufe ein, statt es wie ich für das Grundnahrungsmittel der ersten Stufe dieser Kette zu halten.[32] Und woher sollte der ursprüngliche Kohlenstoff stammen?

In den magmatischen Gesteinen ist Methan das gleich nach Wasser bei weitem häufigste Fluid. Wahrscheinlich ist Methan am Anfang der Nahrungskette die Quelle für Nährstoffe, Kohlenstoff und Wasserstoff. Meiner Ansicht nach ist Kohlendioxid weitgehend ein *Produkt* der mikrobiellen Oxidation von Kohlenwasserstoffen und nicht die *Quelle* des Kohlenstoffs am Anfang der Nahrungskette. Diese Ansicht – daß Kohlenwasserstoffe sowohl den organischen Kohlenstoff wie auch den Brennstoff für die Biosynthese in der Tiefe liefern – untermauerte vor allem ein 1994 veröffentlichter Aufsatz.[33] Petra Rüter und ihre Kollegen kultivierten eine mäßig thermophile Mikrobe unter

---

[31] Todd O. Stevens, James P. McKinley (1995): *Lithoautotrophic microbiological ecosystems in deep basalt aquifers,* Nature 270, S. 450ff. Vgl. auch die Begleitmeldung von Jocelyn Kaiser a.a.O. S. 377, und James K. Fredrickson, Tullis C. Onstott (1996): *Microbes deep inside the earth,* Scientific American, Oktober, S. 68ff.

[32] Dazu Stevens und Mc Kinley (Anm. 31): „An einigen Stellen des Columbia-Plateaubasaltes wurden hohe Konzentrationen gelösten Methans beobachtet. Am Beginn unseres Jahrhunderts wurde hier kommerziell Erdgas gewonnen. Doch ist die Herkunft des Gases ungewiß."

[33] Petra Rueter et al. (1994): *Anaerobic oxidation of hydrocarbons in crude oil by new types of sulphate-reducing bacteria,* in: Nature 372, S. 455ff.

Bedingungen, die bestätigten, daß diese Stoffwechselstrategie genutzt wird, wobei Sulfate den nötigen Sauerstoff liefern.

Es gibt also viele Gründe, weshalb ich nicht mit den ökologischen Interpretationen der Forscher einverstanden bin, die den Grundwasserleiter im Columbia-Basalt untersuchten. Trotzdem kann ich gut verstehen, wie es zu Fehlinterpretationen kommen konnte. Es ist schwierig, die Existenz in der Tiefe heimischen Lebens zu beproben, zu kultivieren und zu identifizieren. Es ist noch schwieriger, den Beginn der Nahrungskette zu bestimmen und die energetischen und stofflichen Quellen anzugeben, auf denen der Primärstoffwechsel beruht. Solange der Primärstoffwechsel unbekannt ist, kann man jedoch nicht sicher sein, ob ein bestimmter chemischer Stoff ursprüngliche Ressource oder biologisches Produkt ist.

Es sollte inzwischen klar sein, daß man am besten etwas über die Biosphäre in der heißen Tiefe erfahren und dabei überprüfen kann, ob dieser hypothetische Lebensbereich überhaupt existiert, wenn man Gesteinsbohrungen vornimmt und nachschaut, was sich da unten tut. Bisher wurden kaum Bohrungen mit dem ausdrücklichen Ziel durchgeführt, in der Tiefe nach Leben zu suchen – wenn überhaupt. Bohrlöcher entstehen, weil man größere Mengen Kohlenwasserstoffe fördern, die Kontamination von Grundwasser feststellen oder das Verständnis geologischer Prozesse mit Daten untermauern will. Wenn man dabei auf mikrobiologisches Leben stößt, wird das fast immer als von der Oberfläche stammende biologische Verschmutzung abgetan, die von der Bohrflüssigkeit verursacht wurde.

Die Lebensräume der Grenzzonen sind spannend, doch können sie nicht wirklich zeigen, ob und welche biologischen Prozesse in der Tiefe ablaufen. Bis jetzt haben wir nur sehr wenig von dem kennen gelernt, was sich als enorm großer Lebensbereich unserer Erde herausstellen könnte, der noch auf seine Erforschung durch uns wartet. Glücklicherweise kam es in jüngster Zeit zu einem Nachfrageschub nach Studien für Mikroben, die aus der Tiefe heraufgeholt wurden. Das Interesse an der Biosphäre der heißen Tiefe ist erwacht (wenn auch nicht notwendigerweise im Sinne meiner stringenten Interpretation als einer unabhängigen, kohlenwasserstoffbasierten tiefen Biosphäre). Das Interesse wurde zum Teil durch jene Tiefbohrungen angeregt, in denen man lebende Bewohner gefunden hat. Weil dort kein Leben vorkommen sollte, hat das unsere Neugier angestachelt. Außerdem geht ein Teil des Interesses auf einen Erfolg von Carl Woese, einem Evolutionsbiologen an der Universität von Illinois zurück. Er konnte die Biologen überzeugen, daß ein weiterer, ganz neuer Lebensbereich auf seine Entdeckung wartet – derjenige der Archäen.[34]

Vor ihm wurden alle lebenden Organismen entweder als Prokaryoten (alles, was bis dahin Bakterien genannt wurde) oder als Eukaryoten (damals Pflanzen, Tiere, Pilze, Schleimschimmel und Protoctisten bzw. Einzeller) klassifiziert. Diese beiden Gruppen unterscheiden sich durch einige wichtige Eigenschaften ihrer Zellen. Der Hauptunterschied ist, daß den Prokaryoten im Unterschied zu den Eukaryoten ein Zellkern mit ihrem genetischen Material fehlt.

In den sechziger und siebziger Jahren entdeckte Woese, daß sich eine Gruppe von Prokaryoten (die er Archaebakterien oder Archäen nannte) deutlich von allen übrigen in ihren Sequenzen ribosomaler Ribonukleinsäure (RNA) und dementsprechend auch in wichtigen Zügen ihres Stoffwechsels und ihrer Morphologie unterscheidet. Als die vollständige genetische Sequenz einer dieser andersartigen Mikroben 1996 veröffentlicht wurde, sahen die meisten Experten sofort ein, daß die Klassifizierung der Prokaryoten neu überdacht werden mußte.[35] Die Archäobakterien enthielten viele einzigartige Gene, und

---

[34] Carl Woeses erfolgreicher Versuch, die taxonomische Klassifikation des Lebens grundlegend zu revidieren, wird beschrieben bei Virginia Morell (1997): *Microbiology's scarred revolutionary,* Science 276, S. 699ff.

[35] C. J. Bult et al. (1996): *Complete genome sequence of the methanogenic archaeon Methanococcus jannaschii,* Science 273, S. 1058ff.

diese schienen wiederum mehr mit denen der Eukaryoten gemeinsam zu haben als mit denjenigen der übrigen prokaryotischen Stämme. Als Ergebnis dieser Arbeit werden die Prokaryoten in zwei getrennte Domänen (oder Bereiche) unterteilt. Den einen bilden die bekannten Bakterien (oder Eubakterien), der andere umfaßt das, was nun Archäen heißt. Bei den Eukaryoten blieb alles beim alten, nur daß sie jetzt als die dritte Domäne dieser Einteilung gelten.

Woeses konzeptionelle Revolution hebt hervor, wie wichtig es ist, den bisher kaum bekannten Bereich der Archäen weiter zu untersuchen. Mehr noch, die Einteilung in drei Domänen deutet darauf hin, daß die Hyperthermophilie zu den ältesten Merkmalen gehört.

Die von Woese vorgeschlagene neue Einteilung des mikrobiellen Lebens erinnert sehr an das Konzept der Biosphäre der heißen Tiefe. Der separate Lebensbereich, den er Archäen nennt, muß wegen der Einfachheit des genetischen Systems dieser Organismen sehr früh in der Evolution entstanden sein. Und weil so viele ihrer Stämme hyperthermophil sind, dürften sie in Bereichen mit hoher Temperatur entstanden sein. Es erscheint als sehr unwahrscheinlich, daß eine Form der thermophilen Archäen an einem heißen Ozeanschlot entstanden ist und sich von dort auf viele andere solcher Stellen ausgebreitet hat und sich dabei die heute zu beobachtende Artenvielfalt entwickelte. Es scheint eher so zu sein, daß sie die globale Evolution einer frühen Lebensform verkörpern, die vom Nachschub chemischer Energie aus dem Erdinneren abhängig war. Die Archäen wären demnach das Produkt einer langewährenden Evolution innerhalb eines weiten, zusammenhängenden und langlebigen Habitats. Sie dürften die frühesten Bewohner – und sogar heute noch die Hauptbewohner – der tiefen heißen Biosphäre sein, die die Erde umhüllt.

Um den Ursprung des Lebens auf der Erde zu erforschen, müssen wir uns den Organismen widmen, die in extremer Hitze gedeihen. Hyperthermophile gibt es nur im Bereich der Bakterien und Archäen.

Nur unter den Archäen bilden sie die überwiegende Mehrheit. Wo soll man nach hyperthermophilen Lebewesen suchen? Wir können natürlich die Grenzzonensysteme der heißen Quellen und der Tiefseeschlote nach ihnen absuchen. Doch die bei weitem größte Chance sie zu finden bieten sicherlich die tieferen Bereiche der Biosphäre der heißen Tiefe.

Die Theorie von einer Biosphäre der heißen Tiefe wird sich am Ende nur behaupten, wenn Belege aus den *Tiefen* der Erde vorgelegt werden, nicht aus den Grenzzonen, obwohl die Grenzzonen die mögliche Reichhaltigkeit zeigen, wie wir bei den Tiefseeschloten, kalten Erdölsickergebieten, Methanhydraten und gasreichen Höhlen gesehen haben. Zu den interessantesten Aspekten der Lebensgemeinschaften an den hydrothermalen Schloten gehört, daß es für das Methan, das dort zum Überleben beiträgt, keine biotische Erklärung gibt, obwohl bekannt ist, daß Methan an den hydrothermalen Schloten reichlich vorhanden ist.

Eine biotische Erklärung ist nicht plausibel, weil sich kaum von der Erdoberfläche stammendes Sediment an, unter oder wenigstens in der Nähe der aktiven Grabenbruchzonen des Tiefseebodens findet. Wie weit auch immer man in die Tiefe vordringt, alles zu erforschende Gestein ist magmatischen Ursprungs. Das bedeutet, daß es einst in Form von sehr heißem, flüssigen Magma durch die Erdkruste nach oben geflossen ist. Dennoch glaubt man allgemein das, was wir alle in der Schule gelernt oder über unsere Kultur aufgeschnappt haben. Diese herrschende Meinung hält Erdgas und Erdöl ausschließlich für Überreste von Organismen, die die Geologie zu „fossilen Brennstoffen" umgeformt hat. Erhöhte Temperaturen (doch nicht wie in Vulkanen) und erhöhter Druck – beides hervorgerufen durch die Verlagerung von einst lebenden organischen Materialien unter die Erdoberfläche – bringe dieses Alchemistenkunststückchen bei ausreichender Zeit in den Sedimentschichten, in denen organische Überreste vorhanden sind, zuwege, wird behauptet. Methan ist demnach etwas, das in Sedimentgestein zu finden sein muß und nicht im magmatischen Gestein. Doch wie gelangt Methan dann in die aktiven Grabenbruchzonen des Tiefseebodens?

Wenn die Behauptung zutrifft, daß die weltweiten Lagerstätten von Erdöl und der meisten Gase keinesfalls aus der Biologie stammen, dann müssten wir in der Lage sein, diese Kohlenwasserstoffe genauso gut im magmatischen wie im Sedimentgestein zu finden. Rohöl ist keine Suppe aus verkochten Algen und obwohl es versucht wurde, ließ es sich bisher nie im Labor aus biologischem Material synthetisch herstellen. Natürlich ist einiges Methan biologischen Ursprungs. Mikroben, die Methanogene („Methanmacher“, nicht zu verwechseln mit den methanfressenden Methanotrophen) genannt werden, leben in sauerstoffarmer Umgebung, etwa im Schlamm der Reisfelder und im Verdauungstrakt der Rinder, wo sie Methan als ein Nebenprodukt ihrer Ernährungsweise erzeugen. Bekannt ist auch Methanol, das aus Iowa-Mais gewonnen und dem Kraftstoff beigemischt wird. Doch ist der weitaus größte Teil des Methans meiner Ansicht nach keineswegs biotischen Ursprungs. Kohlenwasserstoffe müssen viel mehr als ursprüngliche Bestandteile jener Trümmer des Sonnensystems verstanden werden, aus denen sich vor 4,5 Milliarden Jahren die Erde gebildet hat. Dieser entscheidende Punkt wird im nächsten Kapitel untersucht.

3] Die Theorie: Gas aus dem Erdinneren

Neue Ideen in der Wissenschaft sind nicht schon deshalb richtig, weil sie neu sind. Ebenso sind alte nicht falsch, nur weil sie alt sind. Eine kritische Haltung wird von jedem Wahrheitssucher erwartet.[36] Doch sollte man den neuen wie den alten Ideen gleich kritisch gegenüber stehen. Überall dort, wo anerkannte Ideen unkritisch übernommen und Beweise, die damit nicht zu vereinbaren sind, einfach weggewischt oder deshalb nicht erwähnt werden, weil sie nicht ins Bild passen, gerät die Wissenschaft in große Bedrängnis. Das hat es in verschiedenen Bereichen schon öfters gegeben. So wurde zum Beispiel in der Geologie vor 1960 jeder ausgelacht, der dachte, daß sich in der Vergangenheit Kontinente oder Teile davon verschoben haben, obwohl dafür ausreichend Beweise aus Messungen des Gesteinsmagnetismus vorlagen. Nach 1965 wurde dann jeder lächerlich gemacht, der nicht an Kontinentaldrift glaubte. In der Erdölgeologie werden die umfangreichen und überzeugenden Belege für einen Ursprung der Fluide in der Tiefe nach wie vor mit Verachtung behandelt und können nicht in bestimmten Zeitschriften veröffentlicht werden.

Kohlenstoff und Wasserstoff können sich zu vielen unterschiedlichen Molekülen verbinden, die sich in den jeweiligen Mengenverhältnissen der beiden Atome und in ihrem molekularen Aufbau unterscheiden. Sie alle werden Kohlenwasserstoffe genannt. Bei Tem-

[36] Ich habe an dieser Stelle Teile einer Rede eingearbeitet, die ich 1988 auf Einladung auf der IBM-Konferenz „Wissenschaft und das Unerwartete" halten durfte. Die Rede wurde später niedergeschrieben und 1989 als „New ideas in science" veröffentlicht: Journal of Scientific Exploration 3 (2), S. 103ff., sowie unter dem Titel „The inertia of scientific thought" in: Speculations in Science and Technology 12, S. 245ff.

peraturen und Luftdrücken an oder nahe der Erdoberfläche treten einige Kohlenwasserstoffe in fester Form (Kohle), andere in flüssiger Form (Erdöl) und wieder andere gasförmig (als Erdgas, mit Methan als größtem Anteil) auf. Flüssige und gasförmige Kohlenwasserstoffe werden allgemein als Petroleum oder Erdöl bezeichnet, das eine große Bandbreite bei den Anteilen der verschiedenen Kohlenwasserstoffmoleküle aufweist. Die Erdölbestandteile weisen auch gemeinsame Merkmale auf, die auf eine ähnliche Art der Entstehung hindeuten. Wie also entsteht dann Erdöl?

Derzeit würden die meisten Wissenschaftler außerhalb der früheren Sowjetunion behaupten, die Frage sei eindeutig geklärt: Geologische Prozesse formten aus Ablagerungen biologischer Rückstände Erdöl. Erhöhte Temperaturen (aber nicht so hohe wie in Vulkanen) und der in der Tiefe vorherrschende erhöhte Druck würden dieses Kunststück der Alchemie bei hinreichend langer Verweildauer zuwege bringen. Dabei würden die Reste von Lebewesen der Erdoberfläche aus den Sedimenten allmählich umgeformt, wird uns erklärt. Erdöl wird daher auch als „fossiler Brennstoff" bezeichnet. Doch die Zusammenstellung weithin akzeptierter Fakten zur jeweiligen Zusammensetzung und zum geografischen und geologischen Auftreten von Erdöl spricht nicht für die bevorzugte Standardantwort.

Die von mir bevorzugte Alternativerklärung wird als die *abiotische* Theorie oder Tiefengastheorie bezeichnet: Demnach stammen Erdgas und Rohöl nicht aus biologischen (organischen) Rückständen, sondern aus den Ausgangsmaterialien, aus denen die Erde entstand. Das Ziel dieses und des nächsten Kapitels ist es, die Argumente und Belege, die für diese Ansicht sprechen, zu präsentieren. Die abiotische Theorie wird dann wiederum als Grundlage dienen, um das Hauptthema dieses Buches zu diskutieren: die Theorie der Biosphäre der heißen Tiefe.

Der Ursprung des Erdöls – zwei gegensätzliche Theorien

Obwohl die Theorie eines biotischen Ursprungs viele Ungereimtheiten aufweist (die in Kapitel 4 und 5 erörtert werden), ist in westlichen Ländern dennoch jede geologische Forschung zu Erdöl unmöglich, die die derzeit herrschende Meinung in Frage stellen könnte. Ein junger Wissenschaftler – wie begabt auch immer – ohne wissenschaftliches Renommee, der so etwas versuchen würde, hätte keine Chance, einen Begutachtungsprozeß für eine Finanzierung oder eine Publikation seiner konträren Ergebnisse zu überstehen. Es war mein Glück, daß ich, als ich meine Nase in das Feld der Erdölgeologie hineinsteckte, im Bereich der Physik, insbesondere dem der Geo- und Astrophysik, schon einige Anerkennung erworben hatte. Ich war bis dahin schon zum Mitglied einiger angesehener wissenschaftlicher Vereinigungen gewählt worden. Dieses Renommee ermöglichte es mir, meine häretischen Ansichten zu Ursprung und Allgegenwart von Öl und Gas zu verbreiten.

Ab 1977 hatte ich einige Aufsätze zum Thema „Erdgas aus dem Erdinneren" verfaßt. In ihnen begründete ich meine These, daß Erdgas und andere Kohlenwasserstoffe tief unten in der Erdkruste entstanden waren, vielleicht 100 bis 300 Kilometer unter der Erdoberfläche.[37] Das sind fast 100 bis 300 Kilometer mehr, als die Vertreter der biotischen Sicht für die Entstehung von Erdöl angeben. Das ergibt sich aus ihrer Grundannahme, wonach Erdöl aus Resten oberirdischen Lebens entsteht, die von Sedimenten überlagert werden. Die Theorie vom Erdgasursprung in der Tiefe präsentierte ich während der sogenannten Energiekrise. Diese war, soweit ich sehe, nicht entstanden, weil eine tatsächliche Knappheit an Öl und Gas bestand, sondern weil ein Kartell bedeutender Ölproduzenten sehr einflußreich geworden war, als verschiedene einflußreiche Erdölgeologen vorhersagten, daß die gesamten globalen Öllagerstätten innerhalb der nächsten 15

[37] Zu meinen ersten Veröffentlichungen zu dieser Theorie siehe Anm. 1.

Jahre erschöpft sein würden. Es läge dann im Interesse der Ölproduzenten, ihre Produktion zu drosseln, um aus den verbliebenen Ölreserven den größtmöglichen Umsatz zu erzielen. Heute, 25 Jahre später, erleben wir eine Ölschwemme und verfügen über mehr Öl, als wir benötigen – selbst bei vorsichtiger Schätzung und weiterhin deutlich steigendem Verbrauch.

Obwohl er stark von der herrschenden Meinung abwich, fand mein Lösungsvorschlag (und der vieler russischer Kollegen), wonach Petroleum abiotischen Ursprungs und tief in der Erde allgegenwärtig ist, damals einige Aufmerksamkeit, besonders bei Ölunternehmen.[38] Denn er besitzt eine hohe praktische Bedeutung weit über die Grenzen der Wissenschaft hinaus. 1982 ergänzte ich die Theorie vom Gas aus dem Erdinneren für mich selbst um das Konzept einer „Biosphäre der heißen Tiefe", die sich von diesen Ressourcen ernährte. Es verging ein weiteres Jahrzehnt, bevor ich diese Hypothese veröffentlichen konnte.[39] Mit diesem nächsten Schritt gelang es mir, das gesamte Beweismaterial so zusammenzustellen, daß all die paradoxen Sachverhalte, wie ich finde, zufriedenstellend erklärt werden können. Darunter waren auch Befunde, die zunächst die Theorie von der biotischen Ölentstehung untermauert hatten.

---

[38] Der Erdölgeologe und Tiefengasunternehmer Robert A. Hefner III war immer sehr an der Theorie vom Gas aus der Tiefe interessiert und hat sie sehr gefördert. Vgl. seinen Aufsatz (1993): *New thinking about natural gas*, in: David G. Howell (Hg.): *The Future of Energiy Gases*, USGS Professional Paper 1570.

[39] Nachdem ich meine Idee von der Biosphäre der heißen Tiefe („a hot, deep biosphere") entwickelt hatte, reichte ich kurze Zeit später einen Aufsatz mit diesem Titel bei der Zeitschrift *Nature* ein. Das war im Juni 1983. Der Aufsatz wurde abgelehnt. Im Mai 1988 versuchte ich es noch einmal, diesmal mit dem Titel *Haben wir einen zweiten Lebensbereich auf der Erde entdeckt? (Have we discovered a second domain of life on the earth?).* Ich bezog mich dabei natürlich auf eine zweite, tief in der Erdkruste gelegene Biosphäre. Da klar war, daß auch dieser Aufsatz abgelehnt werden würde, zog ich ihn zurück und reichte ihn bei einer anderen Zeitschrift ein, die zwar auch großes Ansehen genießt, aber nicht von Gutachtern beherrscht wird. Jedes Mitglied der *National Acadamy of Science* – wie ich – konnte dort Aufsätze veröffentlichen, sofern die Zustimmung von zwei weiteren Mitgliedern eingeholt werden konnte, die man sich selbst ausgesucht hatte. So kam es 1992 zur Veröffentlichung meines Aufsatzes *Deep, hot Biosphäre* in den *Proceedings of the National Academy of Science* USA (89), S. 6045ff. Meine Fürsprecher waren Dr. Carl Woese und Dr. Gordon MacDonald.

Seit den 1860er Jahren war die Erdölentstehung Gegenstand vieler intensiver und hitziger Debatten. Damals hatte man entdeckt, daß Erdöl in den Porenräumen vieler Gesteinsarten vorhanden war. War es schon bei der Entstehung der Erde vorhanden? Oder handelt es sich dabei um ein Konzentrat riesiger Mengen tierischer und pflanzlicher Reste, das über hunderte Millionen von Jahren in Sedimentgestein lagerte? Für beide Ansichten wurden Argumente vorgebracht. Jede Argumentationslinie, so widersprüchlich sie auch erscheinen, hat ihre Stärken.

Die biotische Theorie behauptet, daß unter Sedimenten liegende biologische Überreste in langen Zeiträumen zu Öl und Gas zerfallen und daß dieses Petroleum dann in den Poren der Sedimente in den oberen Schichten der Erdkruste verdichtet wird. Mit dieser Idee von einer biotischen Entstehung im Kopf wurde nach Erdöl gesucht. Fand man in den Sedimenten organische Stoffe, wurden diese als Schlüsselindikator für Gesteinsschichten angesehen, die eine Erkundung wert sind. Wo Öllagerstätten in Gesteinen ohne Materialien entdeckt wurden, aus denen sich Erdöl und Erdgas hätte bilden können, behalf man sich mit der Erklärung, daß sich Rohöl und Erdgas oft über große Entfernungen bewegen und deshalb der Ort ihrer Entstehung im Gestein nicht bestimmbar sei.

Um 1870 hatte sich die biotische Theorie der Erdölentstehung weitgehend durchgesetzt, als man annahm, die Erde sei zunächst ein sehr heißes Gebilde, ein Körper aus Flüssiggestein, gewesen. Wäre die Erde so entstanden, hätten Kohlenwasserstoffe im heißen Gestein nicht überlebt, sondern wären vollständig zu CO_2 und H_2O oxidiert. Solange diese Ansicht vorherrschte, war das Konzept einer abiotischen Entstehung des Erdöls aus Stoffen, die sich während der Entstehung der Erde anreicherten, nicht vertretbar. Damals schien die Bildung von Petroleum aus Vegetation nach der Abkühlung der Erde die einzig mögliche Erklärung zu sein. Daß man anschließend in allen

Erdölen Moleküle mit eindeutig biologischem Ursprung entdeckte, bestärkte die biotische Theorie weiter erheblich.

Heute nimmt man hingegen an, daß sich die Erde aus kalten, festen Teilchen zusammenballte, die sich in dem die Sonne umgebenden Staubnebel allmählich verdichteten. Viel von dem zugeführten Material muß also nicht einmal übermäßig erhitzt worden sein. Damit wäre eine abiotische Erklärung möglich gewesen. Doch hatte sich die biotische bzw. biogenetische Theorie bereits so festgesetzt, daß die ihr entgegenstehenden Befunde beiseitegeschoben wurden. Selbst als man in den 1940er Jahren auf vielen anderen Planeten und Monden des Sonnensystems Kohlenwasserstoffe entdeckt hatte (die diese Kohlenwasserstoffe nicht aus der Vegetation bezogen haben konnten), bestand man weiter darauf, daß einzig die Kohlenwasserstoffe unserer Erde aus einer Quelle stammten, die nur hier zu finden war: die Vegetation.

Immer dann, wenn man heute Erdöl und Erdgas in magmatischem Gestein findet, geht man davon aus, daß diese Kohlenwasserstoffe aus einem sedimentären „Quellgestein“ stammen und von dort aus einsickerten. Nach dieser Auffassung ist es aussichtlos, im magmatischen Gestein unterhalb der tiefsten Sedimentschicht nach Kohlenwasserstoffen zu suchen. Deshalb wurden bisher nur sehr wenige Bohrungen in das Grundgebirge eingebracht. Fast alle Ölbohrungen erfolgten im Sedimentgestein. Daher stammt nahezu alles bisher geförderte Öl aus solchen Gesteinsschichten. Es dauerte nicht lange, bis das wiederum als Beweis dafür herhalten mußte, daß Erdöl nur in Sedimentgestein gefördert werden kann. Sedimente waren zwar wirklich essentiell für die heutige Ölproduktion. Das liegt jedoch nicht daran, daß dort mehr Öl lagert, sondern daran, daß die Ölgesellschaften entschieden, nur dort zu bohren. Der Glaube an den biotischen Ursprung des Öls führte so zu einer sich selbst erfüllenden Vorhersage.

Die Theorie eines biotischen Ursprungs der Kohlenwasserstoffe war in den Vereinigten Staaten und den meisten europäischen Staaten so etabliert, daß jede Forschungsarbeit zum konträren Standpunkt effektiv ausgeschlossen wurde. In den Ländern der früheren Sowjetunion war das nicht der Fall. Seit der Mitte des 19. Jahrhunderts wurde hier auf beiden Seiten der Debatte viel geforscht. Bei dem Versuch, dieses Problem zu lösen, scheint die Sowjetunion gegenüber wissenschaftlichen Abweichlern nachsichtiger gewesen zu sein als die westlichen Länder, vielleicht weil der verehrte russische Chemiker Mendelejew die abiotische Sicht vertreten hatte. Seine damaligen Argumente sind heute angesichts der inzwischen gewaltig angewachsenen Datenfülle eher noch überzeugender geworden.

Die abiotische Theorie geht davon aus, daß Kohlenwasserstoffe Bestandteil jener Materie waren, aus der durch eine Anreicherung von Feststoffen vor etwa 4,5 Milliarden Jahren die Erde entstand. Mit zunehmender Wärme im Erdinneren wurden Flüssigkeiten und Gase freigesetzt. Weil diese eine geringere Dichte als Gestein aufwiesen, trieben sie Auftriebskräfte nach oben. Unter günstigen Umständen wird ihre Reise vom Ursprungsgebiet nach oben zeitweilig durch poröses Gestein in Tiefen aufgehalten, die unsere Bohrungen erreichen und von wo wir Erdöl wirtschaftlich fördern können.

In vulkanischen Gebieten sieht es anders aus. Hier können lavagefüllte Schlote durchgehend in große Tiefen hinunterreichen, weil die Druckunterschiede zwischen dem festen Gestein und dem nahezu gleich dichten Magma gering sein dürften. Wenn Methan aus tieferen Schichten in einen solchen Kamin gerät, wird es in vielen Blasen aufsteigen. Während ihres Aufstiegs berührt jede Blase ständig frisches Magma an seiner Oberfläche. Jeder im Magma locker gebundene Sauerstoff wird von der Blase erfaßt. Bei den vorherrschenden hohen Temperaturen oxidiert das Methan zu CO_2 und Wasser. Es verwundert daher nicht, daß Vulkane in ihren Ruhephasen vorwiegend

CO_2 und Wasser und kaum Methan emittieren (für die meisten Vulkane werden zwischen zwei und fünf Prozent Methan angegeben, doch für manche viel mehr: für die Azoren bis zu 17 Prozent). Wenn es allerdings bei den gleichen Vulkanen zu größeren Ausbrüchen kommt, tritt häufig eine große Menge brennbarer Gase aus und oft wurden dabei Flammen beobachtet. Am bekanntesten wurde in dieser Hinsicht der untermeerische Ausbruch eines der Krakatau-Vulkane in der Sunda-Straße während einer Serie von Eruptionen. Diese Eruptionen durchstießen die Wasseroberfläche nicht, sondern erzeugten Flammen, die großflächig auf ihr tanzten. Hier konnte also keine Verwechslung zwischen Gasflammen und herausschießender rotglühender Vulkanasche vorliegen, wie man vielfach unterstellte, als bei Ausbrüchen von solchen Flammen berichtet wurde. Offensichtlich zuverlässige Berichte über Flammen liegen uns auch von Vulkanen in Mittelamerika, vom Santorin-Vulkan im Mittelmeer nördlich von Kreta und von Vulkanen des Großen Afrikanischen Grabenbruchs vor (die Chance, bei einem Vulkanausbruch Flammen zu sehen, hängt vom Wind ab, der dafür die dichten Rauchschwaden von der Seite von den eher vertikalen Flammen wegtreiben muß).

Bei einer starken Eruption steigen, anders als in den ruhigen Phasen eines Vulkans, keine kleinen Gasblasen auf. Stattdessen schießen riesige Gaswolken durch das geschmolzene Gestein nach oben. Die Kontaktzone zwischen Gas und Magma ist dabei viel kleiner und die Berührungsdauer viel kürzer. Dadurch wird der Umfang der Oxidation, die stattfinden kann, verringert. Insgesamt zeigt eine Vielzahl von Fakten, daß Kohlenwasserstoffe oder Wasserstoff wichtige Bestandteile vulkanischer Gase sind.

Das CO_2, das man während der Ruhephasen bei Vulkanen antrifft, beweist keineswegs, daß CO_2 das primäre Kohlenstoffgas ist, das an die Erdoberfläche gelangt. Wo sich die Emissionen von Gasen in die Atmosphäre unmittelbar messen lassen, erscheint Methan fast immer als das vorherrschende Kohlenstoffgas. Ausnahmen ergeben sich nur, wenn sich die Meßzone Bereichen mit reger Vulkantätigkeit nähert. Hier dominiert dann häufig CO_2 (ich komme auf diesen Punkt in Kapitel 8 zurück, wenn ich Schlammvulkane erörtere).

Kohlenwasserstoffwolken, die zur Erdoberfläche vordringen, ohne auf Magma zu stoßen, können auf dem Weg nach oben oxidieren oder auch nicht. Sie werden auf jeden Fall dann schnell oxidieren, nachdem sie der sauerstoffreichen Atmosphäre ausgesetzt sind. Das bedeutet, daß alle Kohlenwasserstoffe aus der Tiefe am Ende zu Kohlendioxid und Wasser oxidiert werden.

Die abiotische Theorie der Erdölbildung hängt davon ab, daß sich fünf grundlegende Annahmen als richtig erweisen:

1. Kohlenwasserstoffe oder Stoffe, die unter dem hohen Druck in der Tiefe der Erde zu Kohlenwasserstoffen hätten umgewandelt werden können, müssen Bestandteil jenes Ursprungsmaterials gewesen sein, aus dem die Erde entstand.

2. Während der 4,5 Milliarden Jahre seit der Formation der Erde dürfen die ursprünglichen Kohlenwasserstoffe weder zerfallen noch durch die beträchtliche Menge Sauerstoff, die im Gestein der Erdkruste gebunden ist, zu Wasser und Kohlendioxid oxidiert worden sein.

3. Kohlenwasserstoffe müssen der Kombination aus hoher Temperatur und hohem Druck, die in den Tiefen der Erde vorherrscht, chemisch standhalten.

4. Kohlenwasserstoffhaltige Fluide müssen tief unten im Gestein Poren vorgefunden oder geschaffen haben, die ausreichend groß sind, um darin zu verharren oder durch sie aufzusteigen. Die dafür notwendigen Auftriebskräfte rühren von ihrer im Ver-

hältnis zum Gestein geringeren Dichte und ihrem niedrigen spezifischen Gewicht her.

5. In großer Tiefe muß auch heute noch eine Kohlenwasserstoffquelle vorhanden sein.

Lassen sich diese fünf Annahmen bestätigen?

Fünf Annahmen, die der Theorie vom Erdgas aus der Tiefe zugrunde liegen

1. Kohlenwasserstoff stammt aus der Urmaterie der Erde

Die erste Annahme, auf die sich die abiotische Gastheorie stützt, nämlich daß Kohlenwasserstoffe einen typischen Bestandteil des Materials bildeten, aus dem die Erde entstanden ist, wird von Astronomen und Astrophysikern, die sich mit der ganzen Weite des Sonnensystems und darüber hinaus beschäftigen, allgemein anerkannt. Doch man sollte sich daran erinnern, daß die biotische bzw. biogenetische Theorie der Gasentstehung um 1870 aufkam, als die Wissenschaftler noch nicht wußten, daß sogenannte „organische" Moleküle, also auch Kohlenwasserstoffe, im Universum im Überfluß vorkommen. Diese astrophysikalische Tatsache wurde erst in den ersten Jahrzehnten des 20. Jahrhunderts bekannt, weil man seitdem dank der Erfindung des Spektrografen Wellenlängen im optischen und Radiowellenbereich des elektromagnetischen Spektrums analysieren kann. Mit diesen Hilfsmitteln hat man die chemische Zusammensetzung weit entfernter Planeten bestimmt, indem die Spektraleigenschaften des Sonnenlichtes untersucht wurden, nachdem es entweder durch die Atmosphäre der Planeten gefiltert worden war oder, weniger genau, wenn sie keine Atmosphäre besaßen, von der Planetenoberfläche zurückgespiegelt wurde. Die Folgen der dabei gemachten Entdeckungen sind allerdings noch nicht vollständig in das geologische Denken der Gegenwart integriert worden. Die Erde ist vor allem ein Planet. Daher sollte Geologie zuerst und vor allem als Teil der Wissenschaft von den Planeten betrachtet werden. Diese Einsicht verbreitet sich aber nur langsam. Da ich während des größten Teils meines Arbeitslebens als Astrophysiker tätig war, wurde ich schon früh auf die Bedeutung und Zuverlässigkeit dieser Beobachtungen aufmerksam gemacht.

Was haben die spektrographischen Untersuchungen ergeben? Vor allem, daß Kohlenstoff das vierthäufigste Element des Universums und auch unseres Sonnensystems ist (nach Wasserstoff, Helium und Sauerstoff). Auf Planeten trifft man Kohlenstoff meistens in Verbindung mit Wasserstoff als Kohlenwasserstoff an, der bei unterschiedlichen Temperaturen und Drücken gasförmig, flüssig oder in fester Form auftreten kann. Astrophysikalische Methoden haben somit eindeutige und unbestreitbare Beweise dafür erbracht, daß Kohlenwasserstoffe wesentliche Bestandteile der größeren und kleineren Himmelskörper unseres Sonnensystems (und darüber hinaus) sind. Die größte Menge davon findet sich in den massiven äußeren Planeten und deren Monden. Jupiter, Saturn, Uranus und Neptun verfügen über beträchtliche Beimengungen an Kohlenstoff in ihrer ausgedehnten Atmosphäre, und zwar hauptsächlich in Form von Kohlenwasserstoffen – vor allem Methan. Die Atmosphäre des Saturnmondes Titan enthält Methan und Äthan (CH_4, C_2H_6) und verschiedene andere Kohlenwasserstoffmoleküle. Ähnlich dem Wasser in unserer Atmosphäre sind diese Kohlenwasserstoffmoleküle verantwortlich für die Wolken, die wir auf dem Titan beobachten können, die wahrscheinlich als Regen auf Seen und Meere aus Methan oder Äthan abregnen. Die Temperaturen auf dem Titan halten diese Verbindungen bei dem gegebenen Abstand von der Sonne (der Saturn ist 9,5-fach weiter von der Sonne entfernt als die Erde und erhält demnach nur wenig mehr als ein Prozent der Strahlungsintensität, die wir empfangen) in einem Bereich, wo sie als Gas und als Flüssigkeit auftreten können. Dagegen könnte Wasser auf der Titanoberfläche natürlich nur als sehr kaltes Eis vorkommen.

Planeten und ihre Monde sind nicht die einzigen Kohlenwasserstoffvorkommen unseres Sonnensystems. Auch viele Asteroiden, jener Schwarm kleiner Himmelskörper zwischen Mars und Jupiter, besitzen scheinbar auf ihrer Oberfläche und vielleicht in ihrem Inneren Kohlenwasserstoffe. Als kürzlich eine Sonde mit europäischen Instrumenten an Bord am Halley'schen Kometen vorbeiflog, zeigten die Daten deutliche Hinweise, daß die Oberfläche dieses eisigen Himmelskörpers ebenfalls mit Kohlenwasserstoffen überzogen ist. Es scheint wirklich so, als hätten sich alle Himmelskörper unseres Sonnensystems zunächst durch die Verdichtung von Feststoffen gebildet.

Auf unserem Planeten finden wir weitere Hinweise dafür, daß Kohlenwasserstoffe wirklich Grundbausteine einer sich verdichtenden Erde waren. Meteoriten, die mit der Erde kollidieren, liefern noch heute Materialproben für Stoffe, aus denen sich vor langer Zeit Planeten bildeten. Meteoriten, die zur Klasse der kohligen Chondriten gehören, enthalten einige flüchtige Substanzen. Man nimmt allgemein an, daß diese Klasse die Erde mit dem größten Teil ihrer flüchtigen Bestandteile versorgt hat. Obwohl Kohlenstoff bei anderen Meteoritenklassen nur einen geringeren Anteil ausmacht, sind es bei den kohligen Chondriten immerhin einige Prozent, und zwar meistens in nichtoxidierter Form und zu einem gewissen Teil als Kohlenwasserstoffverbindungen. Der russisch-tatarische Isotopenforscher Erik Michailowitsch Galimow legte Wert auf die Feststellung, daß sich die Erde zu einem beträchtlichen Teil aus dem Material kohliger Chondriten zusammensetzt, weil viele Isotopenverhältnisse flüchtiger Elemente in unserer Atmosphäre ziemlich genau denen solcher Meteoriten entsprechen, sich aber deutlich von denen anderer Meteoriten unterscheiden. Galimow zeigte die Ähnlichkeit der Isotopenverhältnisse zweier auf der Erde vorkommender stabiler Wasserstoff-

und Kohlenstoffisotope sowie der von Neon, Argon und Xenon (drei inerte Gase) mit denen der kohligen Chondriten. Zugleich heben sich diese Verhältnisse deutlich von denen anderer Arten von Meteoriten ab. Im Fall von Neon unterscheiden sich die Werte sogar um den Faktor 500. Indem sich Galimow bei diesen Vergleichen auf die (chemisch reaktionsarmen) Edelgase beschränkte, stellte er sicher, nicht mit Materialproben zu arbeiten, die mit einem Mix aus unterschiedlichen Stoffen der Erdkruste verunreinigt waren.[40]

Das Vorhandensein von Kohlenwasserstoffmolekülen im Erdinneren ist also keineswegs eine Anomalie. Es würde überraschen, wenn der Kohlenstoff der irdischen Kohlenwasserstoffe aus einer einzigen Quelle stammen würde, er einem kohlenstoffhaltigen Gas durch die Biologie entzogen worden wäre, dem Kohlendioxid. Dazu hätte der Kohlenstoff erst der Atmosphäre entnommen, von photosynthetisierenden Organismen in Kohlenhydrate umgewandelt und dann von der Geologie irgendwie zu Hydrokarbon umgeformt werden müssen. Und all das wäre passiert, obwohl alle anderen Himmelskörper ohne Leben auf ihrer Oberfläche ihre Kohlenwasserstoffe aus rein abiotischen Gründen erhalten haben.

Man sollte dabei noch daran erinnern, daß Kohlenstoff ein Element ist, das kein Vorgang auf der Erde – es sei denn ein vom Menschen betriebener Kernreaktor – erzeugen kann. Ich bin mir sicher, daß es auf dem Titan oder Pluto keine stehenden Sümpfe gibt.

Das herkömmliche Denken in der Astrophysik wie auch der Meteoritenkunde bestätigt also die erste Grundannahme der abiotischen Theorie. Kohlenwasserstoffe und nichtoxidierter Kohlenstoff waren bedeutende Bestandteile der Materie, aus der sich die Erde zusammensetzte. Oxidierter Kohlenstoff gehörte nicht dazu. Es ist daher merkwürdig, wenn man Kohlendioxid als ursprüngliche Kohlenstoff-

---

[40] Vgl. E. M. Galimov (1975): *Carbon Isotopes in Oil-Gas geology*, NTIS translation, S. 335f.

quelle für die Entstehung des irdischen Lebens ansieht. Dem oberirdischen Leben dient Kohlendioxid zwar tatsächlich als Kohlenstoffquelle, doch folgt daraus nicht, daß atmosphärischer Kohlenstoff in dieser Form dauerhaft und in den meisten geologischen Perioden vorhanden war. Die sauerstoffreiche Atmosphäre der Erde hätte gewährleistet, daß die aus dem Erdinneren aufgestiegenen Kohlenwasserstoffe bald nach ihrem Austreten aus der Erdkruste in Kohlendioxid umgewandelt worden wären. Weit unten in Bohrlöchern trifft man Kohlenwasserstoffe weit häufiger an als Kohlendioxid, eine Beobachtung, die unsere Rückschlüsse aus den astrophysikalischen und meteoritenkundlichen Befunden bestätigt.

2. Die Erde war nur einer partiellen Schmelze unterworfen

Und was ist mit der zweiten Annahme, nach der die Kräfte, die die junge Erde verdichtet und darüber hinaus mehr als vier Milliarden Jahre auf sie eingewirkt haben, ihre Materie nicht erhitzten und in keinen chemischen Gleichgewichtszustand versetzten? Könnte es sein, daß eine bedeutende Menge der ursprünglichen Kohlenwasserstoffe nicht oxidiert wurde?

Bis Mitte des 20. Jahrhunderts glaubte man, die Erde sei als heißer Körper entstanden, als ein Ball flüssigen Gesteins, dessen Bestandteile zweifellos gut durchmischt gewesen seien. Dann hätte sich die Erde allmählich abgekühlt. Dabei hätte sich eine ausdifferenzierte Erdkruste um den in sich homogenen Kern gelegt. Bei einer solchen Entwicklungsgeschichte hätte kein ursprünglicher Kohlenwasserstoff den geschmolzenen Zustand überlebt. Selbst wenn Kohlenwasserstoffe am Entstehungsprozeß beteiligt gewesen wären, wären ihre Moleküle nach der Theorie von einer geschmolzenen Erde mit Sicherheit rasch zerstört worden. Um die Versorgung der Erdoberfläche mit reichlich Kohlenstoff zu erklären, dachten die Vertreter dieser Theorie der Erdentstehung nur deshalb an Kohlendioxid, weil das die stabile Kohlenstoffverbindung war, die man in einem solchen Fall erwarten würde. Man hatte entdeckt, daß tatsächlich Kohlendioxid aus Vulkanen ausströmte, was diese Ansicht offenbar bestärkte.

Inzwischen hat sich recht deutlich herausgestellt, daß sich unser Planet, wie auch die anderen inneren Planeten und die Satelliten der äußeren Planeten aus festen Bestandteilen gebildet haben, die aus einer gasförmigen (proto-)planetaren Scheibe stammten und durch Akkretion verdichtet worden waren. Die ursprünglichen Kondensate, deren Größe von der kleiner Körnchen bis zu der asteroidenartiger Kleinplaneten (bzw. Planetesimale) reichte, trugen am Ende alle gemeinsam zur Bildung der Erde bei. Auf der frühen Erde schmolzen diese Bestandteile zum Teil: Schmelzen mit geringerer Dichte wanderten deshalb zur Oberfläche, während Schmelzen mit höherer Dichte in Richtung Erdkern absanken. Die Hitze, die diese Schmelzprozesse verursacht hatte, war ein Ergebnis der Radioaktivität dieser Stoffe sowie der Schwerkraftkompression. Kam die teilweise Schmelze in Gang, traten zwei weitere Wärmequellen hinzu. Zum einen setzte das in Bewegung geratene Material weitere Gravitationsenergie frei, als es sich entsprechend seiner jeweiligen Dichte umlagerte. Zum anderen wurde chemische Energie aus den spontanen chemischen Reaktionen in den sich bildenden Materialgemischen frei. Die ursprünglichen Materialien, die als kalte Objekte akkretiert wurden, befanden sich nicht in Konfigurationen mit der niedrigsten chemischen Energie. Aus dem Teil der Schmelze mit der geringeren Dichte bildete sich die Gesteinsschicht, die wir die Erdkruste nennen. Diese Kruste bedeckt nahezu die gesamte Erdoberfläche. Das gesamte Grundgebirge dürfte einmal flüssiges Magma gewesen oder sich in einem teilweise geschmolzenen Zustand befunden haben. Das führte bei Wissenschaftlern zu der Überzeugung, daß die Erde aus einem ursprünglich flüssigen Zustand heraus erstarrte.[41]

Dieses Bild von einer früher einmal flüssigen Erde wurde akzeptiert und prägte in der Frühzeit der Geologie oft die Debatte. Obwohl es inzwischen recht klar ist, daß das Erdmaterial nur zum Teil geschmolzen ist und daß ein großer Teil des Planeten dem nicht ausgesetzt war, fand eine intensive Neubewertung geologischer Theorien, die ein solcher Wandel hätte auslösen müssen, nie statt. Nirgends zeigt sich das so deutlich wie in der Debatte über die Entstehung der flüchtigen Bestandteile der Erdoberfläche, des Wassers in den Weltmeeren, des Stickstoffs der Atmosphäre und der kohlenstoffhaltigen Fluide, die offenbar für eine starke Anreicherung der Oberfläche mit Kohlenstoff verantwortlich sind.

Bei einer zunächst flüssigen Erde wären die flüchtigen Bestandteile als erste an die Oberfläche aufgestiegen. Später, nachdem sich ein solcher Körper abgekühlt hat, wäre kaum zu erwarten, daß flüchtige Stoffe erneut von unten aufsteigen. Ganz anders bei einem ursprünglich kalten Körper, der sich aufheizt: Eine Schicht nach der anderen würde in einen Temperaturbereich geraten, in dem die flüchtigen Bestandteile ausgestoßen werden. Man würde erwarten, daß diese Ausgasungsprozesse andauern, solange die Temperaturen in irgendeinem Teil im Inneren des Planeten ansteigen. Des weiteren ergäben sich völlig entgegengesetzte Erwartungen an die Chemie der verschiedenen flüchtigen Substanzen. Auf einer ursprünglich heißen Erde wären die meisten Fluide sehr früh auf einen energetisch möglichst niedrigen chemischen Zustand gebracht worden, so daß es später zu keiner Energiefreisetzung kommen könnte. Dagegen kämen bei einem kalten Körper, der sich erhitzt, die entstehenden Fluide oft

---

[41] Zur Entstehung der Erde und der ursprünglichen Herkunft der Kohlenwasserstoffe vgl. mein ausführlicher Beitrag *Carbon – the element of life: What is its origin on Earth?*, in: Hermann Bondi, Miranda Weston-Smith (Hg.): *The Universe Unfolding*, Oxford 1993.

aus einem chemischen Gleichgewicht mit ihrer Umgebung und könnten daher als Quelle für chemische Energie dienen.[42]

Wie im zweiten Kapitel ausgeführt, ist eine chemische Energiequelle aus dem Erdinneren eine grundlegende Prämisse für die Theorie von der Biosphäre der heißen Tiefe. Gäbe es dort keine nutzbare chemische Energie – das heißt, wenn sich alle chemischen Stoffe im Erdinneren in einem chemischen Gleichgewichtszustand befinden – dann bliebe dem irdischen Leben nur das Sonnenlicht, das auf die Oberfläche trifft, als Energiequelle. Den Oxidationszustand des Kohlenstoffs im Erdinneren zu verstehen, ist daher von zentraler Bedeutung.

Die Frage, wie widerstandsfähig sich ursprüngliche Kohlenwasserstoffbestände der Erde gegen ihre Oxidation erwiesen haben – d.h. gegen die Verbindung mit Sauerstoff aus Silikaten und anderen Mineralien – hängt aufs engste mit den Einzelheiten der Ausgasungsvorgänge zusammen. Wenn die Gase in magmatischen Bereichen aufsteigen, dann würde man sich (wie bereits erwähnt) einem chemischen Gleichgewichtszustand zwischen den Kohlenwasserstoffen und dem Magma annähern, was normalerweise die Oxidation der Kohlenwasserstoffgase begünstigt. Es ist daher keine Überraschung, daß Vulkane im allgemeinen Kohlenstoff hauptsächlich in Form von CO_2 und nur geringe Mengen an Methan (CH_4) ausstoßen.

Wo die Gase ihren Weg durch festes Gestein finden, passiert mit den Kohlenwasserstoffen etwas völlig anderes. Hier muß man kein chemisches Gleichgewicht zwischen Gestein und Gas erwarten. Viele Forscher waren davon ausgegangen, daß sich ein solches Gleichgewicht eingestellt hat und ein Aufsteigen von Methan damit ausgeschlossen ist. Es wäre bereits vollständig in der Tiefe in Kohlendioxid und Wasser umgewandelt worden. Statt in einem Gebräu von

[42] Die Vorstellung von einer anfangs kalten Erde wurde von mir 1985 detaillierter hier erörtert: *The origin of natural gas and petroleum, and the prognosis for future supplies*, Annual Review of Energy 10, S. 53ff.

Magma zu brodeln, wobei ein Molekül nach dem anderen auf ein potenzielles Oxidationsmittel trifft, kommt das in festem Gestein aufströmende Gas nur mit wenig Gestein an der Oberfläche von Poren und Spalten in Berührung. Wenn ausreichend viele Kohlenwasserstoffe in einem entsprechenden Zeitraum die Poren und Spalten durchströmt haben, dürften sie dort allen verfügbaren Sauerstoff herausgezogen haben. Das erlaubt es den auf dem gleichen Weg nachströmenden Kohlenwasserstoffen ohne weitere Kompromisse aufzusteigen. Das heißt, obwohl Bereiche mit aktivem Vulkanismus offensichtlich am besten geeignet sind, um Proben von aus großer Tiefe aufgestiegenen Gasen zu entnehmen, sind diese wegen der Oxidationsvorgänge am schlechtesten geeignet, wenn man etwas über die ursprüngliche Zusammensetzung der Gase und der anderen Fluide in der Tiefe erfahren will. Die für diesen Zweck besten Daten erhält man vielmehr an Stellen, die möglichst weit von Vulkanen und anderen Orten, unter denen Magma bis nahe an die Erdoberfläche reicht, entfernt liegen – also von ganz durchschnittlichen Bereichen des Ozeanbodens oder der kontinentalen Landfläche.

Die Theorie vom Erdgas aus der Tiefe hängt demnach, zum Teil jedenfalls, von der Geltung der zweiten Grundannahme ab. Es reicht nicht aus, daß Kohlenwasserstoffe zu dem Material gehörten, aus dem sich die Erde ursprünglich verdichtet hat, sie dürfen in der Folge auch nicht vollständig oxidiert worden sein. Die Erde muß daher auch nur einer teilweisen Schmelze ausgesetzt worden sein.

3. Kohlenwasserstoffe sind in großer Tiefe stabil

Nun wenden wir uns der dritten Grundannahme zu, von der die abiotische Theorie über die Bildung von Kohlenwasserstoff abhängt, der thermodynamischen Stabilität der Kohlenwasserstoffe in großer Tiefe. Man glaubte früher, daß auch die einfachsten und hitzebeständigsten Kohlenwasserstoffmoleküle wie Methan (CH_4) bei Temperaturen über 600 °C zerfallen würden, und daß schon Temperaturen um die 300 °C ausreichten, um die meisten schweren Kohlenwasserstoffe im Erdöl zu vernichten. Weil solche Temperaturen schon in Tiefen von wenigen zehntausend Metern in der Erdkruste erreicht werden, schien es sinnlos zu sein, über die Entstehung von Kohlenwasserstoffen in noch größerer Tiefe zu diskutieren. Wenn der Ursprung in den oberen und kühleren Teilen der Kruste zu suchen ist, dann gäbe es wirklich keine Alternative zur biotischen Theorie.

Diese konventionelle Sicht auf die thermische Instabilität von Kohlenwasserstoffen dominierte nur deshalb unangefochten, weil sich Experimente mit entsprechenden Drücken aus Kostengründen nicht durchführen ließen und ihre Bedeutung nicht anerkannt wurde. Bei im Westen unternommenen Berechnungen der thermalen Stabilität von Kohlenwasserstoffen wurden die erheblichen Auswirkungen des Drucks nicht berücksichtigt: Hoher Druck stabilisiert Kohlenwasserstoffe gegen ihren thermisch bedingten Zerfall. Wir müssen daher die Frage der Stabilität von Kohlenwasserstoffen nicht nur anhand der Temperaturen bewerten, sondern auch anhand der Drücke, die in unterschiedlichen Tiefen vorherrschen.

Die thermodynamischen Berechnungen des Geophysikers Emanuil B. Tschekaliuk (Chekaliuk), die 1980 in einer russischen Zeitschrift veröffentlicht wurden, deuten darauf hin, daß Methan der thermischen Zersetzung bis in eine Tiefe von 300 Kilometer standhalten würde. Die Ausnahme seien vulkanische Regionen, die den normalen Temperaturgradienten der Erde durchbrechen.[43] Die untere Grenze des Bereichs, in dem Methan im Erdinneren vorkommen kann, liegt womöglich bei einer Tiefe von etwa 600 Kilometern (vgl. Abb. 3.1).[44]

---

[43] E. B. Chekaliuk (1976): *The thermal stability of hydrocarbon systems in geothermodynamic conditions*, in: P. N. Kropotkin (Hg.): *Degasatsiia Zemli i Geotektonica*, Moskau 1980, S. 267ff.

[44] Die Diskussion über die thermodynamische Stabilität von Kohlenwasserstoffen der Tiefen habe ich in meinem in Anm. 41 zitierten Aufsatz übernommen.

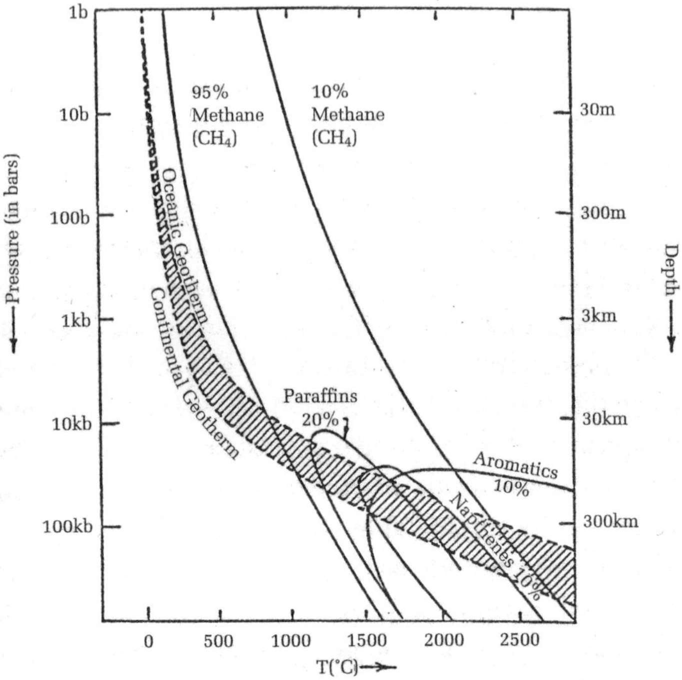

Abb. 3.1, Stabilität von Kohlenwasserstoffen bei Temperaturen und Drücken im Erdinneren (nach Tschekaliuk 1976): Die senkrechte Achse links stellt den Druck in Bar dar, wobei „1 bar" dem Luftdruck der Atmosphäre entspricht. Die Oberkante des Diagramms bezeichnet daher die Erdoberfläche. Die senkrechte Achse rechts stellt die Tiefe dar, die dem Druck entspricht, dabei wird davon ausgegangen, daß Gestein durchschnittlich 3,5-mal dichter als Wasser ist. Die mit der Tiefe in der Erdkruste steigende Temperatur wird als „Geotherm" bezeichnet, und die Fläche zwischen zwei Geothermen stellt das Verhältnis von Druck und Temperatur an verschiedenen Orten dar. Der Untergrund der Ozeane ist – wie die Abbildung zeigt – in der Regel wärmer als entsprechende Schichten gleicher Tiefe unter Land. Methan (CH_4) ist das stabilste Molekül unter den Kohlenwasserstoffen. Das meiste von ihm würde bis in eine Tiefe von 300 km überleben, solange die Temperatur dort nicht die 2.000 °C übersteigt. Für die anderen Bestandteile des Erdöls wie Paraffine, Aromaten und Naphthene wird jeweils ihr chemischer Differentialdruck in Prozenten angegeben. Daraus ergeben sich höchstwahrscheinlich die Werte, die sich bei einem Gemisch von Wasserstoff und Kohlenstoff einstellen würden. Wenn Methan aus großen Tiefen aufwärts strömt, könnte es bedeutende Anteile dieser Ölbestandteile gelöst mit sich führen.

Wie steht es nun mit den schwereren Kohlenwasserstoffmolekülen, die den größten Teil des natürlich vorkommenden Erdöls ausmachen? Thermodynamische Berechnungen aus Rußland und der Ukraine legen nicht nur nahe, daß die meisten dieser Moleküle im Temperatur- und Druckbereich, der zwischen 30 und 300 Kilometern Tiefe vorherrscht, stabil sind, sondern auch, daß sie sich *bilden* würden, wenn es in diesen Tiefen ein Gemisch aus einfachen Kohlenstoff- und Wasserstoffatomen gäbe.

In einer Tiefe von – sagen wir – 200 Kilometern wäre ein Gemisch aus Kohlenwasserstoffmolekülen das zu erwartende chemische Gleichgewicht, und zwar trotz thermischer Bedingungen, würde man den Druck nicht berücksichtigen, weit jenseits des Grenzwertes für den Zerfall jener Moleküle. Die Einzelheiten der chemischen Struktur der erzeugten Moleküle würden von Druck, Temperatur und dem Verhältnis von Kohlenstoff zu Wasserstoff abhängen. Falls noch andere Atome wie Sauerstoff und Stickstoff zugegen wären, würden sie mit den Kohlenstoff- und Wasserstoffatomen eine Vielzahl komplexer Moleküle bilden.

Es ist sehr interessant sich daran zu erinnern, daß das Leben auch aus Kohlenstoff, Wasserstoff, Sauerstoff und Stickstoff komplexe Moleküle entstehen läßt. Diese Moleküle nennt man Proteine. Doch können Lebewesen dieses Kunststück selbst bei jenen viel niedrigeren Drücken vollbringen, die an oder nahe der Erdoberfläche herrschen. Bei dem in der Tiefe vorherrschenden sehr hohen Druck könnte sich auch ein weiterer Grad an molekularer Komplexität einstellen. In solchen Tiefen vorkommende Metallatome könnten mit Kohlenwasserstoffen organische Metallverbindungen eingehen (diese Möglichkeit werden wir in Kapitel 7 überprüfen, denn sie könnte sich durchaus auf die Bildung oberflächennaher Lagerstätten konzentrierter Metalle auswirken). Enzyme, Katalysatoren biochemischer Reaktionen, bestehen häufig aus Metallatomen, die gemeinsam mit Kohlenstoff, Wasserstoff, Sauerstoff und Stickstoff komplexe Moleküle gebildet haben.

4. Tiefengesteine enthalten Poren

Wie steht es nun mit der einfachen physikalischen Annahme, daß sehr große Mengen von Kohlenwasserstoffen in sehr großer Tiefe in der Erdkruste gespeichert sein können, da diese Sphäre tatsächlich Poren aufweist, die groß genug sind, um deren Anwesenheit zu ermöglichen, und daß es Mechanismen gibt, die deren Fließbewegung erleichtern?

Mein Interesse an der Frage, ob es solche Poren in großer Tiefe geben könnte, wurde erstmals in den frühen 1950er Jahren geweckt, als ich noch in Cambridge forschte. Eine eindeutig falsche Aussage in einem Geologielehrbuch hatte das Interesse ausgelöst. Ich hatte das Buch mehr aus persönlicher Neugier als mit einer bestimmten Fragestellung im Hinterkopf gelesen. Darin wurde behauptet, daß Gesteine, die porös und brüchig genug sind, um Flüssigkeiten zu speichern bzw. durchfließen zu lassen, nur in einer dünnen äußeren Schicht der Erdkruste, nicht viel tiefer als die tiefsten Erdölbohrungen, vorkommen können. Weiter unten, so das Lehrbuch, sei das Gewicht des Deckgebirges so hoch, daß selbst das härteste Gestein so stark zusammengestaucht sein würde, daß der gesamte Porenraum nicht mehr vorhanden sei. Dort könnten unmöglich Flüssigkeiten vorhanden sein. Ihre Bewegung sei in allen Gesteinen in dieser Tiefe unmöglich. Dazu wurde eine Berechnung vorgelegt, worin die gemessene Bruchstärke der Gesteine mit dem Druck verglichen wurde, der durch das Gewicht des Deckgebirges ausgeübt wird. Oberflächlich betrachtet klang das überzeugend. Die verwendeten Zahlen waren durchaus korrekt. Falsch war jedoch die Schlußfolgerung, daß Fluide nicht in tieferen Gesteinsschichten gespeichert sein könnten, selbst wenn sie unter einem ähnlichen Druck wie das Gestein standen.

Ich erinnere mich noch gut, wie ich über diese Frage mit meinem Freund und Kollegen in Cambridge, dem Astronomen Fred Hoyle, diskutierte. Scherzhaft meinte ich: „Das hört sich fast so dämlich an wie die Frage eines Schuljungen, der erstmals etwas über den Luftdruck erfährt und fragt, warum er bei einem solchen Druck auf seinen Körper, nämlich von rund 1,03 Kilogramm pro Quadratzentimeter, nicht wie ein Pfannkuchen plattgedrückt wird." Wir diskutierten die Situation eines „Druckbades", bei dem alles – Gesteine, Fluide und Gase – in jeder Schicht in einen gemeinsamen Druck getaucht ist. Unter solchen Bedingungen würde man genau die gleiche Porosität und Durchlässigkeit antreffen, wie bei Gesteinen und Sedimenten nahe der Oberfläche bei niedrigen Drücken. Dabei wären die Porenräume miteinander verbunden und würden so die Migration von Flüssigkeiten ermöglichen. So wie der Schüler nicht zerquetscht wird, werden auch die Gesteinsporen in der Tiefe nicht zerdrückt.

Rufen Sie sich aus dem zweiten Kapitel ins Gedächtnis, daß sich das Leben im Umfeld der Tiefseeschlote aus winzigen Eiern in ausgewachsene Muscheln und Bartwürmer entwickeln muß, obwohl ein Druck herrscht, der zwanzig bis vierzig Mal höher als derjenige ist, den wir Oberflächenkreaturen erleben. Die Lebewesen dort unten sind genauso empfindlich wie die hier oben. Dennoch stellt der hohe Druck in den Tiefen des Ozeans kein Problem für das biologische Wachstum dar, das man sich als die Erschaffung von mehr und mehr „Poren" in Form von Zellen vorstellen kann. Poren im Gestein können, wie Zellen in lebenden Organismen, bei hohem Druck bestehen, solange die Flüssigkeiten, die diese Poren oder Zellen ausfüllen, dem von außen wirkenden Umgebungsdruck einen entsprechend hohen Innendruck entgegensetzen. Der Ausgleichs- oder Differentialdruck, nicht der absolute Druck, bestimmt das Schicksal einer Pore.

Die Argumente zugunsten einer kristallinen Porosität der tiefgelegenen Erdkruste erschienen erstmals 1955 im Buch *Frontiers in Ast-*

ronomy (Grenzen der Astronomie) von Fred Hoyle, zusammengefaßt in einem Kapitel mit der Überschrift *Gold's Pore Theory (Golds Porentheorie)*. Als ich mich ein Vierteljahrhundert später wieder mit dieser Sache beschäftigte, hatte ich die frühere Diskussion und Hoyles Veröffentlichung vollkommen vergessen, doch ich kam noch einmal auf genau die gleiche Idee. Erst danach stieß ich wieder auf das Kapitel in Hoyles Buch, das zeigt, daß ich vor langer Zeit dasselbe gesagt hatte!

Von der Erdoberfläche ausgehend wird Gestein gleicher Zusammensetzung mit zunehmender Tiefe tatsächlich weniger porös, bis hinunter auf ein Niveau ohne wesentliche Verbindungen zwischen den Poren. In dieser Tiefe müßten sich dem Durchsickern von Flüssigkeiten starke Widerstände entgegenstellen. Ausgehend von dieser Kurve abnehmender Porosität kamen Erdölgeologen zu dem Schluß, in noch größerer Tiefe sei eine noch geringere Porosität und Durchlässigkeit anzutreffen. Doch ist das Gegenteil der Fall. An einer kritischen Tiefengrenze, an der der Gesteinsdruck die Durchlässigkeit weitgehend verhindert, ermöglicht diese unvollständige, aber dennoch wirksame Barriere den Aufbau eines höheren Porendrucks hinter ihr aufgrund der von unten kommenden Fluide mit noch höherem Druck. In diesem etwas tieferen Bereich können wir daher wieder eine höhere Porosität und Durchlässigkeit des Gesteins erwarten. Es besteht also nicht das idealisierte „Druckbad", von dem zuvor die Rede war. Stattdessen nähert sich Gestein mit einer bestimmten endlichen Festigkeit gegen äußeren Druck diesem schrittweise an. Wenn ein Punkt erreicht wird, an dem das Gestein dem Druck nachgeben müßte, erreicht das Gestein einen verdichteten Zustand, der eine geringe Durchlässigkeit erlaubt (gewöhnlich wird der für das Zusammenpressen des Gesteins erforderliche Druck über das Gewicht des Deckgebirges ermittelt, abzüglich des Flüssigkeitsdrucks, der nur etwa ein Drittel des ersteren ausmacht, weil die Dichte von Flüssigkeiten in der Regel nur ein Drittel der Dichte von Gesteinen beträgt).

In noch größerer Tiefe könnte sich das Muster (zunehmender Kompression des Gesteins bis zu einem Grenzwert, unter dem es sich im Gegendruck der Flüssigkeit wieder weitet) wiederholen. Es könnte mehrere Wiederholungen nach diesem Muster geben, bis das Gestein derart heiß ist, daß es ihm an mechanischer Festigkeit mangelt. In dieser Phase wird das ideale Druckbad erreicht.

Die konventionelle Kritik, wonach Kohlenwasserstofffluide aus Mangel an Gesteinsporen in größerer Tiefe nicht vorkommen können, hält also einer Überprüfung nicht stand.

5. Kohlenwasserstoffe sickern weiterhin nach oben

Die letzte Grundannahme, auf die sich die Theorie der abiotischen Erdölentstehung stützt, ist, daß jene Kohlenwasserstoffquelle in großer Tiefe noch immer vorhanden sein muß, von der aus Kohlenwasserstoffe in flüssiger Form einst aufgestiegen sind, will man die jetzt in der Erdkruste vorhandenen Kohlenwasserstoffe abiotisch erklären. In diese Richtung deuten diverse empirische Befunde an oder nahe der Erdoberfläche. Im vierten Kapitel werden wir sehen, daß die *chemischen* Informationen (Kohlenstoffisotope), die die Kritiker gerne als stärkstes Argument gegen die abiotische Theorie ins Feld führen, in Wahrheit für sie sprechen. Im fünften Kapitel werde ich zeigen, wie die *biochemischen* Befunde als stimmig mit der abiogenen Theorie angesehen werden können. Im sechsten Kapitel erörtere ich dann eine sehr große Herausforderung für die biotische bzw. biogenetische Theorie, indem ich sie mit den Ergebnissen von Tiefbohrungen in einer (völlig magmatischen) geologischen Zone in Beziehung setze, wo es nach der konventionellen Theorie keinerlei Kohlenwasserstoffe geben dürfte.

4] Belege für Erdgas aus dem Erdinneren

Die abiotische bzw. abiogenetische Theorie über die Entstehung von Erdöl geht davon aus, daß im oberen Erdmantel, in der Erdkruste primordiale (aus der Entstehungszeit der Erde stammende) Kohlenwasserstoffe lagern, viel zu tief, als daß man sie direkt erbohren und dabei Proben entnehmen könnte. Deshalb müssen wir in den Krustenbereichen nach Beweisen suchen, in die unsere Bohrgeräte vordringen können. Welche empirischen Belege lassen sich in der oberen Erdkruste oder an der Erdoberfläche finden, um die Theorie, nach der es in großer Tiefe beträchtliche Mengen an Kohlenwasserstoffen gibt, zu untermauern?

Es gibt sieben Haupttypen[45] solcher empirischen Belege:

1. Mineralöllagerstätten, einschließlich verschiedener gasförmiger Stoffe wie Methan und Äthan, werden immer wieder in geographischen Strukturen entdeckt, die sich wie lange Linien oder Bögen über hunderte, wenn nicht sogar tausende Kilometer erstrecken. Das beste Beispiel hierfür ist vielleicht der indonesische Inselbogen. Die linienförmigen Muster beziehen sich eher auf tiefergelegene großräumige Strukturen der Erdkruste als auf das kleinteilige Flickwerk von Sedimentablagerungen. Dmitri I. Mendelejew, der russische Chemiker, auf den die periodische Tabelle der Elemente zurückgeht, bemerkte diese großräumigen Muster der Kohlenwasserstoff-Lagerstätten in

---

[45] Diese Reihe von Argumenten zugunsten der abiotischen Gastheorie habe ich 1993 in einem Aufsatz ausführlicher behandelt: *The origin of methane in the crust of the earth*, in: David G. Howell (Hg.): *The Future of Energy Gases*, USGS Professional Paper 1570.

den 1870er Jahren. Viele neuere Befunde haben diese Argumentation erheblich bestärkt.

2. Erdöllager, die entdeckt wurden, folgen der sogenannten Kudrjawzew-Regel: Nach ihr sind kohlenwasserstoffreiche Gebiete bis hinunter zum Sockel des kristallinen Grundgebirges unter den Sedimenten reich an Kohlenwasserstoffen, auch wenn die tiefer liegenden Schichten völlig unterschiedlichen geologischen Epochen zugeschrieben werden.[46] Rußlands großer Erdölgeologe des frühen 20. Jahrhunderts, Nikolai Alexandrowitsch Kudrjawzew, nannte zahlreiche Beispiele aus allen Teilen der Welt, an denen sich dieser Tiefeeffekt deutlich zeigt. Zahlreiche russische Erdölgeologen nach ihm haben das fortgesetzt. Auch bei Bohrungen in das Grundgebirge unterhalb der Sedimentschichten finden sich Hinweise auf Kohlenwasserstoffvorkommen. Ein Eindringen der Kohlenwasserstofffluide von unten würde die vertikale Ausdehnung der Kohlenwasserstoffe besser erklären als die Möglichkeit einer allmählichen Ablagerung Kohlenwasserstoff erzeugender biologischer Sedimente in Zeiträumen, die mehrere zehn Millionen Jahre auseinander liegen und keinerlei Ähnlichkeiten bei Klima, Vegetation und anderen relevanten Eigenschaften aufweisen.

3. Methan findet sich oft dort, wo sein Vorkommen nicht biologisch erklärt werden kann, oder wo biologische Ablagerungen offenbar nicht ausreichen, um die Größe und das Ausmaß der Methanressourcen zu erklären. Zu diesen ungewöhnlichen Stellen gehören die großen ozeanischen Bruchzonen (größere Ablagerungen fehlen hier völlig), aber auch Risse in Gesteinen, die eindeutig nach einer Schmelze ausgehärtet sind, wobei die Temperaturen zu hoch und die Drücke zu niedrig waren, als

[46] Zu Kudrjawzews Regel vgl. ausführlich P. N. Kropotkin (1997), wie Anm. 3.

daß vorher dort lagernde Kohlenwasserstoffe oder biologische Reste solche extremen Bedingungen hätten überstehen können. Oder man trifft Methan in Tiefen weit unter jenen Sedimentschichten an, die biologisches Material enthalten (Kapitel 6 wird detailliert auf ein solches Kohlenwasserstoffvorkommen in Schweden eingehen). Außerdem, wie in Kapitel 2 schon bemerkt, wurden gewaltige Methanhydratlager in weiten Bereichen des Ozeanbodens entdeckt. Methanhydrate finden sich auch in großen Mengen im Permafrostboden.[47] Ihre weite Verbreitung deutet darauf hin, daß viele oder die meisten Regionen der Erdkruste über lange Zeiträume einiges an Methan emittieren, das ausreicht, jeden Bereich zu sättigen, solange dort das Eis nicht taut. Die Ausgasungsrate kann allerdings je nach Region verschieden sein. Die Ansicht, daß der meiste Kohlenstoff der Erdoberfläche aus vulkanischen Kohlendioxid-Emissionen stammt, muß daher bezweifelt werden, solange die Gesamtmenge der Methanausgasungen aller Meeres- und Landoberflächen nie berechnet wurde.

4. Die Kohlenwasserstofflagerstätten eines ausgedehnten Gebietes weisen oft übereinstimmende chemische Eigenschaften auf, ungeachtet der unterschiedlichen Zusammensetzung und des unterschiedlichen Alters der Gesteinsformationen, in denen sie gefunden werden. Als chemische „Signaturen" können zum Beispiel die Häufigkeitsverhältnisse einiger Nebenbestandteile angesehen werden, etwa Spuren bestimmter, im Erdöl vorhandener Metalle (die meistverbreiteten, aber kei-

---

[47] Schätzungen über das mögliche Volumen von Methanhydraten unter der Erdoberfläche in kalten Zonen (und tief unten im Ozean) stammen von Keith A. Kvenvolden (1988): *Methane hydrate: A major reservoir of carbon in the shallow geosphere?* Chemical Geology 71, S. 41ff. Vgl. dazu auch G.J. MacDonald (1990): *Role of methane clathrates in past and future climates,* Climatic Change 16, S. 247ff.; Keith A. Kvendvolden (1993): *A primer on gas hydrates,* in: David G. Howell (Hg.): *The Future of Energy Gases,* USGS Professional Paper 1570.

neswegs einzigen, sind Nickel und Vanadium). Auch die Tendenz, gleich große Anteile einiger der verschiedenen Moleküle zu enthalten, aus denen Erdöl besteht, gehört zu diesen „Signaturen". Dadurch ist es oft möglich, anhand einer chemischen Analyse das Ursprungsgebiet einer Erdölprobe zu ermitteln, selbst wenn die Öle dieser Region sehr verschiedenen geologischen Formationen entstammen können.

5. Viele Beobachter haben festgestellt, daß sich eine Reihe von Erdölvorkommen wieder zu füllen scheinen, nachdem sie kommerziell ausgebeutet wurden. Wie ich gleich zeigen werde, kann die abiotische Theorie diese Beobachtung erklären. Ich glaube nicht, daß die biotische das könnte. Zumindest habe ich noch nie gehört, daß dieses Phänomen der Wiederauffüllung erwartet wurde, sondern es wurde bisher lediglich beobachtet und vermerkt.

6. Die vielen Vorkommen von Karbonatgestein in der oberen Erdkruste und die Isotopenzusammensetzung der darin vorhandenen Kohlenstoffatome sprechen gegen den oberirdischen biologischen Ursprung der unterirdischen Kohlenwasserstoffe.

7. Schließlich bietet die biotische Erdöltheorie keine Erklärung für die eindeutige, gut begründbare räumliche Verbindung von Kohlenwasserstoffen mit dem chemisch inerten gasförmigen Element Helium. Doch läßt sich diese Verbindung, wie wir noch sehen werden, erklären, wenn die Kohlenwasserstoffe aus großen Tiefen aufgestiegen sind.

Von diesen sieben Kategorien von empirischen Belegen zugunsten der abiotischen Theorie der Erdölentstehung sind die ersten vier im Ölgeschäft gut bekannt. Daher reicht es für unseren Zweck vollkommen aus, sie hier nur knapp umrissen zu haben. Zu den letzten drei

Punkten kann ich jedoch einige Argumente anführen, die bisher nicht bekannt waren oder nicht ausreichend berücksichtigt wurden.

Erdölvorkommen, die sich wieder füllen

Wenn ein neues Erdöl- oder Erdgasfeld erkundet wird, beobachtet man regelmäßig einen Druckabfall, der sich aus einer bestimmten Produktionsmenge ergibt. Die Messung dieser Veränderung dient der Schätzung des Gesamtvolumens, das durch das Bohrloch erreichbar ist. Diese weltweiten Reserveschätzungen steuern die Erdölexploration und bestimmen bis zu einem gewissen Grad auch die wirtschaftlichen Aussichten der Industrienationen. Es hat sich aber gezeigt, daß solche Schätzungen fast immer viel niedriger ausfallen als die Menge an Öl und Gas, die über viele Jahre wirklich gefördert wird. Aus einem derartigen Schätzfehler stammte die zu Beginn der siebziger Jahre überall veröffentlichte Annahme, der Weltvorrat an Rohöl könnte innerhalb der nächsten 15 Jahre erschöpft sein. Diese düstere Vorhersage beeinflußte die Ölpreise tiefgreifend und darüber auch die Wohlstandsverteilung unter den Nationen.

Nach der abiotischen Theorie können Gas und Öl, wenn sie von unter hohem Druck stehenden tiefen Schichten aus aufwärts strömen, nicht durch ein Deckgebirge, wie fest das Gestein auch sein mag, aufgehalten werden. Kein Gestein verfügt über nennenswerte Dehnungskräfte. Daher kann kein Gestein ein Fluid zurückhalten, das bei seinem Aufstieg unter einem Druck steht, der höher ist als der, den das Gewicht des Deckgebirges ausübt. Ein Deckgestein führt zu einer Konzentration der darunter befindlichen Fluide, aber am Ende erreicht die Fließgeschwindigkeit wieder einen Wert, der dem der Fließgeschwindigkeit an der tiefen Quelle entspricht. Die Überwindung der Barriere eines Deckgebirges gleicht einem Fluß, der über einen Damm fließt. Dort bildet sich zunächst auf der Zuflußseite ein

See. Wenn der sich gefüllt hat, stellt sich die ursprüngliche Fließgeschwindigkeit wieder ein. Es fließt die gleiche Wassermenge über den Damm, die der Fluß vor dem Dammbau mit sich führte.

Man könnte nun meinen, daß die aufwärts strömenden Kohlenwasserstoffe selbst den Auffüllungsmechanismus für die Wiederauffüllung der Öl- und Gasfelder bereitstellen könnten. Bis zu einem gewissen Grad wird das der aufsteigende Gas- und Ölstrom auch tun. Doch wenn die Fließgeschwindigkeit so hoch wäre, wie es die beobachteten Füllprozesse nahelegen, dann wäre die Geschwindigkeit, mit der Kohlenstoff in die Atmosphäre gelangt, viel höher, als sich dies bisher beobachten läßt. Es gibt jedoch einen weiteren Prozess, der bewirkt, daß sich die Lagerstätten viel schneller auffüllen, ohne daß mehr Kohlenstoffverbindungen in die Atmosphäre gelangen.

Wie bereits erwähnt, wird Gestein, dessen Poren ein Fluid von geringerer Dichte enthalten, zwangsläufig ein Porendruckregime etablieren, unter dem der Flüssigkeitsdruck übereinander geschichtete Zonen definiert. Jede dieser Zonen ist von der nächsten unter ihr durch eine Schicht aus zusammengepresstem Gestein mit niedriger Porosität und Durchlässigkeit getrennt. Wenn nun der Flüssigkeitsdruck in der obersten Zone aufgrund der Öl- und Gasförderung abnimmt, erhöht sich der Druckunterschied über die zusammengepreßte Gesteinsschicht mit niedrigerer Durchlässigkeit hinweg automatisch. Die Durchflußgeschwindigkeit der Fluide erhöht sich daraufhin. Das darübergelegene Feld wird wieder gefüllt. Die Geschwindigkeit wird dabei von den Sickerungen von unten bestimmt, nachdem das empfindliche Druckgleichgewicht zwischen Gestein und Fluid verändert wurde. Das oberste Feld wird sich aus den tieferen Reserven bedienen, zu denen kein direkter Zugang besteht. Im Laufe der Zeit wird sich das geschichtete Druckgefälle langsam auf die neu entstandene Drucksituation einstellen. Die Geschwindigkeit dieser Abläufe hängt von den geologischen Veränderungen in den Gesteinsschichten ab. Mit anderen Worten: Ohne tiefer zu bohren, kann man tiefer gelegene Vorkommen anzapfen, die viel größer sein können als das gerade ausgebeutete Feld. Dabei muß der durchschnittliche Zufluß aus der ursprünglichen Kohlenwasserstoffquelle ganz unten nicht ansteigen. Es wird eher so sein, daß Fluide aus mittleren Schichten zugänglich werden.

Über das Phänomen der Erdölvorkommen, die sich wieder aufzufüllen scheinen, wird überall berichtet. Das betrifft vor allem Felder im Nahen Osten und in der Golfregion der USA.[48] Ich halte das für einen starken Beweis der Theorie vom *Erdgas aus der Tiefe*.

Hinweise aus den Karbonat-Ablagerungen

In den Sedimenten an und unter der Erdoberfläche ist etwa 100 Mal mehr des Elementes Kohlenstoff enthalten als bei der Zerkleinerung des Grundgesteins zu Sedimenten hätte entstehen können. Es hat sich daher enorm viel Kohlenstoff in der Erdoberfläche angereichert. Diese Anreicherung verlangt eine Erklärung.

Die Gesamtmenge des in den Sedimenten und an der Erdoberfläche vorkommenden Kohlenstoffes wird auf durchschnittlich etwa 200 Tonnen pro Quadratmeter Erdoberfläche geschätzt. Davon liegt ein Fünftel in *nichtoxidierter* Form vor. Dazu gehören die verschiedenen Kohlearten, Rohöle, Kerogen (kohlenstoffhaltige Verbindungen, die diffus in Gesteinen verbreitet sind) und Erdgas, das als freies und als in Methanhydrateis eingeschlossenes Gas auftritt. Hinzu kommt die dünne Schicht von lebendem und noch nicht zersetztem biologischen Material. Diese zuletzt genannte Kategorie – meiner Meinung

---

[48] Sich wieder füllende Kohlenwasserstoffvorkommen dokumentieren Robert F. Mahfoud und James N. Beck (1995): *Why the Middle East fields may produce oil forever*, Offshore, 5. April, S. 56ff. Zur US-Golfregion vgl. Jean K. Whelan (1997): *The dynamic migration hypothesis*, Sea Technology, 5. September, S. 10ff. Vgl. auch Jean K. Whelan et al. (1993): *Organic geochemical indicators of dynamic fluid flow prosses in petroleum basins*, Advances in Organic Chemistry 22, S. 587ff.

nach die einzige biologische Komponente – stellt nur eine sehr kleine Teilmenge des gesamten nichtoxidierten Kohlenstoffs dar.

Die anderen vier Fünftel des Kohlenstoffes kommen in *oxidierter* Form vor, meist als Kalkstein (Kalziumkarbonat oder $CaCO_3$) und Dolomit (ein Gemisch aus Kalzium- und Magnesiumkarbonat).[49] Ein großer Teil des Karbonats wurde im Meer abgelagert. Dessen Kohlenstoff stammt aus dem CO_2 der Atmosphäre und der Ozeane. Karbonat kann auch auf natürliche Weise aus dem Wasser ausgefällt werden, indem Organismen karbonathaltige Schalen oder Skelette bilden.

Ein Versuch, die gewaltige Menge Kohlenstoff auf der Erdoberfläche und in den Sedimenten zu erklären, war die Annahme, in der Frühzeit der planetarischen Verdichtung der Erde hätte eine mächtige CO_2-Atmosphäre bestanden, die später in Karbonatgestein umgewandelt worden wäre. Später hätten Subduktionsprozesse im Rahmen der Plattentektonik dazu geführt, daß sich einige Karbonatgesteine über den Meeresbogen geschoben hätten und an den Nahtstellen der tektonischen Platten abgetaucht seien. Dabei wären die Karbonate in die Tiefe gelangt und zerfallen. Dabei würde CO_2 freigesetzt und durch Vulkanausbrüche in die Atmosphäre zurückkehren. Vorgeschlagen wurde dabei ein fast gleichmäßiger Kohlenstoffkreislauf, von der Ablagerung als Karbonat bis hin zur Freisetzung als CO_2. So sollte der stetige Zufluß atmosphärischen Kohlendioxids über geologische Zeiträume erklärt werden, zumindest für die letzten zwei gut dokumentierten Milliarden Jahre (für frühere Zeiträume liegen keine brauchbaren Daten vor, sieht man von einigen Hinweisen ab, die belegen, daß es schon vor mehr als drei Milliarden Jahren auf der Erde einiges an Karbonatgestein gab).

Nach dieser Erklärung für den großen Kohlenstoffreichtum der oberen Erdschichten müßte der ursprüngliche CO_2-Anteil der Erdat-

[49] In meinem in Anm. 1 genannten Aufsatz (1993) erörtere ich Karbonate ausführlicher.

mosphäre sehr hoch gewesen sein. Ausgehend von der Menge des bekannten Karbonatgesteins käme man für die ursprüngliche Atmosphäre auf eine CO_2-Masse, die dem achtzigfachen der gesamten gegenwärtigen Atmosphäre und damit der Atmosphäre unseres Schwesterplaneten Venus entspräche. Im Gegensatz dazu beträgt der Anteil des CO_2 am Volumen der heutigen Atmosphäre nur 3,5 Teile pro Zehntausend.

Es gibt jedoch gute Gründe für die Annahme, daß die Erde ursprünglich nicht sehr viel gasförmige Materie enthielt. So kommen in der heutigen Atmosphäre nur sehr wenige Edelgase wie Neon, Argon (soweit es nicht aus der Kernspaltung stammt), Krypton und Xenon vor. Kein physikalischer Prozeß könnte diese inerten Gase aus dem Gasgemisch des Sonnensystems aussortiert haben, in dem sie – wie man weiß – wesentlich reichhaltiger vorkommen. Und da es sich bei diesen Edelgasen um schwere Atome handelt, können sie sich auch nicht in größerem Maße der Erdanziehung entzogen haben und in den Raum entwichen sein als andere gasförmige Elemente. Die einzig vernünftige Erklärung ist meiner Meinung nach die, daß die Gase der Atmosphäre hauptsächlich aus der Ausgasung von flüchtigen Stoffen stammen, die wiederum aus festen Stoffen im tiefen Untergrund hervorgegangen sind und nicht aus einer ursprünglichen, während der Frühzeit der Erde entstandenen Atmosphäre oder durch die spätere Einlagerung von Gasen aus dem All.

Die Theorie, nach der bei der Entstehung der Erde eine dichte CO_2-Atmosphäre bestanden haben soll, versagt noch in anderer Hinsicht. Sie wird nämlich auch nicht dadurch gestützt, wie sich das Karbonatgestein in geologischen Zeiträumen gebildet hat. Statt daß die Geschwindigkeit, in der sich Karbonatgestein gebildet hat, mit der Zeit abgenommen hat, lassen die Sedimente im Laufe der letzten zwei Milliarden Jahre, – das ist der Zeitraum, über den die Sedimentablagerungen einen brauchbaren Aufschluß geben – eher eine recht stetige Zunahme von oxidiertem wie nichtoxidiertem Kohlenstoff erkennen. Es zeigt sich sogar sehr deutlich, daß der gesamte Kohlenstoffüberschuß in den Oberflächenschichten der Erde seit den frühesten Zeiten zugenommen hat. Das kann nicht mit einem Kohlenstoffkreislauf erklärt werden. Viel mehr dürfte dafür ein steter Zufluß aus Quellen tief im Inneren der Erde verantwortlich sein.

Es ist merkwürdig: Obwohl der meiste oxidierte Kohlenstoff in den Karbonaten aus dem Kohlendioxidvorrat der Atmosphäre und der Ozeane stammt, steht der dort noch vorhandene Kohlenstoffvorrat in einem Verhältnis von eins zu 740 zu den (insgesamt) bekannten Kohlenstoffvorräten (dabei beziehe ich mich auf die gesamten Kohlenstoffablagerungen der letzten zwei Milliarden Jahre und die in der Atmosphäre und den Ozeanen gemessene CO_2-Menge). Welche Quellen halten das das atmosphärische CO_2 auf einem Niveau, das in allen geologischen Epochen zu Karbonatablagerungen führte, Quellen, die stets so stark strömen, daß Pflanzen überleben können?

Wenn die Ausgasung kohlenstoffhaltiger flüchtiger Stoffe aus den Tiefen der Erde dafür verantwortlich wäre, mit welcher durchschnittlichen Zuflußrate müßte man rechnen? Geht man von den oben genannten Zahlen aus, dann müßte die weltweite durchschnittliche Ausgasungsrate ausreichen, um alle 2,7 Millionen Jahre ein Kohlendioxidvolumen zu ersetzen, das der gegenwärtig in der Atmosphäre und den Weltmeeren vorhandenen Kohlendioxidmenge entspricht. Mit anderen Worten müßte der Kohlenstoffvorrat in den Vorkommen an der Oberfläche in zwei Milliarden Jahren 740-mal erneuert worden sein.

Wie erwähnt, zeigt die chemische Zusammensetzung von Meteoriten, daß Karbonate und andere Formen oxidierten Kohlenstoffs keine typischen Bestandteile der Materie waren, aus der sich die festen Planeten bildeten. Kohlenstoff kommt in Meteoriten zumeist in einer nichtoxidierten Form vor, vor allem als Kohlenwasserstoffe. In

Übereinstimmung mit den aus Meteoriten gewonnenen Erkenntnissen zeigen Befunde aus Bohrlöchern, die ausreichend weit von Gegenden mit vulkanischer Aktivität entfernt liegen, daß es sich auch hier bei den kohlenstoffhaltigen Fluiden vor allem um Kohlenwasserstoffe handelt. In noch tieferen Schichten, in denen der Druck so hoch ist, daß Diamanten die stabile Form des Kohlenstoffs sind, herrscht offenbar ebenfalls Kohlenstoff in unoxidierter Form vor und bildet solche Kristalle aus reinem Kohlenstoff (dazu mehr in Kapitel 7).

Ein Bruchteil der aufwärts strömenden Kohlenstoff-Fluide, allen voran CH_4 und andere leichte Kohlenwasserstoffmoleküle, werden auf dem Weg nach oben oxidiert. Es hängt vom im Gestein verfügbaren Sauerstoff, den auf dem Weg nach oben herrschenden Temperatur- und Druckverhältnissen und der Aktivität mikrobiellen Lebens im Untergrund ab, wie viel Methan und Kohlendioxid jeweils in einem bestimmten Gebiet ausgasen. Alles Methan, das nach oben gelangt und unterwegs nicht oxidiert wurde, wird jedoch in der sauerstoffreichen Atmosphäre schon bald zu Kohlenstoffdioxid oxidiert und so dem CO_2-Vorrat der Atmosphäre und der Weltmeere zugeschlagen. Wie groß ist nun jeweils der Anteil von Methan und Kohlendioxid an den aufsteigenden flüchtigen Kohlenstoffverbindungen, die in die Atmosphäre gelangen? Das Kohlendioxid aus Vulkanen ist umfassend erforscht worden, während das viele Methan, das aus nichtvulkanischen Böden aufsteigt, kaum beachtet wird. Das führte zu dem (oberflächlichen) Eindruck, Kohlendioxid sei die Hauptquelle für den Kohlenstoffüberschuss an der Oberfläche und das wichtigste kohlenstoffhaltige Gas im Boden.

Untersucht man nun das Isotopenverhältnis des Kohlenstoffs, so zeigt sich der Fehler dieser herrschenden Ansicht. Die Erforschung der Kohlenstoffisotope ist ein weites und komplexes Feld. Ich will hier nur einen Aspekt erwähnen, der unmittelbar zum Gegenstand unserer Erörterung beiträgt, doch auch er ist ziemlich technisch, muß aber angesprochen werden, denn über seine Interpretation und Bedeutung wurde viel diskutiert.

In der Natur treten zwei stabile Kohlenstoffisotope auf: Kohlenstoff-12 (C-12), das aus sechs Protonen und sechs Neutronen besteht, und C-13 mit sechs Protonen und sieben Neutronen. Im Material des Erdmantels kommt unter 100 Kohlenstoffatomen nur etwa ein schweres Isotop C-13 vor, die restlichen 99 sind C-12. Kein chemischer Vorgang kann ein stabiles Isotop in ein anderes verwandeln. Das Verhältnis, das wir hier sehen, stammt von den nuklearen Prozessen in den Sternen, die diesen Kohlenstoff gebildet haben. In und auf der Erde laufen lediglich Selektionsprozesse ab – Isotopenfraktionierung –, die das eine oder andere Isotop begünstigen (sieht man von Kernreaktoren ab). Die beiden Isotope reagieren chemisch sehr ähnlich, so daß keine signifikante chemische Isotopenfraktionierung erwartet werden kann. Der bedeutsamste Unterschied zwischen ihnen, der ihre Trennung verursachen könnte, liegt in ihrer Masse, die sich unterschiedlich auf die Geschwindigkeit ihrer thermischen Bewegung auswirkt. Das bringt die beiden Moleküle dazu, sich dann unterschiedlich schnell zu bewegen, wenn die Flußgeschwindigkeit von der Geschwindigkeit der thermischen Bewegung beeinflußt wird, etwa bei molekularer Diffusion, wenn einzelne Moleküle feinporiges Material durchdringen. Bei Durchflüssen dieser Art ist in vielen Fällen eine deutliche Fraktionierung zu erwarten.

Bei leichten Molekülen, wie bei Methan, wäre eine Isotopenfraktionierung von Bedeutung. Mit einem leichten Kohlenstoffisotop kommt Methan auf eine Masse von insgesamt 16 Einheiten, 17 Einheiten sind es bei einem schweren Isotop. Die Diffusionsgeschwindigkeit läge beim leichten Molekül um 3 Prozent höher als beim schweren. Wenn Methan eine halbdurchlässige Membran durchfließen würde, wäre daher zu erwarten, daß der Anteil leichter Methanmoleküle auf der anderen Seite der Membran etwas zugenommen hat, wahrscheinlich um drei Prozent.

Wenn die Isotope statt in Methan- in schwereren Kohlendioxidmolekülen enthalten wären, würde es noch immer zur Isotopentrennung kommen. Sie wäre aber weniger ausgeprägt, nur ein Prozent, denn die Molekularmasseneinheiten wären 44 bzw. 45 für die beiden Kohlenstoffisotope. Der Anteil der beiden Isotope in Kohlendioxidproben aus Luft oder Wasser ist überall auf der Welt praktisch gleich hoch. Dies wurde so verstanden, daß die Kohlenstofffluidspeicher an der Erdoberfläche nur mit Kohlendioxid aus einer einzigen Quelle, die dieses spezifische Isotopenverhältnis aufweist, gefüllt werden. Dies ist jedoch keineswegs der Fall. Jedes kohlenstoffhaltige Gas, das in die Atmosphäre gelangt, wird dort sehr schnell vollständig vermischt – und zwar schnell im Verhältnis zu der Zeit, die es dauert, bis es in einen festen Körper eingeschlossen wird. Bei diesem einzelnen Meßwert handelt es sich daher nur um einen allgemeinen Durchschnitt der Isotopenanteile beider Kohlenstoffgase. Dazu können sowohl Methan als auch CO_2 mit jeweils ganz unterschiedlichen eigenen Isotopenverhältnissen beigetragen haben.

Um die Bedeutung von Angaben über Kohlenstoffisotope für die Theorie vom Erdgasursprung im Erdinneren zu verstehen, müssen wir uns jetzt dem Isotopenverhältnis zuwenden. Das gleiche Verhältnis von leichtem zu schwerem Kohlenstoff, das Lebewesen mit Photosynthese aufweisen, findet sich auf allen späteren Stufen der Nahrungskette der Oberflächenbiosphäre. Pflanzen und Algen enthalten im Vergleich zu den Verhältnissen in der Atmosphäre stets viel weniger C-13-Isotope. Organismen mit Photosynthese bevorzugen das leichtere C-12-Isotop. Als diese Tatsache entdeckt wurde, wußte man noch nicht, wie die Lebewesen die schweren Kohlenstoffisotope aussonderten. Weil aber alle Organismen mit Photosynthese die gleiche Auswahl trafen, bildete sich die Meinung, allein die lebenden Organismen wären für den überall im Gestein beobachteten Mangel an C-13-Isotopen verantwortlich.

Heute wissen wir, daß die Isotopentrennung in lebenden Organismen durch passive Diffusion erfolgt und nicht durch aktive Steuerung und Kontrolle. Das leichtere C-12 Isotop durchdringt die Poren halbdurchlässiger Membranen, mit denen Organismen mit Photosynthese ausgestattet sind, leichter. Daher müßte es jedes Mal, wenn kohlenstoffhaltige Moleküle eine poröse Masse passiv durchdringen und unabhängig davon, ob diese Substanz belebt oder unbelebt ist, zu einer Isotopentrennung kommen. Könnten auch geologische Prozesse eine solche Trennung bewirken?

Ja! Das heraufströmende Methan würde stets eine Isotopentrennung erleben, wenn es feuchte Stellen im Gestein oder ein besonders enges Porengefüge durchdringt. Gibt es vielfach übereinander gestapelte Diffusionsstufen, können sehr hohe Diffusionswerte erzielt werden. Es ist sehr wahrscheinlich, daß aus großen Tiefen kommende Kohlenwasserstoffe solchen Systemen bei ihrer Reise nach oben begegnen. Ein solcher ausgedehnter Fraktionierungsprozeß könnte die extrem niedrigen Werte für C-13 erklären, die man an einigen Stellen bei Kohlenwasserstoffproben aufgezeichnet hat. Diese liegen niedriger als bei allen bisher für Pflanzen bekannten Werte. Dennoch hat sich die Interpretation, daß eine deutliche Isotopentrennung nur durch die Biologie hervorgebracht werden kann, so allgemein durchgesetzt, daß *immer dann*, wenn in einem unterirdischen festen oder flüssigen Vorkommen das leichte Isotop vorherrscht, dafür unhinterfragt Lebewesen verantwortlich gemacht werden.[50]

[50] Viele Erdölgeologen sind der Ansicht, daß ein um rund zwei Prozent geringeres Vorkommen des schweren Isotops bei Methan (20 Promille im üblichen Sprachgebrauch) diesem Gas einen „zweifelsfrei“ biologischen Ursprung zuweist. Sie beharren darauf, obwohl dem viele Beobachtungen völlig entgegenstehen, und trotz der Erwartung, daß eine solche Fraktionierung beim Aufstieg von Methan durch dichtes Gestein leicht möglich wäre. Wie stark auf dieser Ansicht beharrt wird und wie einflußreich sie ist, zeigt das Beispiel von P. J. McCabe, D.L. Gautier, M.D, Lewan, C, Turner (alles Mitglieder der *United States Geological Survey)*: *The future of energy*

Die geochemische Analyse von weltweit der Erdkruste entnommenen Erdgasproben zeigt die Anreicherung des leichten Isotops in über 99 Prozent der Kohlenwasserstoffgase, verglichen mit dem Bestand an Kohlenstoffisotopen in der Atmosphäre und im Meerwasser, wobei der Grad der Anreicherung stark voneinander abweicht. Diese Tatsache half dabei, die Theorie vom biotischen Ursprung der Kohlenwasserstoffe zu stützen. Doch auch die abiotische Theorie würde dafür eine befriedigende Erklärung liefern. Methanmoleküle mit schwereren Kohlenstoffisotopen würden langsamer als diejeni-

---

gases, USGS Circular 1115 (1993). Ihre Schlußfolgerung: „Bisher wurden keine abbauwürdigen Gasanreicherungen gefunden, die nicht durch die organische Theorie erklärt werden könnten. Geochemische Analysen von zurzeit produzierenden Feldern in den USA zeigen zum Beispiel klar, daß über 99 Prozent des Gases organischen Ursprungs ist."

Fragen nach der Art der verwendeten geochemischen Analyse, die dies so „eindeutig" zeigte, wurden trotz wiederholter Anfragen nicht beantwortet. Die einzige Art von Analyse, die hierbei eingesetzt worden sein könnte, dürfte sich auf das Verhältnis von Beimischungen anderer Gase oder auf das Isotopenverhältnis im Methan beziehen. Das Kohlenstoffisotopen-Verhältnis ist höchstwahrscheinlich das, auf das sich diese Autoren in ihrer unsubstantiierten Erklärung stützen, denn vermutlich weisen über 99 Prozent des kommerziellen Methans einen Mangel an C-13 auf. Das liegt deutlich über einem willkürlichen Wert, von dem sie glauben, daß er den Unterschied zwischen biogenen und abiogenen Gasen ausmacht. Hinzu kommt, daß manches geförderte Methan einen viel größeren C-13-Mangel aufweist, als daß es sich mit der Photosynthese irgendeiner bekannten Vegetation (-75 Promille) erklären ließe. Daher muß zur Erklärung dieser Abreicherung auf eine Isotopentrennung beim Weg dieser Gase nach oben zurückgegriffen werden. Die Verbindung mit Helium wird in dem Aufsatz nicht erwähnt, würde aber tatsächlich den biotischen Ursprung der Gase ausschließen. So enthält zum Beispiel das Hugoton-Feld in Texas, ein wichtiges Gasvorkommen der Region, mehr Helium als durch die Radioaktivität in den Sedimenten während der gesamten Dauer ihrer Existenz hätte entstehen können, selbst wenn nichts davon hätte entweichen können. Nur die ständige Zufuhr eines Gasgemisches aus sehr viel tiefergelegenen Schichten kann dies erklären.

Weiter schreiben die Autoren: „Sicher kann Methan nichtorganischer Natur sein und tatsächlich *stimmen die meisten Forscher darin überein*, daß wenigstens etwas Methan unserer Erde keinen organischen Ursprung hat. So *ist allgemein anerkannt*, daß etwa Methan, das den mittelozeanischen Rücken entströmt, aus dem Erdmantel stammendes Methan enthält. Doch obwohl die Existenz von nichtorganischen Methanvorkommen bekannt ist, *bezweifeln die meisten Wissenschaftler*, daß dem Erdmantel jemals abbauwürdige Mengen des Gases entweichen können, weil *Kohlendioxid und Wasser die wichtigsten Fluide des Erdmantels* sind." (Kursiva vom Autor). Es ist doch bemerkenswert, daß das Methan aus Tiefseeschloten, dessen Abiogenität zugegeben wird, ebenfalls einen deutlichen Mangel an C-13 aufweist, und zwar von -15,0 bis -17,6 (in der üblichen Schreibweise), was belegt, daß auch hier eine Isotopentrennung aufgetreten ist. Wenn das so ist, weshalb finden sich dann im Erdmantel Diamanten und Graphit? Diese sind nicht aus Kohlendioxid und Wasser entstanden. Und warum findet sich in allen Tiefenbohrungen viel mehr Methan als CO_2?

gen mit den leichteren Isotopen durch die Gesteinsschichten aufsteigen. Die Diffusion von Pore zu Pore würde verlangsamt werden. Die längere Aufstiegszeit würde die schwereren Moleküle vermehrt der Oxidation aussetzen. Die Kohlenstoffanteile vieler dieser schweren Methanmoleküle würden daher zu Kohlendioxid verbrennen, das den Aufstieg fortsetzen würde. Im Vergleich zu Kohlenwasserstoffen ist Kohlendioxid aus dem Erdinneren tatsächlich reich an schweren Isotopen. Um diese Erklärung zu überprüfen, bedarf es allerdings viel genauerer Daten. Diese werden nicht nur für die Isotopenunterschiede im ausgasenden Kohlendioxid und Methan benötigt, sondern auch hinsichtlich des Mengenverhältnisses, in dem beide Gase in die Atmosphäre gelangen. Dabei wäre das Mengenverhältnis von Bedeutung, in dem Methan und Kohlendioxid ausgasen.

Deshalb können sowohl die biotische als auch die abiotische Theorie über den Ursprung der Kohlenwasserstoffe die Isotopenverhältnisse von in der Erdkruste vorkommenden Kohlenwasserstoffen erklären. Doch ich beharre darauf, daß nur die abiotische Theorie auch die Isotopenzusammensetzung des Kohlenstoffs in den Karbonaten, die den größten Kohlenstoffbestand der oberen Erdkruste darstellen, zufriedenstellend erklären kann. Um dieses Thema zu erfassen, bedarf es zunächst einiger Hintergrundinformationen.

Anhand präziser Messungen von geringen Abweichungen im Verhältnis der Kohlenstoffisotope schließen Erdwissenschaftler auf die Geschichte der Kohlenstoffanteile des Gesteins. Diese Messungen ergeben im Allgemeinen positive oder negative Abweichungen von einem standardmäßigen C-13-Gehalt, der für marines Karbonatgestein als typisch festgelegt wurde. Die Meßergebnisse werden in der Regel als Abweichungen von diesem Standard, in Teilen pro Tausend, aufgezeichnet. Dabei ist wichtig zu wissen, daß die Karbonatlager der Ozeane etwa das gleiche Isotopenverhältnis aufweisen wie das CO_2 der Atmosphäre und des Meerwassers zu der Zeit, als dieses Gestein entstanden ist. Während der physischen Ablagerung von Karbonat kommt es nur zu einer sehr geringfügigen Isotopentrennung. Eine nur geringe Isotopentrennung erfolgt sogar dann, wenn sich Kalkstein großenteils aus dem Kalziumkarbonat der Schalen und Skelette lebender Organismen bildet, weil letztere die für sich benötigten Karbonate dem sie umgebenden Wasser entziehen. Doch dabei werden diese Karbonate nicht durch Zellmembranen gepreßt. Es ist also kein Diffusionsvorgang beteiligt.

Nach der biotischen Theorie hätte die Bildung von Erdöl, Erdgas, Kerogen und Methanhydrat den Entzug des Kohlenstoffs aus dem atmosphärischem CO_2 zur Folge gehabt. Deren Lagerstätten haben über geologische Epochen hinweg zugenommen, ein Prozeß, der anhält. Der von der Vegetation abgelagerte Kohlenstoff würde im Vergleich zu dem atmosphärischen CO_2, von dem man annahm, daß er aus ihm stammt, einen Mangel an C-13 aufweisen. Das Ergebnis wäre eine kumulative Verschiebung des Isotopenverhältnisses zugunsten der schweren Kohlenstoffisotope im atmosphärischen Kohlendioxid. Weil das Karbonatgestein der Ozeane seinen Kohlenstoff aus diesem atmosphärischen CO_2 bezogen hat, sollten die Karbonatschichten eine allmähliche Zunahme des C-13-Anteils anzeigen. Bei den für die Karbonatvorkommen geschätzten Mengen sollte die Verschiebung im Isotopenverhältnis groß genug sein, um in den über geologische Zeitalter hinweg abgelagerten Karbonatschichten ablesbar zu sein.

Doch es zeigt sich keine solche Verschiebung. In den Karbonatablagerungen zeigt sich eigentlich nur eine sehr geringe Bandbreite unterschiedlicher Isotopenverhältnisse. Sie sind vielmehr seit dem frühen Archaikum bis heute erstaunlich konstant geblieben.[51] Diesem Umstand wird in der biotischen Theorie nicht Rechnung getragen.

---

[51] Das gleichbleibende Isotopenverhältnis in Karbonaten äußerst unterschiedlichen Alters wird diskutiert in M. Schidlowski, R. Eichmann, C. E. Jung (1975): Precambrian sedimentary carbonates: *Carbon and oxygen isotope geochemistry and implications for the terrestrial oxygen budget,* Precambrian Reserch 2, S. 1-69.

Dieses Ungleichgewicht läßt sich nicht mit dem Kreislauf der nicht oxidierten Kohlenstoffvorkommen korrigieren; diese würden sich dabei weitgehend in unlöslichen und hitzebeständigen elementaren Kohlenstoff verwandeln.

Auf der Grundlage der abiotischen Theorie würden wir die meisten Vorkommen nichtoxidierter Kohlenstoffe in der Erdkruste auf aufwärts strömende Kohlenwasserstoffe zurückführen und eben nicht auf Ablagerungen ursprünglich atmosphärischen Kohlenstoffs. Vorkommen an nichtoxidiertem Kohlenstoff würden sich demnach nicht auf das Isotopenverhältnis im CO_2 der Atmosphäre auswirken. Der fraktionierte Kohlenstoff der Pflanzen würde durch den Zersetzungsprozeß dieser Lebewesen vollständig in die Atmosphäre zurückgeführt. Die Isotopentrennung lebender Zellen würde also die durchschnittliche Isotopenzusammensetzung der Atmosphäre nicht beeinflussen.

Die Form, in der der Kohlenstoff an die Atmosphäre abgegeben wird – oxidiert oder nicht oxidiert –, wirkt sich ebenfalls bedeutend auf die Menge des in der Atmosphäre verfügbaren Sauerstoffs aus.[52]

Es gibt noch eine weitere Klasse von Karbonaten, die mit Sicherheit nicht vom atmosphärischen Kohlendioxid abstammt. Es handelt sich um ein häufig anzutreffendes Füllmaterial von Gesteinszwischenräumen, das Zement genannt wird. Karbonat-Zemente sind in erdölführenden Schichten weit verbreitet. Weil sie das Deckgebirge abdichten, dürften sie eine wichtige Rolle bei der Speicherung von Koh-

---

[52] Ein anderer Punkt zugunsten der abiotischen Theorie betrifft die Menge an freiem Sauerstoff in der Atmosphäre. Wenn alle Kohlenwasserstoffe in der Erdkruste auf unterirdisch eingelagerte oberirdische Lebensformen zurückzuführen wären, dann wäre ein großer Überschuss an freiem Sauerstoff (ein Nebenprodukt der Photosynthese) in der Atmosphäre zurückgeblieben. Das entspräche mehr als zehn (Erd-) Atmosphären nur aus Sauerstoff. Die heutige Atmosphäre enthält nur etwa ein Fünftel einer Sauerstoffatmosphäre. Es erscheint zweifelhaft, daß mehr als das Fünfzigfache davon fast spurlos verschwunden sein könnte. Wenn andererseits der größte Teil der nichtoxidiertem Kohlenstoffvorkommen im Boden von nichtoxidierten, kohlenwasserstoffhaltigen Fluiden hinterlassen worden wäre, die von unten aufgestiegen sind und nicht von Material, das von oben stammt, dann würde dieses Mißverhältnis verschwinden.

lenwasserstoffvorkommen spielen, die groß genug für eine kommerzielle Nutzung sind.

Karbonat-Zemente unterscheiden sich durch drei voneinander unabhängige Eigenschaften von der Masse der marinen Karbonate:

1. Sie füllen Felsspalten und treten nicht in Schichten auf.
2. Sie kommen häufiger in erdölführenden Bereichen vor.
3. Sie weisen eine viel größere Bandbreite beim Verhältnis der beiden Kohlenstoffisotope zueinander auf als alle anderen Karbonate (siehe Abb. 4.1 und 4.2).

Ich führe die große Bandbreite der Isotopenverhältnisse beim Kohlenstoff der Karbonat-Zemente auf die ebenfalls große Bandbreite der Isotopenverhältnisse beim aus der Tiefe kommenden Methan zurück, aus dem die Zemente entstanden sind. Wegen des relativ großen Masseunterschieds zwischen seinen beiden Kohlenstoffisotopen wäre bei Methan zu erwarten, daß es beim Durchfluß durch Wasser oder durch Gesteinsporen stark von Isotopenselektion betroffen wäre. Ein Teil des aufsteigenden Methans oxidiert im Gestein. Das dabei entstandene Kohlendioxid reagiert sehr schnell mit dem im Gestein enthaltenen Kalziumoxid und bildet Karbonat. Bei diesem zeigt sich die Isotopenvariante des beteiligten Methans.

Jedes Mal, wenn ich auf die große Bandbreite der Isotopenverhältnisse in den Karbonat-Zementen zu sprechen komme und anbiete, diese gemäß der Theorie vom Erdgas aus der Tiefe zu erklären, kann ich erwarten, daß man mir Aussagen wie die folgende entgegenhält: „Ihnen ist nicht bewußt, daß dies auf eine Mischung aus zwei verschiedenen Methanquellen in allen von Ihnen untersuchten Regionen zurückzuführen sein muß."

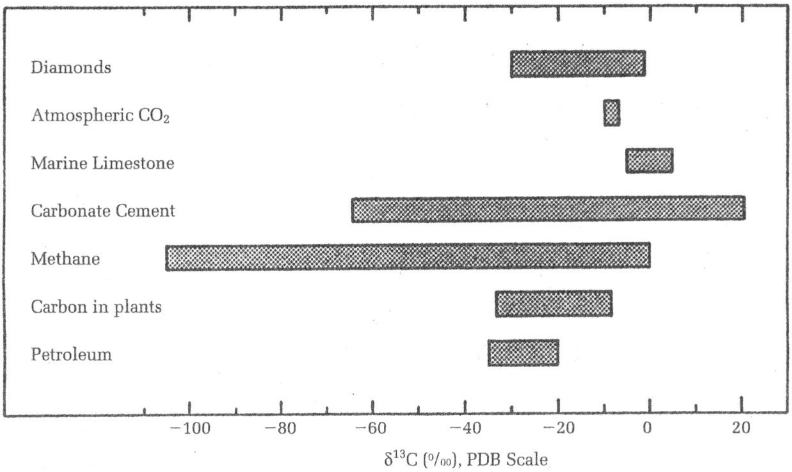

Abb. 4.1, die breite Streuung der Kohlenstoff-Isotopenverhältnisse in Methan aus natürlichen Quellen; man beachte, daß die Spanne des atmosphärischen CO2 gering ist, weil sich die verschiedenen Einträge in der Atmosphäre schnell miteinander vermischen. Auch die Karbonate der Ozeane, die ihren Kohlenstoff aus dem CO_2 der Atmosphäre beziehen, zeigen eine ähnlich enge Bandbreite. Quelle: Thomas Gold (1987), wie Anm. 1. Die Werte dort stammen aus verschiedenen Lehrbüchern.

Es liegen aber Hunderte Beispiele aus Proben vor, die Bohrkernen von Erdölbohrungen, Karbonatablagerungen vom Meeresboden über Erdgasvorkommen und natürlich auch unserer Bohrung in Schweden entnommen wurden. Könnten sie alle in vergleichbaren Mengen Gas aus zwei unterschiedlichen Quellen, von denen eine biotisch ist, bezogen haben? Könnte es nicht viele Stellen geben, bei denen das Gas nur aus einer Quelle und nicht noch einer gekommen ist? Wie soll biotisches Methan 500 Meter (oder sogar 6000 Meter) tief in den Granit Schwedens hinuntergelangt sein, und das von einer Oberfläche mit einer Sedimentbedeckung aus, die kaum ausreicht, das Grundgebirge zu überdecken?

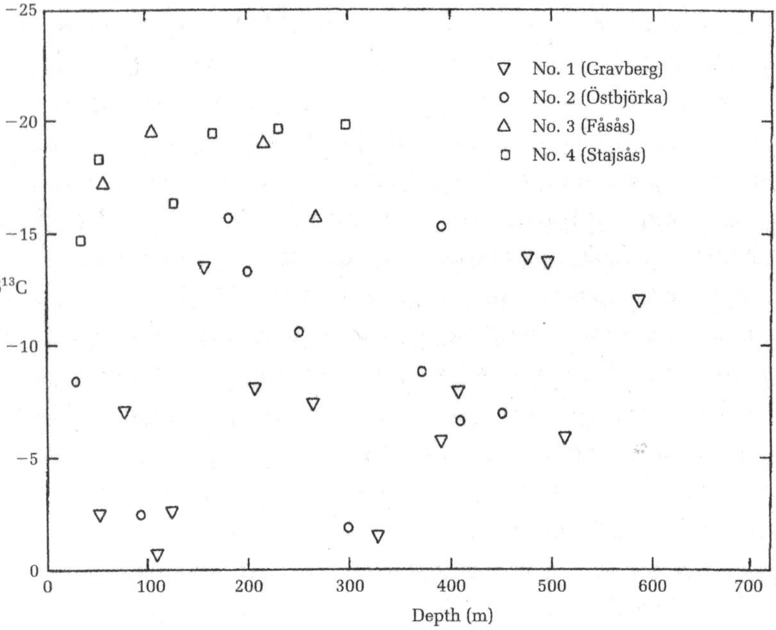

Abb. 4.2, die große Bandbreite der Isotopenverhältnisse im Karbonat-Zement in vier Bohrlöchern geringer Tiefe (weniger als 600 Meter) an der Asteroiden-Einschlagstelle des Siljan-Ringes in Mittelschweden: Man beachte die beträchtlichen Abweichungen, die im Abstand von wenigen Dutzenden von Metern beobachtet wurden. Gravberg ist der Bereich mit der ersten Tiefenbohrung im Siljan-Ring. Im Gegensatz dazu würden fast alle marinen Karbonate auf der senkrechten Achse zwischen –4 und +4 liegen.

Die geologische Fraktionierung des Methans durch unterschiedliche Diffusionsgeschwindigkeiten ist keine abwegige Spekulation von mir. Solche Verfahren werden im großen Stil in der Industrie angewendet, etwa, um Uran für den Gebrauch in Waffen oder Kernkraftwerken anzureichern. Bei industriellen Verfahren erfolgt die Isotopentrennung in vielen aufeinander folgenden Stufen. So kann eine sehr weitgehende Fraktionierung erreicht werden. Unter den weit weniger strukturierten Bedingungen porösen Gesteins finden die gleichen Prozesse der Fraktionierung mit geringerer Effizienz statt.

Der Transport eines Gases durch das Gestein erfolgt in zwei Strömungsarten. Zunächst kommt es zu einem stärkeren Strom durch miteinander verbundene Kanäle, die von Gasen aus tieferen und unter höherem Druck stehenden Schichten selbst geschaffen und offengehalten werden. Im Kanal strömen alle Gasmoleküle mit gleicher Geschwindigkeit unabhängig von ihrem Isotopengewicht. Diese Strömungsgeschwindigkeit wird vom Druckgradienten und der Viskosität des Fluids im Gestein bestimmt.

Die zweite Art von Strömung ergibt sich aus der Diffusion des Gases durch eine Vielzahl kapillarer, oft mit Wasser gefüllter Porenräume. Hier hängt die Durchflußgeschwindigkeit von der Bewegung des einzelnen Moleküls ab. Dabei kommt es zur Isotopentrennung. Methan aus tieferen Schichten, das über lange Aufstiegswege in die Atmosphäre gelangt, auf denen es in unterschiedlichem Maße fraktioniert wurde, aber hohe Werte erreicht hat, verliert jeden Hinweis auf diese Fraktionierung, sobald es sich in der Atmosphäre vermischt und so in den weltweiten Gasbestand eintritt. Die Beständigkeit im Verhältnis der Kohlenstoffisotope der Atmosphäre an jedem Ort und zu allen Zeiten bedeutet nicht, daß es in all den einzelnen Ausgasungsgebieten keine Isotopentrennung unter den Kohlenwasserstoffmolekülen gegeben hätte; es bedeutet nur, daß sich die *Durchschnitte* für die gesamte Welt und für Zeiträume von Millionen von Jahren sehr ähneln.

Die aus Isotopenverhältnissen gewonnenen Befunde müssen bei jeder Debatte über die Entstehung der Karbonate berücksichtigt werden. Die einzige Erklärung, die den Schluß vermeidet, der Anteil schwerer Kohlenstoffisotope in marinen Karbonatlagern müsse mit der Zeit größer werden, wäre, daß die meisten Ablagerungen nichtoxidierten Kohlenstoffes im Untergrund (Öl, Gas, Kohle und Hydrate) nicht aus Rückständen photosyntheseabhängiger Lebewesen der Erdoberfläche gebildet worden sind. Sie müssen vielmehr von nichtoxidiertem Kohlenstoff aus der Tiefe stammen. Diese Erklärung wird mit der Schlußfolgerung verknüpft, daß die Ausgasung des ursprünglichen Kohlenstoffs, vor allem in Form von reduziertem Methan, in einem einigermaßen gleichmäßigen Tempo erfolgt ist. Alles Methan, das sich seinen Weg durch das Gestein an die Erdoberfläche bahnt, würde auf jeden Fall in der Atmosphäre zu Kohlendioxid oxidiert. Wir könnten es dann nicht mehr länger von dem Gas unterscheiden, das schon in vollständig oxidierter Form in die Atmosphäre gelangt ist.

Die technischen Argumente und Informationen dieses Abschnitts führen meiner Meinung nach insgesamt zu einer eindeutigen allgemeinen Schlußfolgerung: Menge, Alter und Isotopenverhältnis der Karbonate in der Erdkruste sind wichtige Beweise, die die Auffassung stützen, daß Kohlenwasserstoffe zu den ursprünglichen Bausteinen der Erde gehört haben, daß sie das weiter sind und daß sie weiterhin beständig zur äußeren Erdkruste aufsteigen, schließlich ausgasen, oxidieren und sich in der Atmosphäre mischen.

Helium und Kohlenwasserstoffe

Zwischen Helium und den Kohlenwasserstoffen besteht eine sehr starke Verbindung. Diese Verbindung ist so stark, daß es sich für die wirtschaftliche Prospektion von Kohlenwasserstoffen als nützlich erwiesen hat, an der Erdoberfläche nach Helium-Ausgasungen zu suchen. Es gibt inzwischen sehr empfindliche Heliumdetektoren, die zunächst zur Auffindung unterirdischer Uranlager eingesetzt wurden, die als Hauptquellen für Helium galten. Diese Suche war nicht erfolgreich. Die Heliumsuche erwies sich jedoch als hilfreich, um Öl- und Gasfelder aufzuspüren. *Daß Helium und die Kohlenwasserstoffe miteinander in Verbindung stehen, ist die wahrscheinlich auffälligste Tatsache, die die biotische Theorie nicht erklären kann, und daher für mich von größtem Interesse war.*

Woher kommt das Helium und warum bindet es sich so eng an Kohlenwasserstoffe? Im Gestein entsteht Helium meistens beim radioaktiven Zerfall von Uran und Thorium. Regional wurden jedoch Heliumvorkommen ermittelt, die so umfangreich waren, daß die vorgefundene Heliummenge nicht aus der Gesamtheit der radioaktiven Sedimentbestandteile hervorgegangen sein kann. In den Bereichen mit einem solchen Heliumüberschuß weist das Gasgemisch (einschließlich Kohlenwasserstoffe und Stickstoff), das in der Erdkruste lagert oder aus ihr austritt, bemerkenswerte Ähnlichkeiten über weite geographische Gebiete und sogar über sehr unterschiedliche geologische Formationen hinweg auf. Das Helium stammt daher mit Sicherheit von unterhalb der Sedimentschichten, und muß deshalb dort bereits in regional gut definierten Mischungsverhältnissen zusammen mit Methan und Stickstoff angekommen sein. Damit konnten die unterschiedlichen Vorkommen der Region alle mit dem gleichen oder einem sehr ähnlichen Gasgemisch befüllt werden. Nur ein Gemisch, das in ein Sediment und seine einzelnen Lagerstätten von unten her eingedrungen ist, kann so etwas bewirken.

Chemische oder biologische Ursachen für diese Anreicherung können bei dem chemisch inerten Helium vollständig ausgeschlossen werden, denn es geht mit keinem anderen Element eine chemische Verbindung ein. Kein chemischer Vorgang – ob biologisch oder nicht – kann bewirken, daß Helium von einer niedrigen Konzentration in eine höhere gebracht wird. Die großen regionalen Unterschiede in den Heliumkonzentrationen lassen sich nur durch die unterschiedlichen Konzentrationen der radioaktiven Ausgangselemente und die unterschiedliche Länge des Weges erklären, den das Helium durch das Gestein zurückgelegt hat, aus dem es ausgetreten ist. Wo Heliumkonzentrationen um das Hundertfache und mehr voneinander abweichen, dürfte die Länge des Weges, den das Trägergas durch das Gestein zurückgelegt hat, die wichtigste Rolle gespielt haben.

Ab etwa 1979 fing ich an, die schon vorliegende riesige Datenmenge zu Heliumvorkommen auszuwerten, um eine vernünftige Erklärung für die regionalen Unterschiede zu finden. Vielleicht konnten die Daten zur Anreicherung von Helium indirekte Angaben (Proxy-Daten) für die Tiefe liefern, von der aus seine aus Kohlenwasserstoffen bestehende Trägerflüssigkeit ihre Reise nach oben angetreten hat. Je tiefer die Quelle der Kohlenwasserstoffe lag, desto länger der Weg durch die Porenräume, den die Kohlenwasserstoffe insgesamt zu durchfließen hatten, bevor sie die äußere Kruste und die Erdoberfläche erreichten. Und je mehr Gestein durchdrungen werden muß, desto mehr Möglichkeiten bestehen, um aus radioaktivem Zerfall entstandene Heliumatome unterwegs aufzunehmen. Die Heliumkonzentration in einem Gas kann daher als grober Anhaltspunkt für die Tiefe dienen, aus der das Gas aufgestiegen ist. Auch wenn diese Berechnung nur annähernd zutrifft, sollte sie es uns doch ermöglichen, zwischen einer mutmaßlichen biotischen Quelle in einer Tiefe von beispielsweise fünf Kilometern und einer abiotischen Quelle in 150 Kilometern Tiefe zu unterscheiden. Eine so große tiefenabhängige Variable sollte die weit schwächeren Abweichungen überlagern, die auf Unterschiede in den Konzentrationen radioaktiver Elemente in den Gesteinen entlang der Fließstrecke zurückzuführen sind.

Die Ausdehnung der Fläche, über der bestimmte Gasmischungen anzutreffen sind, stützt diese Tiefenhypothese ebenfalls. Die Austrittsfläche kann Aufschluß über das Verhältnis zwischen den Tiefen geben, in denen die verschiedenen Gase freigesetzt wurden. Eine sehr weite geographische Verbreitung eines bestimmten Gasgemisches bedeutet, daß diese Gase aus einer sehr tief gelegenen Schicht aufgestiegen sein müssen. Ein anderes Gasgemisch, das einen kleineren Bereich der Erdoberfläche einnimmt, der aber innerhalb des erstgenannten Gasaustrittsgebietes liegt, muß aus einer weniger tiefen Schicht stammen. Als ich diese Art von Daten, die bereits für Erdölfelder in Texas und Kansas erfaßt worden waren, zusammen mit meinem Kollegen Marshall Held analysierte, entdeckten wir, daß von allen flüchtigen Elementen und Bestandteilen Stickstoff in Form von N_2 und Helium aus den tiefsten Schichten, Erdgas (Methan) aus der darüber liegenden tiefen Schicht und Öl mit den verschiedenen Beimischungen von Kohlenwasserstoffgasen aus der nächsten tiefen Schicht darüber stammen. Doch auf jeden Fall kam das alles aus Schichten, die weit tiefer lagen als die Sedimente der Erdkruste.[53]

In Sedimentgesteinen finden sich kaum Heliumanreicherungen, wenn keine größeren Kohlenwasserstoff- oder Stickstoffvorkommen anzutreffen sind. Zehn Prozent Heliumanteil in Methan/Stickstoff-Gasen sind die höchste Konzentration, die gemessen worden ist. Für die viel höheren Konzentrationen von Helium in Öl- und Gasfördergebieten als in benachbarten Gesteinsformationen kann man ansonsten nichts anderes als die Wirkung mechanischer Pumpen verantwortlich machen. Das chemisch inaktive Helium kann kein Ergebnis einer chemischen Reaktion sein. Doch warum sollte Helium durch Pumpvorgänge speziell in erdölführende Schichten befördert werden? Die Verbindung ist so stark, daß die gesamte weltweite kommerzielle Heliumproduktion aus Öl und Gasfeldern stammt. Die Heliumkonzentration der erdölführenden Schichten übertrifft die der benachbarten Bereiche des Untergrundes oftmals um den Faktor 100. Selbst in so geringer Tiefe wie in den Brunnenschächten der Bauern zeigen Messungen eine enge Beziehung zwischen Helium- und Methankonzentrationen. Solche Messungen fanden an Hunderten von

[53] T. Gold, M. Held (1987): *Helium-nitrogen-methane systematics in natural gases of Texas and Kansas*, Journal of Petroleum Geology 10, S. 415ff. Es gibt viele Arbeiten, die die starke Verbindung von Helium und Methan zeigen. In den nächsten Fußnoten stelle ich einige davon vor.

Meßstellen in verschiedenen Teilen der Welt statt (Abb. 4.3). An dieser Beziehung besteht kein Zweifel.[54]

Ich kann mir keinen Pumpvorgang vorstellen, der Helium waagrecht aus umgebenden Regionen geradewegs in die kohlenwasserstoffreichen Schichten brächte. Der einzige Vorgang, von dem ich mir vorstellen könnte, daß er Helium in die kohlenwasserstoffführenden Bereiche bringen könnte, ist folgender: Das im Gestein diffus entstandene Helium wird über einen großen Streckenabschnitt in der Tiefe von einem Gas nach oben mitgenommen, das selbst zu den Kohlenwasserstofflagerstätten beiträgt.

Weil Helium hauptsächlich beim radioaktiven Uran- und Thoriumzerfall entsteht, ist es im Gestein nur sehr gering vorhanden. Von sich aus kann radioaktiv entstandenes Helium nicht den für die Öffnung von Porenräumen im Gestein nötigen Druck erzeugen, der den Durchfluß einer größeren Gasmenge erst ermöglicht. Der einzige Aufstiegsmechanismus für Helium wäre die molekulare Diffusion durch Gestein. Auch wenn dies bei Helium schneller vor sich geht als bei jedem anderen Gas würde eine molekulare Diffusion dennoch viel langsamer ablaufen als ein Transport im Verbund mit anderen Gasen. Der Heliumtransport muß daher von einem anderen, reichlicher vorhandenen Gas angetrieben werden, das eine eigene Antriebskraft einbringt, mit der es nach oben strömt und unterwegs durch Druck Poren und Risse aufpreßt. Es ist die Antriebskraft dieses anderen Gases, die die nötige Pumpleistung erbringt, die zur Konzentration von Helium in den oberflächennahen Kohlenwasserstofflagern führt. Wenn es sich bei dem anderen Gas um Kohlenwasserstoff handelt, wird es natürlich das aufgenommene Helium in jene weniger tief gelegenen Bereiche pumpen,

---

[54] J.A. Welhan, H. Craig (1983): *Methan, hydrogen and helium in hydrothermal fluids at 21N on the East Pacific Rise,* in: P. A: Rona et al. (Hg.): *Hydrothermal Processes at Seafloor Spreading Centers,* New York 1983, S. 391ff.

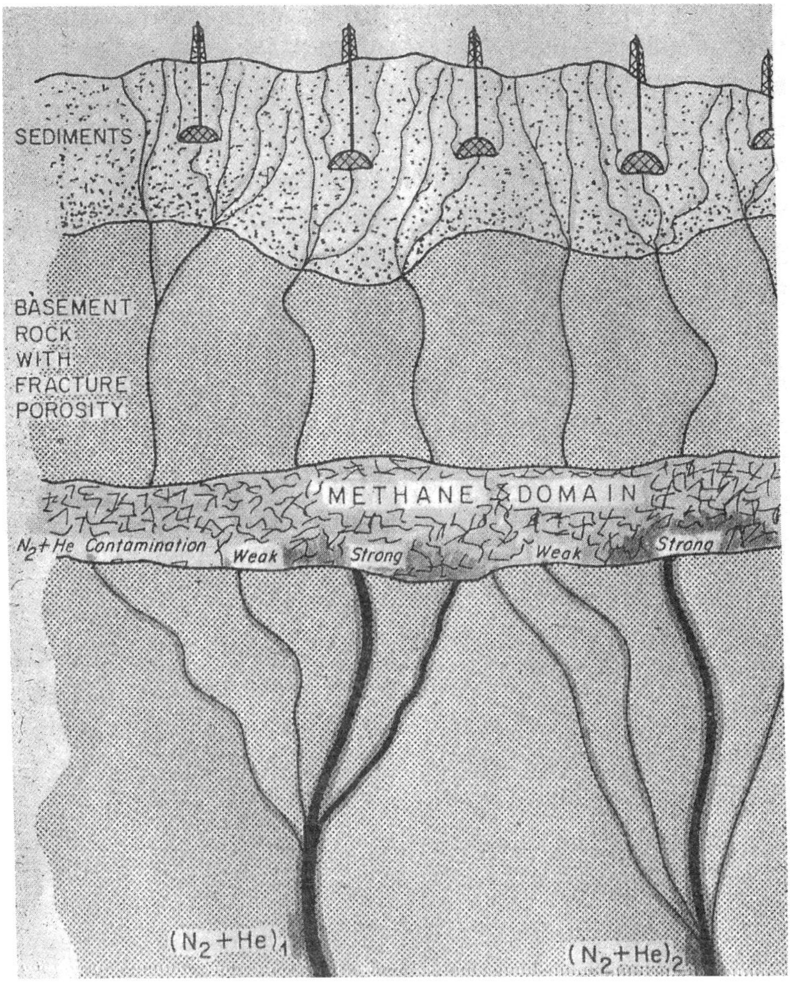

Abb. 4.3, Heliumtransport in aufsteigenden flüchtigen Stoffen: Das Schema zeigt, wie die Theorie vom Gas aus der Tiefe die Verbindung von Helium mit Methan erklärt. Aus den tiefsten Schichten (vielleicht etwa 300 km tief) gelangt Helium, das bei radioaktivem Zerfall frei wird, in den Strom des aufwärtsströmenden Stickstoffs. In einer Tiefe von etwa 100 km (hier *methane domain*) vermischen sich Stickstoff und Helium mit Methan und alle drei Gase strömen weiter nach oben. Die Gase erreichen die Lagerstätten in vorher festgelegten Mischverhältnissen. Das Stickstoff-Helium-Verhältnis ist über ein viel größeres Gebiet konstant, während die Mischungsverhältnisse mit Methan einzelne kleinere Bereiche innerhalb des Gesamtgebiets aufweisen.

die wir als kohlenwasserstoffführend identifizieren. Dies würde die Verbindung von Kohlenwasserstoffen mit Helium erklären.

Die Hypothese, nach der Kohlenwasserstoff-Fluide Helium als Träger nach oben dienen, könnte man so überprüfen: Wenn Helium ohne Trägerfluide fließen könnte, müßte es viele Stellen geben, an denen sich Heliummengen angesammelt hätten, die den Heliummengen in einigen Gasfeldern ähneln. Allerdings handelte es sich bei diesen Vorkommen bei Abwesenheit von Methan oder Stickstoff um reine Heliumvorkommen. Angesichts des heutigen Standes der geologischen Forschung sollten bereits zahlreiche solcher Felder entdeckt worden sein; sie wären sehr wertvoll. Daß bisher keine entdeckt wurden, unterstützt das Konzept von einem Trägergas für den Heliumtransport.

Bei dieser Suche nach Belegen, die die abiotische Theorie der Erdölentstehung bestätigen, haben wir Daten zu drei wichtigen Merkmalen untersucht, die unmittelbar in der äußeren Erdkruste beprobt oder nachgewiesen werden können: das Phänomen der Wiederauffüllung von Erdölvorkommen, isotopische und andere Merkmale der umfangreichen Karbonatlager der Erdkruste und die enge Verbindung von Helium und Kohlenwasserstoffen.

Die Theorie vom Gas aus der Tiefe überzeugt schon allein durch die Helium-Verbindung, für die es keine andere Erklärung gibt.[55] Eine

---

[55] Ein guter Überblick über den Prozeß der Isotopentrennung bei unterschiedlichen Bedingungen unter der Erdoberfläche und bei verschiedenen Gasgemischen findet sich in der Arbeit von H. Craig (1968): *Isotope separation by carrier diffusion,* Science 159, S. 93ff. Weitere Fraktionierungsprozesse von Kohlenstoffisotopen werden in der wissenschaftlichen Literatur diskutiert, deren Erörterung den Rahmen dieses Buches übersteigen würde. Doch scheinen die mit der Diffusionsgeschwindigkeit zusammenhängenden Prozesse dominant zu sein: Vgl. V.F. Nikonov (1969): *Relation of helium to petroleum hydrocarbons*, Dokl. Akad. Nauk SSSR, Earth Sci., Sect 188, S. 199ff. Ders. (1973): *Formation of helium-bearing gases and trends in prospecting for them*, Intern. Geol. Rev. 15, S. 534ff. Nikonow zeigt nicht nur die enge Beziehung zwischen natürlich vorkommenden Kohlenwasserstoff-Gasen und -Ölen, sondern auch, daß weltweit bestimmte Petroleumgemische mehr Helium enthalten als andere.

L. A. Pogorski, G. S. Quirt (1978): *Helium emanometry in exploring for hydrocarbons: Part 1,* Proceedings of Symposium 1 on Unconventional Methods in Exploration for Petroleum and

Verbindung von Kohlenwasserstoffen zum spezifischen Helium *aus der Erdentstehungszeit*, das vielerorts festgestellt wurde, liefert weitere Belege, die die Hypothese stützen.[56]

Natural Gas, S. 124ff. A. A. Roberts (1978): *Helium emanometry in exploring for hydrocarbons: Part II,* ebd., S. 136ff. Die enge Beziehung zwischen Helium und Kohlenwasserstoffen zeigt sich auch daran, daß Heliumausdünstungen über Öl- und Gasfeldern so ausgeprägt sind, daß Heliummessungen an der Oberfläche eine gute Methode darstellen, um Kohlenwasserstoff-Vorkommen darunter zu lokalisieren. Das zeigt, daß Helium nicht allgemein in einem Gebiet vorkommt und sich nur zufällig dort aufstaut, wo sich auch Kohlenwasserstoffe sammeln (wie manchmal vermutet), sondern daß das Auftreten von Helium an der Oberfläche ein spezifischer Hinweis auf Kohlenwasserstoff- und Heliumvorkommen darunter darstellt.

W. Dyck, C.E. Dunn (1986): *Helium and methane anomalies in domestic well waters in southwestern Saskatchewan, Canada and their relationship to other dissolved constituents, oil gas fields. And tectonic patterns,* Journal of Geophysical Research 91, S. 12343ff.

Das Häufigkeitsverhältnis der beiden stabilen Heliumisotope, das verbreitete Helium-4 und das seltene Helium-3, wurde an vielen Stellen gemessen, obwohl dazu sehr feine Instrumente und Techniken nötig sind. Die Ergebnisse sind für die Diskussion über den Ursprung der Kohlenwasserstoffe sehr wichtig, denn es zeigt sich eine deutliche Tendenz, daß der Anteil an Helium-3 in dem Helium höher ist, das aller Wahrscheinlichkeit nach aus sehr tiefen Schichten aufstieg. Dieser Umstand wurde (nahezu richtig) damit erklärt, daß kleinere Mengen dieses Gases aus einem Gemisch stammen, das bei der Erdentstehung schon mit dabei war und von den sich zusammenpressenden Feststoffen eingefangen worden ist. Die Sonne und die Gase des Sonnensystems enthalten das ursprüngliche Isotopengemisch, das der Kernreaktor in den Sternen lieferte. Es enthält einen viel höheren Anteil an Helium-3 als jedes Helium der Erdoberfläche, das aus dem radioaktiven Zerfall von Uran und Thorium stammt, wobei fast nur Helium-4 entsteht. Durch die Ausgasung von Helium wird das ursprüngliche Gemisch aus den äußeren Schichten beseitigt, so daß wir erhöhte Helium-3-Konzentrationen nur in Tiefen sehen, in denen die Ausgasung noch nicht abgeschlossen ist.

Das erlaubt uns zwar, Gasquellen mit einem überhöhten He-3-Gehalt als Tiefengas zu identifizieren, doch das läßt keineswegs den Schluß zu, daß Vorkommen mit weniger He-3 aus geringeren Tiefen stammen. Der Erdmantel ist inhomogen und verhält sich daher in verschiedenen Bereichen unterschiedlich. Die Ausgasung von Helium hängt von anderen Gasen ab, die auf dem Weg nach oben ausgewaschen werden. Ein Aufstiegsweg, der lange durchströmt wurde, dürfte sein ursprüngliches Helium verloren haben und nur das gerade erzeugte He-4 liefern. Dagegen wird ein Aufstiegsweg, der sich erst in jüngeren geologischen Zeiten geöffnet hat, noch seine ursprünglichen Komponenten aufweisen. Die Heterogenität des Erdmantels, die ursprüngliche Tiefe des Gases und das Alter des Ausgasungsweges prägen gemeinsam das jeweilige beboachtete Isotopenverhältnis. Kohlenwasserstoffreiche Gebiete neigen besonders zu höheren He-3-Gehalten. Das liefert starke Argumente für einen Ursprung in der Tiefe. Zonen ohne diese erhöhten Gehalte deuten auf eine geringe Tiefe, doch könnte das Gas auch aus der Tiefe stammen und dann durch ältere, ausgewaschenere Aufstiegswege geflossen sein.

[56] Ich führe im folgenden einige Arbeiten aus dem großen Literaturbestand zum Verhältnis von Helium-3 zu Petroleum an: I. N. Tolstikhin et al. (1975): *Helium isotopes, in gases from hot springs of the Kurile Kamchatka volcanic region*, in: A. I. Tugarinov (Hg.): *Recent Contribution to Geochemistry and Analytical Chemistry*, New York 1975, S. 456ff. I. N. Tolstikhin (1975): *Helium isotopes in the Earth's interior and in the atmospher: A degassing model of the Earth*, Earth and Planetary Science Letters 26 (1), S. 88 ff. H. Wakita, Y.Sano (1983): *3He/4He ratios in CH_4-rich natural gases suggest magmatic origin*, Nature 305, S. 792. J. A. Welhan et al. (1983): *Geother-*

Doch jetzt haben wir die Herausforderung auf die andere Seite des Arguments verlagert: Wie konnten Kohlenwasserstoffe biologische Moleküle anziehen, wenn sie aus Tiefen aufgestiegen sind, die viel zu groß sind, um solche Moleküle zu bilden oder auch nur zu erhalten? Doch woher stammen die Kohlenwasserstoffe? Wenn sie aus großen Tiefen (und damit auch aus notwendigerweise hohen Temperaturen) stammen, können wir verstehen, warum sie viel Helium aufgenommen haben. Wenn sie in weniger tiefen Sedimentbereichen entstanden sind, könnten wir die Anwesenheit biologischer Moleküle nachvollziehen. Scheinbar haben wir es hier mit einem Paradox zu tun: zwei Arten von vollkommen gesicherten Informationen, für die aber Erklärungen vorliegen, die einander widersprechen. Die Auflösung dieses vermeintlichen Paradoxons soll uns im nächsten Kapitel beschäftigen.

---

mal Gases of the Mud Volcano Area, Yellowstone National Park, EOS 64, S. 882. H. Craig, J. E. Lupton (1981): *Helium-3 and mantel volatiles in the ocean and the ocean crust*, in: *The Oceanic Lithosphere*, Bd. 7: *The Sea*, New York, S. 391ff. H. Craig et al. (1975): *Excess 3He in deep water on the East Pacific Rise*, Earth Planet. Sci Lett. 26, S. 125ff. H. Craig et al. (1978): *Helium isotopes ratios in Yellowstone and Lassen Park volcanic gases*, Geophys. Res. Lett. 5, S. 897ff. W. J. Jenkins et al. (1978): *Excess 3He and 4He in Galapagos submarine hydrothermal waters,* Nature 272, S. 156ff. J. E. Lupton, H. Craig (1975): *Excess 3He in oceanic basalts: Evidence for terrestrial primordial Helium,* Earth Planet. Sci. Lett. 26, S. 133ff. Dies. (1981): *A major Helium-3 source at 15S on the East Pacific Rise*, Science 214, S. 13ff. J. E. Lupton et al. (1980): *Helium-3 and manganese at the 21N East Pacific Rise hydrothermal site*, Earth Planet. Sci. 50, S. 115ff.

5] Das Erdölparadox und seine Lösung

Unter westlichen Wissenschaftlern herrscht die Theorie vor, daß Erdöl von verschütteten und chemisch umgewandelten Überresten einst lebender Zellen herstammt. Wer wie ich die Auffassung vertritt, komplexe Kohlenwasserstoffe seien primordiale Bestandteile der Trümmer des Sonnensystems gewesen, aus denen die Planeten entstanden, und daß diese Kohlenwasserstoffe bis heute in der Erdkruste und im äußeren Erdmantel in einer unoxidierten Form überdauert haben, hängt daher einer radikal konträren Sicht auf die Erdölentstehung an. Doch das Problem bleibt bestehen: Warum enthält das Erdöl dann die Signatur des Lebens, wenn komplexe Kohlenwasserstoffe, die man in der Erdkruste findet, keine umgewandelten Reste von Lebewesen der Erdoberfläche sind?

Die Vertreter der biotischen Theorie von der Entstehung des Erdöls stützen sich auf vier zentrale Beobachtungen:[57]

1. Alles in der Natur vorkommende Erdöl enthält Beimischungen von Molekülgruppen, die eindeutig als Zerfallsprodukte komplexer, aber häufig vorkommender, organischer Moleküle auszumachen sind, die vom Leben hervorgebracht werden. Diese Moleküle, die weltweit in Erdölvorkommen auftreten, können unmöglich in einem nichtbiologischen Prozeß entstanden sein.

[57] Diese vier Argumente zugunsten der biotischen Gastheorie habe ich in meinem Aufsatz von 1993 dargestellt: *The origin of methane in the crust of the earth*, wie Anm. 45.

2. Petroleum weist häufig eine optische Eigenschaft auf, die auf eine biologische Aktivität schließen läßt. Wenn linear polarisiertes Licht durch eine Ölprobe geleitet wird, tritt das Licht mit gedrehter Polarisierungsebene aus. Diese Drehung bedeutet, daß Moleküle, die entweder rechts- oder linksdrehende Symmetrie aufweisen können (in demselben Sinne, in dem wir rechts- und linksdrehende Schrauben kennen), im Erdöl (statistisch) nicht in gleicher Anzahl vorhanden sind. Vielmehr dominiert eine Richtung, was für biologische Flüssigkeiten typisch ist, weil deren Moleküle vermutlich eine gemeinsame Abstammung aufweisen. Doch besitzen Fluide nichtbiologischer Herkunft dieses Merkmal nicht.

3. Manche Erdöle setzen sich aus Kohlenwasserstoffmolekülen zusammen, die vorwiegend aus einer ungeraden statt aus einer geraden Zahl von Kohlenstoffatomen bestehen. Auch der umgekehrte Fall ist wieder zu beobachten. Es wurde vorgeschlagen, daß ein solches Übergewicht von Molekülen mit einer geraden beziehungsweise ungeraden Anzahl von C-Atomen mit dem Zerfall bestimmter Arten von Molekülen erklärt werden kann, die häufig in biologischen Substanzen anzutreffen sind, die dann in eine bestimmte Probe eingetragen worden sein können. Wie schon beim optischen Effekt liefert man dafür keine genaue Erklärung. Die Biologie kann zwar dabei durchaus eine Rolle spielen, aber nicht notwendigerweise als Quelle dieser Moleküle.

4. Erdöl trifft man meistens in Sedimentablagerungen und nur selten in den darunterliegenden Primärgesteinen der Erdkruste an. Sogar in den Sedimenten bevorzugt es geologisch jüngere Ablagerungen. Oft enthalten solche Sedimente teerartige Moleküle, die als Kerogen bekannt sind. Diese Moleküle sollen

nach Ansicht der Vertreter der biotischen Theorie biologischen Ursprungs sein. Sie gelten vielen Forschern sogar als Ausgangsmaterial aller Erdölvorkommen der Umgebung. Man nimmt an, daß geologische Vorgänge diese diffus verbreiteten Kerogenmoleküle in flüssiges Erdöl umwandeln. Geologische Prozesse sollen das Erdöl auch irgendwie in konzentrierte Erdölvorkommen im porösen Sedimentgestein geleitet haben. Manchmal tritt das Erdöl dort im Verhältnis zur Kerogenverteilung hundertfach konzentrierter auf. Zudem liegen die Erdöllagerstätten bisweilen in einem beträchtlichen seitlichen Abstand von jenem kerogenhaltigen Gestein entfernt, das die Quelle des Erdöls sein soll. Bisher wurde noch keine Theorie für diesen Konzentrationsvorgang vorgelegt.

Die Biosphäre der heißen Tiefe liefert eine Antwort

Ich habe Jahre damit verbracht, über die einander widersprechenden Erkenntnisse zur Entstehung von Erdöl zu rätseln. Aus den Gründen, die in den vorigen beiden Kapiteln erörtert wurden, habe ich mich gefragt, wie die abiotische Theorie mit den ebenso deutlichen Hinweisen auf biologische Aktivität in Einklang gebracht werden kann. Wie sich herausstellte, war aus dem Problem nur deshalb ein Paradox erwachsen, weil die Argumente beider Seiten eine bislang unerkannte verborgene Annahme enthielten.

In der Wissenschaft gibt es kein wirkliches Paradox. Wenn ein Paradox auftritt, dann nur, weil uns die Natur *sotto voce* damit höflich und schonend mitteilen will, daß wir etwas nicht ganz oder falsch verstanden haben. Was das Erdölparadox angeht, bestand die unerkannte Grundannahme auf beiden Seiten der Debatte in dem unhinterfragten Glauben, daß *Lebewesen nur an der Erdoberfläche existieren können.* Keiner von uns hat in Erwägung gezogen, daß es große

Mengen aktiver Mikrobiologie *innerhalb der Erdkruste* geben könnte, bis hinunter in die tiefsten Schichten, in die unsere Bohrungen vordringen können.

Jene Grundannahme ist typisch für das, was ich Oberflächen-Chauvinismus genannt habe, der Glaube, daß das Leben ein reines Oberflächenphänomen ist. Wenn wir diesen Glauben abstreifen, können wir die These vertreten, daß die im Rohöl vorhandenen biologischen Moleküle *keine* Reste von längst toten, beerdigten und teilweise umgeformten Lebewesen der Erdoberfläche sind. Sie sind dann ein Beleg für eine florierende Mikrobengemeinschaft in der Tiefe, die sich dort lebenslang von abiotischen Kohlenwasserstoffen aus der Tiefe ernähren. Wenn wir uns von vorgefaßten Meinungen frei machen, können wir die Existenz einer Biosphäre der heißen Tiefe sehen, und eine Biosphäre mit riesigen Ausmaßen wäre erforderlich, um den vielen biologischen Molekülen im Erdöl überall auf der Welt gerecht zu werden.

Bevor ich sah, daß die Theorie von der Biosphäre der heißen Tiefe das Erdölparadox lösen könnte, habe ich eine Zeit lang betont, Öle würden auf ihrem Weg durch die Sedimente das gesamte dabei vorgefundene biologische Material aufnehmen; dadurch seien Biomoleküle in diese Fluide gelangt.[58] Es war jedoch schwierig, diesen Vor-

---

[58] Der Ansatz einer Biosphäre der heißen Tiefe zur Lösung des Erdölparadoxes wurde von mir über einen längeren Zeitraum entwickelt, beginnend vor gut 20 Jahren. Als Vorbereitung für dieses Buch durchforstete ich mit meiner Assistentin (Connie Barlow) meine alten Aktenordner, um schriftliche Hinweise zu finden, wann ich begonnen hatte umzudenken und die Theorie vom Erdgas aus der Tiefe mit der Theorie von der Biosphäre der heißen Tiefe zu ergänzen, die Zusammenhänge aber noch nicht völlig verstehen konnte. Ich stieß auf zwei Papiere. In der Niederschrift eines Interviews mit John Maddox von der BBC, das im Juni 1978 in der Radiosendung *Scientifically Speaking* ausgestrahlt wurde, zeigt sich eindeutig, daß ich damals noch nicht mit der Idee spielte, in der Tiefe könnten Mikroben leben – oder zumindest, daß ich noch nicht bereit war, diese Hypothese zu diskutieren. Ich erklärte damals: „In den letzten Jahren hat man viel mehr Gas gefunden, das tiefer lag als alles Öl, sehr reines Methan ohne weitere Kohlenwasserstoffe. Ich neige zu der Meinung, daß es sich dabei meist um Ursprungsmaterial handelt, aber da natürlich viele biotische Kohlenwasserstoffe im Boden vorkommen, ist es sehr schwer, zwischen beiden zu unterscheiden."

gang mit der Tatsache in Einklang zu bringen, daß einige Erdölvorkommen keine nachvollziehbare Verbindung zu Sedimentschichten aufweisen, in die biologisches Material eingelagert ist und in denen ein solcher Auswaschungsprozeß stattgefunden haben könnte. Zu diesen problematischen Ölen gehören die aus dem untersten Grundgebirge. An solchen Stellen ist tatsächlich Öl gefunden worden. Die Lösung mußte ein abiotischer Ursprung von allem Erdöl und Erdgas sein, gekoppelt an die ungewöhnliche Idee einer gewaltigen mikrobiellen Biosphäre bis in mindestens acht Kilometer Tiefe (das ist die bisher tiefste Bohrung, in der Öl gefunden wurde). Nach dieser Sichtweise würde das gesamte dem Boden entnommene Öl Lebensgrundlage eines aktiven mikrobiellen Lebens gewesen sein, da Öl für diverse mikrobielle Lebensformen eine sehr begehrenswerte Substanz darstellt. Es ist klar erkennbar, daß die biologischen Marker vorhanden sind, wenn die Öltemperatur für das Gedeihen von Mikroben niedrig genug ist.

Die Verknüpfung der abiotischen Theorie vom Gas aus der Tiefe mit der Idee einer tiefen heißen Biosphäre versetzte mich in die Lage, die Verbindung zwischen Erdöl und Helium zu interpretieren, die ich auf die lange Passage zurückführte, die das Erdöl von seinem sehr tiefen Ursprungsort zur äußeren Kruste zu absolvieren hatte. Da das Erdöl weit unterhalb der Grenze allen Lebens entstanden ist, das es mit Biomolekülen hätte anreichern können, die wir heute in ihm beobachten, muß es von dort ohne diese Moleküle aufgestiegen sein. Als das Öl weiter oben liegende Schichten erreichte, in denen die Be-

---

Fünf Jahre später war ich bereit, in der Diskussion viel weiter zu gehen. In einem Interview mit dem *Montana Oil Journal*, erschienen im März 1983, erklärte ich: „Der genuin biologische Gehalt der meisten Öle entspricht nur einem kleinen Anteil, der nicht schwer zu erklären ist. Wenn sich Erdöl in fossilienreichen Sedimenten ansammelt, dann wäscht es alles lösliche biologische Material aus. Außerdem ist Öl eine bei verschiedenen mikrobiologischen Lebensformen sehr beliebte Substanz. Wir sehen deutlich, daß dort, wo für sie die Öltemperatur niedrig genug ist zu gedeihen, die biologischen Marker vorhanden sind.“ Zwei Monate später, im Juni 1983, reichte ich meinen Aufsatz *A hot, deep biosphere* bei der Zeitschrift *Nature* ein. Zu meinen Versuchen, ihn zu veröffentlichen, vgl. Anm. 39.

dingungen biologische Vorgänge zulassen, reicherte sich im weiter aufsteigenden Öl eine große Vielfalt an molekularen Arten an, wie sie eine robuste Mikrobiologie in dieser Tiefe hervorbringen kann.

Wie wir in Kapitel 2 gesehen haben, gibt es unbestreitbare Belege für lebende Mikroben, die in Ölvorkommen in einer Tiefe von über 4000 Metern heimisch sind. Ich glaube, daß alle Tiefen, die wir derzeit mit unseren Bohrungen erreichen und denen wir Ölproben zu Analysezwecken entnehmen, noch oberhalb der Übergangsschicht liegen, unter der Leben unmöglich ist. Daher weisen alle Kohlenwasserstoffe biologische Zusätze dieser Art auf, aber aus einem ganz anderen Grund als von der biotischen Theorie vorgeschlagen. Es sind bereits lebende Zellen, nicht einfach nur Moleküle biologischen Ursprungs, aus sehr tiefen Erdölbohrungen heraufgeholt und erfolgreich im Labor kultiviert worden. Die Biosphäre der heißen Tiefe ist unermeßlich groß, auch wenn sie auf die Porenräume und Gesteinsrisse beschränkt ist.

Biologische Moleküle im nichtbiologischen Erdöl

Meine Theorie der Biosphäre der heißen Tiefe verlangt daher, daß wir die Existenz eines bisher unbekannten, riesigen Lebensbereiches anerkennen. Erst diese Annahme kann das Erdölparadox lösen, auch wenn es sich um eine sehr weitreichende Annahme handelt. Bevor sie akzeptiert werden kann, muß sie durch Beweise untermauert werden. Diese Beweise wurden 1984 erbracht, in Form des bemerkenswerten Aufsatzes von Guy Ourisson, Pierre Albrecht und Michel Rohmer, die an der Universität Straßburg forschen.[59] Obwohl ich die wichtigste Schlußfolgerung dieser Autoren nicht nachvollziehen kann, nach der diese Bakterien Öl und Kohle *erzeugt* hätten (Mit welchen Nährstoffen? Mit welchen Kohlenstoff- und Wasserstoffquel-

[59] Guy Ourisson et al. (1984): *The microbial origin of fossil fuels*, Scientific American 251(2), S. 44ff.

len?), hat vor allem die Masse des von ihnen vorgelegten biologischen Materials meine Bereitschaft gestärkt, mit meiner ungewöhnlichen Annahme einer reichhaltigen Biosphäre in beträchtlicher Tiefe an die Öffentlichkeit zu gehen.

Die Autoren wiesen nach, daß Erdöl eine erstaunlich große Menge an biologischen Rückständen besitzt, trotz ihrer geringen *Anteile* im Erdöl. Auf jeden Fall implizierte das eine massive bakterielle Kontamination, auch wenn das nicht die Meinung dieser Autoren war. Ourissons Team äußerte vielmehr die konventionelle Ansicht, die Biologie sei für die Herstellung von Wasserstoffen wesentlich. Sie zogen nicht in Betracht, daß Öl einem sehr fruchtbaren mikrobiellen Leben als Nahrung dienen und so die Verbindung zwischen Erdöl und Biologie herstellen könnte. Ich reagierte mit einem Brief, der in der gleichen Zeitschrift im November 1984 erschienen ist. Darin heißt es unter anderem:

> Eine weit verbreitete frühe Bakterienflora könnte entstanden sein, als die Kohlenwasserstoffausgasung der Erde eine Quelle chemischer Energie in den Oberflächenschichten der Kruste bereitstellte, in denen Sauerstoff aufgrund der Photolyse von Wasser und des Verlusts von Wasserstoff in den Weltraum reichlich vorhanden war. Bakterien mit der Fähigkeit, Methan zu oxidieren (und möglicherweise auch Wasserstoff, Kohlenmonoxid und Wasserstoffsulfid), könnten in der Lage gewesen sein, im kristallinen Gestein zu gedeihen. Im Laufe der Evolution könnte die Kohlenwasserstoffausgasung der Photosynthese, bei all ihrer Komplexität, als Energiequelle vorausgegangen sein. Die Flora, die von den Ausgasungsprozessen am Leben erhalten wurde, gab Öl und Kohle ihre unverwechselbare biologische Prägung.[60]

Eine molekulare Signatur des Lebens im Öl stammte von einer Molekülgruppe, die das Ourisson-Team entdeckt und *Hopanoide* genannt hatte. Hopanoide sind leicht oxidierte und angereicherte Varianten

[60] Meine Antwort auf den Ourisson-Aufsatz erschien in: *Scientific American* 251(5), S. 6.

von Kohlenwasserstoffmolekülen, die als Hopane bekannt sind. In einem einzelnen Molekül sind etwa 27 bis 36 Kohlenstoffatome enthalten, die in zusammenhängenden Ringen angeordnet sind. Die höherkarbonisierten Hopanoide enthalten Kohlenstoffkomponenten, die den verbundenen Ringen kettenförmig hinzugefügt wurden. Hopanoide sind in allen Ölproben, die daraufhin untersucht wurden, auffällig zahlreich vertreten. Dazu gehören auch Proben, die aus Sedimenten mit sehr unterschiedlichem Alter aus allen Teilen der Welt stammen. Es besteht kein Zweifel, daß diese Moleküle aus den Membranen einst lebender Zellen stammen.

Die Menge an Hopanoiden sei riesig, schreiben die Autoren: „Der weltweite Bestand allein an Hopanoiden dürfte sich auf mindestens 10^{13} oder 10^{14} Tonnen belaufen, mehr als die geschätzten 10^{12} Tonnen organischen Kohlenstoffes in allen lebenden Organismen."

Ourisson und seine Kollegen waren jedoch darüber erstaunt, daß ausschließlich Bakterien Hopanoide mit mehr Kohlenstoffatomen wie C_{35} und C_{36} enthalten, während lebende Bäume, Farne und Algen für Hopanoide mit einer niedrigen Anzahl von Kohlenstoffatomen bekannt sind.[61] Ein anderes interessantes Molekül (ein Terpenoid), das nach Ourisson und seinem Team in Kohlenwasserstoffen verbreitet ist, kommt ebenfalls bei Bakterien vor, von denen bekannt ist, daß sie sich von der Oxidation des Methans ernähren. Die biogenen Moleküle, die man weltweit in natürlich vorkommenden Kohlenwasserstoffen entdeckt hat, können alle mit Bestandteilen von Bakterien oder Archäen in Verbindung gebracht werden. Keines davon kommt ausschließlich in der Makroflora oder Fauna vor. Diese Beobachtungen belegen daher keineswegs, daß etwas anderes als eine substantielle Kontamination des Erdöls durch Mikroben benötigt wird, um die beobachteten Moleküle zu erklären. Das bedeutet wiederum, daß

---

[61] Als der Ourisson-Aufsatz 1984 erschien, unterschied man noch nicht zwischen Bakterien und Archäen.

es keinen Beleg dafür gibt, daß überhaupt Lebewesen der Erdoberfläche herangezogen werden müssen, um die Präsenz dieser biologischen Moleküle in den unterirdischen Kohlenwasserstofflagerstätten zu erklären.

Man mußte ja nicht auf Hopanoide gewartet haben, um die biotische Theorie der Erdölentstehung anzuzweifeln. Mehr als zehn Jahre, bevor ich mich überhaupt der Petroleumgeologie zuwendete, lieferte Robert Robinson bereits 1963 das überzeugendste Argument:

> Es kann nicht genug betont werden, daß Erdöl nicht die Zusammensetzung erkennen läßt, die man von modifiziertem biogenem Material erwartet, und alle Argumente, die sich aus den Bestandteilen sehr alter Öle ergeben, passen genauso gut oder besser zu der Vorstellung eines ursprünglichen Kohlenwasserstoffgemisches, dem biogene Substanzen hinzugefügt wurden.[62]

Es ist ganz einfach höchst unwahrscheinlich, daß biologische Rückstände zu wasserstoffgesättigten Kohlenwasserstoffen abgebaut werden. Robinsons Argumentationslinie gilt nach wie vor. Sie ist sicherlich das am leichtesten zu verstehende und überzeugendste aller biochemischen Argumente gegen die biogene Theorie.

Noch nie hat jemand im Labor Rohöl oder Kohle aus einem Meßbecher voll mit Algen oder Farn synthetisiert. Eine einfache heuristische Analyse zeigt, warum solche Synthesen extrem unwahrscheinlich sind. Man erinnere sich zunächst daran, daß Kohlenhydrate, Proteine und andere biologische Moleküle hydrierte Kohlenstoffketten sind. Diese biologischen Moleküle sind im wesentlichen Hydrokarbone, in denen Sauerstoffatome durch ein oder zwei Wasserstoffatome (und manchmal andere Atome wie Stickstoff) ersetzt worden sind. Biologische Moleküle sind daher *nicht* mit Wasserstoff gesättigt. Es wäre eher unwahrscheinlich, daß biologische Rückstände in der

---

[62] Robert Robinson (1963): *Duplex origin of petroleum*, Nature 199, S. 113f.

Erde ihr Sauerstoffatom verlieren und durch ein Wasserstoffatom ersetzen. Wenn überhaupt, dann sollten langsame chemische Prozesse in einer geologischen Umgebung dazu führen, daß die Moleküle zusätzlich Sauerstoff aufnehmen und daher noch mehr Wasserstoff *verlieren*. Doch es ist gerade die Wasserstoff-„Aufnahme", die bei Erdöl und seinen flüchtigen Kohlenwasserstoffen zu sehen ist. Das Verhältnis von Wasserstoff zu Kohlenstoff ist in diesen Stoffen deutlich höher als bei nichtzerfallenen biologischen Molekülen. Wie also sollen biologische Moleküle Wasserstoffatome *aufgenommen* haben, während sie sich mutmaßlich zu Petroleum zersetzten?

Man bedenke auch, daß das durchschnittliche Verhältnis von Wasserstoff zu Kohlenstoff in Ölbohrungen mit der Tiefe zunimmt, was (nach abiotischer Ansicht) den allmählichen Wasserstoffverlust während der Aufwärtswanderung der Fluide widerspiegelt. Ein tiefer gelegenes Erdöllager würde jedoch als „älter" als ein weiter oben liegendes Vorkommen in dem Bereich angesehen werden. Dabei würde man dem für die Geologie grundlegenden stratigrafischen Prinzip (Lagerungsregel) folgen, nach dem sich jüngere Sedimente auf älteren ablagern. Warum aber weisen dann die am tiefsten gelegenen Vorkommen das höchste Verhältnis von Wasserstoff zu Kohlenstoff auf?

Ausgestattet mit der Theorie von der Biosphäre der heißen Tiefe als Lösung des Erdölparadoxons habe ich die Biomasse geschätzt, die eine solche Biosphäre umfassen könnte (veröffentlicht 1992).[63] Beginnen wir mit einer angenommenen oberen Temperaturgrenze für mögliches Leben bei 110 bis 150 °C (die bei einer erheblichen Tiefe noch immer weit unter dem dort herrschenden Siedepunkt des Wassers läge). Damit würde man die Tiefengrenze für die Biosphäre in den meisten Bereichen der Erdkruste zwischen etwa fünf und zehn Kilometern unter der Erdoberfläche ansetzen. Der gesamte unter der

[63] Meine Schätzung der mikrobiellen Biomasse der Tiefe wurde veröffentlicht in: Thomas Gold (1992), wie Anm. 2.

Landmasse der Erde vorhandene Porenzwischenraum bis auf eine Tiefe von fünf Kilometern läßt sich auf 2 x 10^{22} Kubikzentimeter schätzen (bei durchschnittlich drei Prozent Gesteinsporosität). Wenn sich diese Porenzwischenräume mit Stoffen mit der Dichte von Wasser füllen, würde das einer Masse von 2 x 10^{16} Tonnen entsprechen. Welcher Anteil daran könnte Bakterienmasse sein?

An diesem Punkt wird die Berechnung höchst spekulativ. Gehen wir eher konservativ vor und nehmen an, daß die Bakterien nur ein Prozent oder 10^{14} Tonnen des Materials ausmachen, das in den Poren sitzt. In diesem Fall entspräche die Biomasse der Biosphäre der heißen Tiefe einer Schicht aus lebendem Material von etwa eineinhalb Metern Dicke, würde man sie über die gesamte Landfläche gleichmäßig verteilen. Das wäre sogar etwas mehr als die auf der Oberfläche existierende Flora und Fauna und entspräche auch den Schätzungen, die von Ourisson und seinem Team zu den biologischen Rückständen – Hopanoiden – in allen Rohölen weltweit vorgenommen wurden.

Natürlich wissen wir derzeit nicht, wie die Masse des jetzt lebenden unterirdischen biologischen Materials realistisch zu schätzen ist. Meine grobe Schätzung und die von Ourisson und Kollegen zeigt jedoch, daß deren Masse der Masse der oberirdischen Biosphäre entsprechen oder sie sogar übertreffen könnte.[64]

---

[64] Während der Korrekturphase dieses Buches erschien ein wichtiger Aufsatz, der meine Erwartungen bezüglich einer in der Biosphäre der heißen Tiefe enthaltenen sehr großen Biomasse qualitativ untermauerte: J.R. Delaney et al. (1998): *The quantum event of oceanic crustal accretion: Impacts of diking at mid-ocean ridges, Science* 281, S. 222ff. Die Autoren beschreiben ein zuvor unbekanntes Phänomen einer plötzlichen und massiven Ausströmung hydrothermaler Fluide am Ozeanboden. Weil diese Flüssigkeiten „einen gewaltigen Strom mikrobieller Produkte" enthielten, folgern die Autoren, daß die biologischen Aktivitäten *vor* dem Flüssigkeitsaustritt erfolgt sein müssen, „in wärmeren untermeerischen Habitaten". Ihre Schlußfolgerung: „Der von Thermophilen besetzte Bereich in der Erdkruste dürfte umfangreich sein." Sie stellen auch fest: „Ein massiver und beständiger Ausstoß mikrobieller Produkte in Verbindung mit Aufschüttungen stützt neuere Ideen von einer bedeutenden heißen Biosphäre in den Tiefen der Erde." Unter der zitierten Literatur ist auch mein Papier von 1992 aufgeführt.

Wegen meiner Idee (s. Kap. 8), daß aufsteigende Methangaswolken der Grund vieler Erdbeben sind, interessiere ich mich besonders für die Beobachtungen von Delaney et al., nach denen „Erdbebenschwärme" mit den Heißwasserausbrüchen einherzugehen scheinen.

Die Theorie der Kohlebildung durch aufsteigende Gase

Die im Westen vorherrschende Ansicht ist, wie wir gesehen haben, daß Rohöl und Erdgas von biologischen Rückständen herrühren, die in geologischen Prozessen umgeformt wurden. Im Gegensatz dazu besagt die abiotische Ansicht in Verbindung mit der Theorie von der Biosphäre der heißen Tiefe, daß Erdöl und seine flüchtigen Bestandteile keine von der Geologie umgeformte Biologie ist, sondern *Geologie, die von der Biologie umgeformt wurde.*

Die Belege, die jetzt für biologische Aktivität im Erdöl vorliegen, sind die Zellreste von Mikroben, die sich von Kohlenwasserstoffen ernähren. Einige stammen aus Tiefen von etwa zehn Kilometern, bei denen man früher davon ausging, daß es dort kein Leben geben könne. Diese mikrobielle Aktivität fand nicht nur in einer fernen Vergangenheit statt; es gibt sie noch immer. Öl- und Gaslagerstätten füllen sich noch immer und entweichen an die Oberfläche. Die Bewohner der heißen Tiefe wandeln noch immer frische Öllieferungen in Kohlendioxid und andere Ausscheidungsprodukte um, indem sie leben, sich vermehren und absterben.

Die abiotische Theorie erklärt viele räumliche und chemische Merkmale dieser Kohlenwasserstoffreserven, die mit der biogenen Theorie nicht erklärt werden konnten. Auch die biologischen Moleküle, die man im Rohöl findet, werden mit der Theorie von der Biosphäre der heißen Tiefe erklärt. Rohöl und Erdgas sind daher keineswegs „fossile Brennstoffe“, wie sie oft genannt werden. Doch bei der Kohle sollte ich wohl eine Ausnahme machen, könnte man denken.

Nein. Auch wenn Torf und Braunkohle eindeutig aus unzersetzten biologischen Rückständen bestehen, behaupte ich, daß es bei Steinkohle nicht so ist. Meiner Ansicht nach bildet sich Steinkohle aus den gleichen, aus der Tiefe aufsteigenden Kohlenwasserstoffen, die sich als Erdöl und –gas anreichern. Bei der Steinkohle wurde der Wasserstoffanteil jedoch weitgehend abgebaut, so daß ein kohlenstoffangereicherter, wasserstoffarmer Kohlenwasserstoff zurückbleibt. Wie konnte Kohle auf diese Weise entstehen? Welche empirischen Beweise für diese der biotischen Theorie entgegenstehenden Behauptung liegen vor?

Viele denken, die Entstehung der Kohle werde vollständig verstanden. Dies ist aber nicht der Fall. Es ist das passiert, was in der Wissenschaft nur allzu oft vorkommt: Eine unbefriedigende Erklärung wird übernommen, weil sich über einen langen Zeitraum hinweg keine befriedigendere findet. Die biotische Theorie der Kohleentstehung geht – meiner Meinung nach unberechtigterweise – von der Annahme aus, daß es früher weltweit riesige Sumpfwälder gegeben hat. Dort seien Generationen von Baumfarnen (im Paleozoikum) und Koniferen (im Mesozoikum) in sauerstoffarmes Wasser gestürzt, das deren Verrottung verhindert hätte. Mehr noch, diese Kohlesümpfe hätten sich in Verwerfungszonen befunden, in denen das Gewicht von tausenden Metern Ablagerungen, manchmal unterbrochen von Sumpfbedingungen, über die Äonen auf die eingelagerten Pflanzen drückte. Die in der Tiefe vorherrschenden Drücke und Temperaturen hätten dann irgendwie bei ausreichender Zeit die biologischen Moleküle in Steinkohle umgewandelt.

Frühe Erforscher bituminöser Kohle (was z.B. in England bereits etwa um 1850 erfolgte) entdeckten unter den Bestandteilen des Stoffes vieles für sie Unerklärliche. Weil sie in der Kohle einige Fossilien vorfanden und weil das irdische Leben auf Kohlenstoff gründet, erschien ihnen eine biotische Erklärung als durchaus plausibel und – da keine alternative Erklärung vorhanden war – als der beste Weg, den man weiterverfolgen sollte. Trotzdem war die biotische Theorie nicht in der Lage, die meisten oder alle Gegebenheiten, in denen Kohle vorkommt, zufriedenstellend zu erklären.

Es ist zwar richtig, daß Kohle manchmal, aber keineswegs immer, einige Fossilien enthält, aber genau diese Fossilien stellen für die biotische Theorie ein Problem dar:

1. Warum haben die merkwürdigen Fossilien ihre Struktur perfekt beibehalten, manchmal einschließlich der Zellstruktur, wohingegen die umgebenden viel größeren Mengen solcher angeblichen Rückstände so vollständig zerfallen sind, daß überhaupt keine Struktur auszumachen ist? Wäre es nicht seltsam, wenn ein Blatt oder ein Zweig seine Struktur vollkommen erhalten kann, während sich alle anderen Blätter und Zweige dieser „Lieferung“ (durch hohen Druck) in eine gleichförmige Masse nahezu reinen Kohlenstoffs verwandeln?

2. Solche Fossilien sind manchmal fast vollständig mit Kohlenstoff ausgefüllt, ohne ihre Form verloren zu haben. Jede Pflanzenzelle hat sich scheinbar mit dem kohlenartigen Material gefüllt, das auch im wesentlichen die Umgebung des Fossils bildet. Wie geriet das kohlenartige Material in die Struktur des Fossils, ohne sie zu zerstören? Solche Kohlefossilien scheinen auf die gleiche Art mit Kohlenstoff befüllt worden zu sein wie versteinertes Holz (Holzstein) mit Kieselsäure.

Von kieselsäurereichem Holzstein glaubt man allgemein, daß er entstanden ist, indem Flüssigkeiten, die reich an gelöstem Siliziumdioxid sind, durch ihn hindurchströmten. Mit der Zeit hat sich das Siliziumdioxid, also Quarz, abgelagert, und ist so auskristallisiert, daß es die Zellstrukturen erhalten hat, ohne etwas von dem Zellinhalt zu konservieren. Warum sollte ein solcher Prozeß – nur eben mit einer anderen Flüssigkeit – nicht auch bei der Entstehung von Kohle und ihren fossilen Einschlüssen am Werk gewesen sein? Die „Kohle“ muß in die Pflanzenzellen in flüssiger Form eingedrungen sein. Wahrscheinlich handelt es sich um die gleiche Flüssigkeit, die auch die umgebende Kohlematrix geschaffen hat.

Wenn nicht nur Erdöl und Erdgas, sondern auch Kohle ein Geschenk der tiefen Erdkruste ist, wie kann dann Kohle entstehen?

Schon die einfache Chemie und Physik lehrt uns, daß Kohlenwasserstoffe auf ihrem Weg durch die Erdkruste nach oben Wasserstoff verlieren. Warum ist das so? Zunächst führt jede Gelegenheit, bei der ein freies (oder ein mikrobiell erzeugtes) Sauerstoffatom mit Kohlenwasserstofffluiden aller Art interagieren kann, zu dem Ergebnis, daß das Fluid mit jedem auftreffenden Sauerstoffatom zwei Wasserstoffatome verliert. Dabei entsteht Wasser. Dies ist nichts anderes als ein Streben nach chemischem Gleichgewicht. Dabei steigt das Verhältnis von Kohlenstoff zu Wasserstoff im Fluid. Andere entsprechend geladene Atome (wie Stickstoff oder Schwefel) nehmen den Platz des Wasserstoffs in der molekularen Struktur ein. Häufiger ersetzen Atome mit Doppelbindungen die Einfachbindungen in den Kohlenstoffketten oder -ringen, um den Wasserstoffverlust auszugleichen.

Wir alle kennen das nur zu gut aus Situationen, in denen unser Automotor den Kraftstoff nicht richtig verbrennt. Dabei trennen Sauerstoffatome zunächst fast alle in einer Kohlenwasserstoffflüssigkeit enthaltenen Wasserstoffatome ab, bevor sie sich an die Kohlenstoffatome machen, die schwieriger zu verbrennen sind. Das Ergebnis: unvollständig oxidierter Kohlenstoff, Kohlenmonoxid. Ein Zeichen für noch geringere Leistung ist das schwarze Zeug, das bei nicht richtig eingestellter Zündung am Kopf einer Zündkerze zu sehen ist oder aus dem Auspuff kommt, wenn bei einem schwer beladenen LKW geschaltet wird. Es handelt sich dabei um fast reinen Kohlenstoff, Ruß.

Allgemein gilt: je „schwerer" (kohlenstoffreicher) ein Treibstoff ist, desto leichter kommt es zu einer unvollkommenen Verbrennung. Um allen in einem Kohlenwasserstofffluid enthaltenen Kohlenstoff und Wasserstoff in Moleküle des höchsten Oxidationsgrades umzuwandeln, sind genügend Sauerstoff und eine ausreichend hohe Zündtemperatur erforderlich. So ist etwa die Flamme einer Paraffinkerze heiß genug, um Wasserstoff zu oxidieren, doch für den gesamten Kohlenstoff reicht deren Wärme nicht aus. Tatsächlich ist Ruß ein erwünschtes Erzeugnis der Industrie, die Industrieruß herstellt. Dazu wird meist Erdgas in einem Niedrigtemperaturumfeld mit gedrosselter Sauerstoffzufuhr unvollständig verbrannt. Den Ruß benötigt man unter anderem zur Herstellung von Druckerschwärze.

Oxidation ist nicht der einzige Grund für den Wasserstoffverlust auf dem Weg aus der Tiefe nach oben. Komplexe Kohlenwasserstoffverbindungen, die im äußeren Erdmantel in etwa 200 bis 300 Kilometern Tiefe, ihrem Entstehungsort, bei dem dort herrschenden hohen Druck stabil sind, werden bei abnehmendem Druck in der Nähe der Erdoberfläche instabil. Im höhergelegenen Gestein und fern vulkanischer Aktivität sind die Temperaturen zu niedrig, um die Moleküle gewaltsam aufzubrechen. Dennoch kommt es dort zu einer allmählichen Abtrennung der Wasserstoffatome vom Kohlenstoff, da sich das Kohlenwasserstoffgemisch allmählich an den niedrigeren Druck der geringeren Tiefe anpaßt.

Das Vorhandensein von Diamanten – Kristalle aus reinem Kohlenstoff – liefert uns mehrere sehr wichtige Informationen über die Umstände in einer Tiefe von mehr als 100 Kilometern (dieses wichtige Thema wird detailliert in Kapitel 7 untersucht). Um die Kristallstruktur eines Diamanten anzunehmen, benötigt Kohlenstoff einen Druck, der sich recht zuverlässig mit 35 bis 40 Kilobar angeben läßt (ein Kilobar entspricht dem Druck von tausend Erdatmosphären). Weil der Druck in jeder Tiefe nicht den Druck übersteigen kann, den das Deckgebirge ausübt, können Diamanten nicht in einer Tiefe von weniger als 100 bis 150 Kilometern entstehen. Aus dem Studium der Diamanten kann man daher einiges über die Bedingungen in so großen Tiefen lernen.

Zunächst einmal muß es einen Vorgang geben, der dort ein Kohlenstoffkonzentrat von hoher Reinheit zuwege bringt. Das schafft nur ein Flüssigkeitsstrom, der Kohlenstoff mitführt. Es müssen dort unten Porenzwischenräume vorhanden sein, durch die Fluide strömen, die reinen Kohlenstoff abscheiden können. Außerdem kommen in einigen Diamanten kleinere Unreinheiten in Form von Fluideinschlüssen vor, die unter einem ähnlichen Druck stehen, wie er für die Entstehung des Diamanten nötig war. Diese Einschlüsse können als Proben der Fluide gelten, die in solchen Tiefen auftreten. Darunter finden sich Methan, andere leichte Kohlenwasserstoffe und CO_2. Das beantwortet die Frage nach der Tiefe, in der einige nichtoxidierte Kohlenstoffverbindungen im Erdinneren noch stabil sind: Diese liegt bei wenigstens 100 Kilometern und mehr. Ich nehme an, daß der reine Kohlenstoff der Diamanten beim Zerfall einiger Kohlenwasserstoffe entstanden ist. Sogar Diamanten, die in einem Regime von hohem Druck und hoher Temperatur entstehen und dort stabil sind, werden unter den niedrigen Drücken an der Erdoberfläche instabil. Diamanten sind nicht unvergänglich, aber sie bestehen ziemlich lange, weil sie stark abgekühlt sind und ihnen die nötige Energie fehlt, um ihre Kristallstruktur dem niedrigen Druck gemäß in eine Graphitstruktur umzubauen. So ähnlich geraten auch die meisten Kohlenwasserstoffe in einen instabilen Zustand, wenn sie zur Erdoberfläche aufsteigen.

Um eine Vorstellung davon zu bekommen, wie Kohlenwasserstoffe plötzlich ihre Molekularstruktur verändern, wenn sich Druck und Temperatur deutlich ändern, wies ich einen Doktoranden an, chemische Veränderungen in einer Propangasprobe (C_3H_8) zu untersuchen, die einer simulierten Tiefenumgebung ausgesetzt war. Dabei herrschten eine Temperatur von +475 °C und ein Druck von vier Kilobar, was für die meisten Bereiche der Erdkruste in etwa einer Tiefe von zehn Kilometern entspricht. Nach nur sechs Stunden hatte die Probe sich selbst in ein Gemisch von Molekülen mit einer Bandbreite von C_1 bis C_5 umgeformt. Dabei blieb das Verhältnis von Kohlenstoff zu Wasserstoff gleich (vgl. Abb. 5.1). Das zeigt, daß Kohlenwasserstoffmoleküle ohne die Einwirkung von Lebewesen entstehen können; es zeigt auch, daß das Verhältnis der verschiedenen leichten Kohlenwasserstoffmoleküle in Öl- und Gasvorkommen von den Druck- und Temperaturverhältnissen entlang des Weges nach oben bestimmt wird.

Der sequenzielle (nacheinander erfolgende) Wasserstoffverlust ist der Hauptgrund für die schichttortenartige Form so vieler Ölfelder: Riesige Methanvorkommen befinden sich am weitesten unten, darüber leichtere Öle, ganz oben die schwersten Öle (obgleich sich über jeder Lagerstätte einiges Methan ansammeln kann). In einigen Feldern liegt als oberste, kohlenstoffreichste Schicht kein Rohöl auf; nicht immer bildet Rohöl den Abschluß der Reihe. Oberhalb der Ölschichten kann auch Steinkohle vorkommen. Je weiter die Inkohlung fortgeschritten ist (von bituminöser Kohle bis zu Anthrazit), desto höher der Verlust von Wasserstoff und desto größer im Ergebnis das Verhältnis von Kohlenstoff zu Wasserstoff.

Wie steht es aber mit den biologischen Molekülen, die man in Steinkohle entdeckt hat? Die Anwesenheit der gleichen Art von Hopanoiden – Molekülen, die von Bakterien stammen – wie im Erdöl belegt deutlich, daß sich in den Steinkohleflözen die gleichen Mikroben von Kohlenwasserstoffen ernähren oder ernährt haben, wie in den Ölvorkommen (Abb. 5.2). Mit der biotischen Theorie lassen sich die großen Ähnlichkeiten bei den Hopanoiden-Spezies in Kohle und Erdöl jedenfalls nur schwer erklären.[65]

[65] Bei Ourisson et al. (Anm. 59) heißt es: „Wegen des Altersunterschiedes und weil angenommen wird, daß die organischen Bestandteile von Kohle und Öl aus verschiedenen Quellen stammen, kam die Übereinstimmung der Spitzenwerte im Bereich von C_{27} und C_{32} unerwartet."

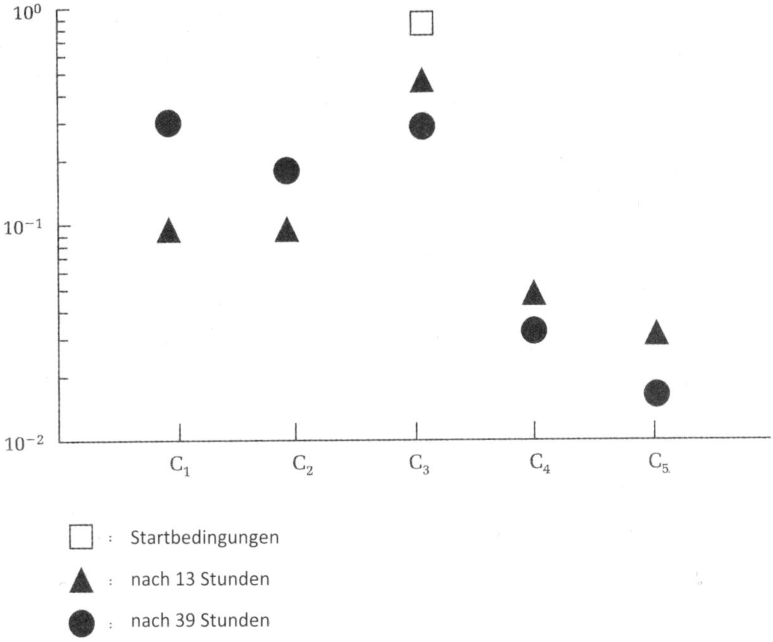

Abb. 5.1, spontane Modifikation der Kohlenwasserstoffe bei Wärme- und Druckänderung: Bei diesem Experiment wurde eine fast reine Propanprobe (C_3H_8) in einem goldbeschichteten Gefäß sechs Stunden lang einer Temperatur von 475 °C und einem Druck von 4000 Atmosphären ausgesetzt (womit eine Tiefe von zehn Kilometern simuliert wurde). Unter diesen Verhältnissen wandelte sich ein Teil des Propans spontan in leichtere als auch in schwere Kohlenwasserstoffmoleküle um und behielt damit in dem geschlossenen System das Verhältnis von Kohlenstoff zu Wasserstoff bei. Das Ergebnisgemisch reichte von Methan (C_1) bis Pentane (C_5). Quelle: Thomas S. Zemanian et al. (1987): *Thermodynamic calculations, experiments, and the origin of petroleum* (unveröffentlichte Ergebnisse). Von einem ähnlichen aber komplizierteren Experiment berichten Thomas Gold et al. (1986): *Experimental study of the reaction of methane with petroleum hydrocarbons in geological conditions*, in: *Geochimica et Cosmochimica Acta* 50, S. 2411-2418.

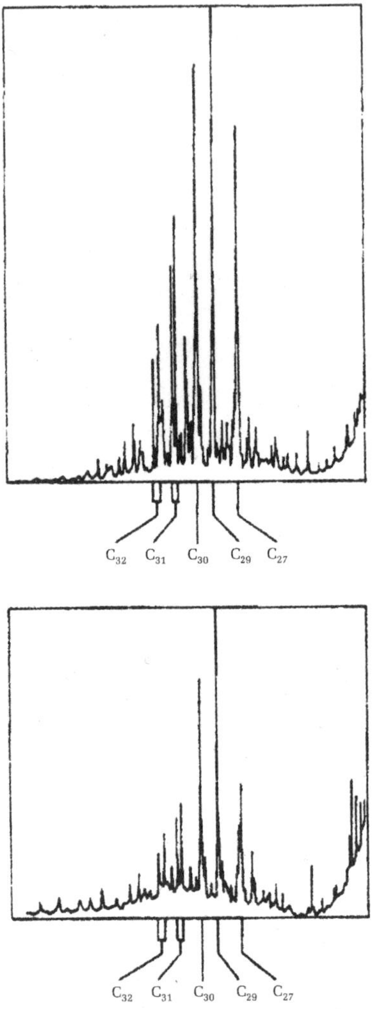

Abb. 5.2, die Ähnlichkeit biologischer Hopanoid-Moleküle aus je einer Kohle- bzw. Erdölprobe aus Frankreich. Das obere Chromatogramm wurde aus Kohle eines etwa 300 Millionen Jahre alten lothringischen Flözes gewonnen. Das untere stammt von einer Schwerölprobe aus dem aquitanischen Becken, die auf etwa 150 Millionen Jahre datiert wird. Der Vergleich zeigt, daß Kohle und Öl ein ähnliches Bakterienspektrum enthielten, das die ungewöhnliche Form der biologischen Rückstände hinterließ. Die Altersbestimmung bezieht sich auf das Muttergestein, während der Kohlenstoff erst später abgelagert worden sein kann. Quelle: G. Ourisson et al. (1984), wie Anm. 59.

Die Erklärung fällt ihnen schwer, weil die Vertreter der biotischen Theorie Kohle als veränderte Reste von Landpflanzen und Öl als veränderte Überreste von Meereslebewesen betrachten. Es wäre dann jedoch unwahrscheinlich, in beiden fast dasselbe mikrobiologische Material anzutreffen. Doch wenn Kohle aus Öl hervorgegangen wäre, dann könnte man dieses Phänomen erklären.

Immer dann, wenn die Mikrobiologie bei der Umwandlung eines wasserstoffreichen Kohlenwasserstoffs in einen wasserstoffarmen Kohlenwasserstoff als Katalysator beteiligt war, kann das Produkt in gewissem Maße als biologische Schöpfung betrachtet werden. Allerdings als eine Schöpfung unterirdischer Organismen, die sich von abiotischen Petroleumfluiden ernähren. Es ist jedoch nicht geklärt, ob und inwieweit Mikroben aus der Biosphäre der heißen Tiefe an der Entstehung von Kohle beteiligt sind. Der Vorgang der Wasserstoffabreicherung kann durch mikrobielle Aktivität begünstigt worden sein, muß es aber nicht. In beiden Fällen kann es zu einer positiven Rückkopplung kommen, sobald die ersten Atome aus reinem Kohlenstoff entstanden sind. Eine Lagerstätte festen Kohlenstoffs wirkt wie ein Katalysator für die weitere Ablagerung von Kohlenstoff aus Methan und anderen Kohlenwasserstoffen. Dort, wo andere Umstände, wie Temperatur und Druck, die Abspaltung und anschließende Ablagerung des Kohlenstoffs bereits beinahe bewirken, wird die Anwesenheit von etwas Kohlenstoff den Vorgang in Gang setzen. Das bedeutet, daß dort, wo Kohlenwasserstoffe aufsteigen, bereits vorhandene Kohlenstofflagerstätten dazu neigen, massiv zuzunehmen, weil die bloße Präsenz von Kohlenstoff entscheidend dafür ist, daß sich noch mehr davon ablagert.

Ich lernte den Vorgang recht gut anhand eines Experiments kennen, das in meinem Labor durchgeführt wurde. Wir begannen mit einer durchsichtigen Röhre aus geschmolzenem Quarz, die teilweise von einer kräftigen elektrischen Heizung umgeben war, ließen aber

Raum, um das Innere beobachten zu können. Durch die Röhre ließen wir bei steigender Temperatur Methan strömen. Bei etwa 800 °C erschien plötzlich innen an der Röhrenwand ein schwarzer Fleck, der sich in einem Bruchteil einer Sekunde zu einem schwarzen Belag ausbreitete. Vom Ausgangspunkt weitete sich der Belag entlang der Strömungsrichtung des Gases in Form eines Dreiecks aus. Es ist bezeichnend, daß sich der Kohlenstoff nicht überall in der Röhre verstreut bildete, sondern alle nachfolgenden Ablagerungen eine einzige, sich ständig vergrößernde Masse bildeten. Der Kohlenstoff lagerte sich sehr schnell ab, nachdem sich das erste Körnchen gezeigt hatte.

Abschließend bin ich der Meinung, daß sich Kohle sowohl durch abiotische als auch biotische Prozesse bilden kann. Was diese Theorie von der herkömmlichen Theorie unterscheidet, ist die Annahme, daß sich Kohle eher aus von unten aus der Tiefe aufsteigenden Fluiden als aus von oben absinkenden Kohlenstoffrückständen bildet. Wir könnten diese Theorie daher *Auftriebstheorie* nennen. Der Kohlenstoff wurde von unten als kohlenstoffhaltiges Fluid wie Methan, Butan oder Propan eingetragen. Deshalb konnte er die Zelle einer jeden Pflanze durchdringen, die seinem Aufstieg im Weg stand. Danach näherte sich das Fluid durch andauernden Wasserstoffverlust allmählich dem Zustand an, den wir Kohle nennen. Steinkohle ist das Ergebnis eines vollständig im Untergrund stattfindenden Vorgangs; das hat nichts mit der oberirdischen Biosphäre gemein; mit der Photosynthese hat sie überhaupt nichts zu tun. So entstandene Kohle ist keine gespeicherte Sonnenenergie.

Belege für die Kohlebildung durch aufsteigende Gase

Die Belege, die für diese Theorie der Kohleentstehung durch aufsteigende Fluide sprechen, sind zahlreich und meiner Meinung nach überzeugend. Das vielleicht stärkste Gegenargument gegen die herkömmliche Theorie ist im geringen Gehalt an Mineralen (Asche) in den meisten Steinkohlen zu sehen. Manche Flöze sind über zehn Meter dick, enthalten jedoch mitunter kaum mehr als vier Prozent an sonstiger mineralischer Substanz. Flöze bestehen größtenteils aus Kohlenstoff. Hinzu kommen noch etwas Wasserstoff, ein wenig Sauerstoff und Mischungen diverser Schwefelverbindungen. Damit ein Sumpf die für ein solches Flöz nötige Menge Kohlenstoff ablagern könnte, müßte er mehr als 300 Meter Tiefe und dabei einen Mineraliengehalt von weniger als einem Prozent aufweisen. Einen solchen Sumpf gibt es heute nirgendwo. Und selbst wenn es solche Sümpfe gegeben haben sollte, ist es eher unwahrscheinlich, daß es unter solchen Bedingungen Pflanzenwachstum gegeben haben könnte.

Das Verhältnis von Mineralien zu Kohle in jeder heutigen Ansammlung von Pflanzenresten liegt weitaus höher. Nirgends finden sich heute Ansammlungen von Kohlenstoff aus Biomasse in einer Menge, wie sie für die Bildung eines großen Kohleflözes nötig wäre. Es gibt keinen Grund, sich auf einen natürlichen Prozeß (terrestrische Inkohlung) und ein geeignetes Oberflächenmilieu (ausgedehnte Sumpfwälder) zu berufen, für die es in der heutigen Welt keine Entsprechung gibt. Hier wäre eine weniger aufwendige Theorie angebracht, zumal wir wissen, daß im Laufe der geologischen Zeit eine große Menge an Kohlenstoff an die Oberfläche gelangt sein muß.

Im Gegensatz dazu kann die Auftriebstheorie den geringen Ascheanteil in der Kohle gut erklären. Sie muß dafür auch keine Umweltbedingungen dieser Art und von solchen Ausmaßen annehmen, die früher einmal bestanden haben, aber heute nicht mehr. Ich glaube, daß die Entstehung von Kohle (Inkohlung) in nennenswerter Größenordnung nicht nur Sache vergangener Zeiten ist, sondern auch heute stattfindet. Wir bemerken dies nur deshalb nicht, weil sich heute Kohle weitgehend als stufenweise Aufstockung bestehender Kohlelager neu bildet. Nicht nur Öl- und Gasfelder füllen sich wieder auf, sondern auch die Kohlelager, allerdings so langsam, daß wir es kaum bemerken.

Die Auftriebstheorie paßt gut zu den Ausmaßen der riesigen Kohlevorkommen und erklärt ihren geringen Gehalt mineralischer Asche. Vielleicht dienen ganz normale biologische Ablagerungen in einer Sedimentschicht mit geeigneter Porosität und dem üblichen Mineraliengehalt als Starthilfe. Ein Teil der aufströmenden Kohlenwasserstoffe würden hier zerfallen. Die Fossilien in dem Gestein würden sich mit Kohlenstoff füllen. Je mehr Kohlenstoff sich anreichert, desto mehr würde dies die weitere Anreicherung von Kohlenstoff anregen. Am Ende dürfte der Kohlenstoff, der dem ursprünglichen Pflanzenmaterial zugeschrieben werden kann, nur noch einen unbedeutenden Anteil an der Gesamtmenge bilden. Dabei erreicht das Verhältnis von Kohlenstoff zu den Mineralien Werte, wie sie nie in der Oberflächenvegetation erreicht werden. Die gewöhnlich anzutreffende vertikale Schichtung der Kohleflöze weist dann den Bereich als einen aus, in dem über längere Zeiträume Kohlenwasserstofffluide ausgasten und in dem die Umstände ihren Zerfall und die Ablagerung von Kohlenstoff begünstigt haben.

Dies erklärt auch eine weitere Beobachtung, die in jüngster Zeit ausgiebig erforscht worden ist: Kohle wird oft von sehr großen, wirtschaftlich nutzbaren Mengen von Methangas begleitet, besonders wenn der die Kohle umgebende Grundwasserdruck nachläßt. In solchen Fällen wird gerne behauptet, das Methan sei in der Kohle eingelagert gewesen. Doch kann Methan Kohle leicht durchdringen und man kann nicht begründen, warum es sich in ihr konzentriert hat und warum das Gas dort für Zeiträume verblieb, die dem Alter des jeweiligen Kohleflözes entsprechen. Da ist es wahrscheinlicher, daß Kohlevorkommen gute Indikatoren für aufströmendes Methan sind.

Während der Aschegehalt der Kohle in der Regel viel geringer ist, als die biotische Theorie erwarten ließe, können metallische Spurenelemente in viel höheren Konzentrationen anliegen, als die traditionelle Sicht erklären kann. Die bei weitem größten vom Menschen geschaffenen radioaktiven Verschmutzungsquellen sind nicht etwa Lecks bei den Abwasser- oder Kühlsystemen der Kernkraftwerke, sondern die uranreichen Abgase der Schornsteine von Kohlekraftwerken. Neben Uran werden in der Kohle oft noch Metalle wie Blei, Gallium und Germanium in Konzentrationen gefunden, die ihren normalen Gehalt in Sedimenten weit übersteigen. Das sind nicht gerade Metalle, von denen man annehmen könnte, daß sie sich in Pflanzen anreichern. Deshalb gehen Vertreter der Theorie von der biotischen Kohlebildung davon aus, daß sich einige Kohleflöze wie Holzkohle in Zigaretten- und Wasserfiltern verhalten haben müssen, indem sie durchlaufende Metalle herausfilterten. Doch in den meisten Fällen äußerst hoher Konzentrationen ist schwer einsehbar, wie Grundwasser diese Substanzen in ausreichender Menge durch die Kohle hindurch transportiert haben könnte, selbst wenn dabei alle mitgeführten Substanzen herausgefiltert worden wären. Dagegen vertritt die Auftriebstheorie, daß Kohle und Erdöl aus Kohlenwasserstoffen entstehen, die aus großen Tiefen heraufkamen und unterwegs Mineralien ausgewaschen haben.

Eine andere Anomalie, die Geologen kaum mit der biotischen Theorie erklären können, bildet die Tatsache, daß Kohleflöze in Bereichen auftreten, an denen es sie eigentlich nicht geben dürfte, und in Steigungswinkeln, die sie eigentlich nicht einnehmen sollten. Die meisten Kohleflöze, die wirtschaftlich ausgebeutet werden, liegen zwischen Schichten aus Sedimentgestein. Aber es gibt weltweit viele Kohlelager, die das nicht tun. So wurde aus verschiedenen vulkanischen Gebieten über in Lava eingebettete, völlig sedimentfreie Kohle berichtet. Das bekannteste Vorkommen liegt im Südwesten Grönlands.[66] Dort findet sich Kohle neben großen, von Lava umschlossenen Klumpen metallischen Eisens, unweit von Schlammvulkanen, aus denen Methan hervorblubbert, und nahe einer Felsenwand, aus deren Spalten oft Flammen schlagen.[67] Ein anderes bekanntes, sedimentfreies Kohlevorkommen befindet sich in New Brunswick (Kanada). Dort füllt eine Steinkohle namens Albertit einen fast senkrechten Spalt aus, der sich durch viele verschiedene waagerecht übereinanderliegende Sedimentschichten zieht. Das Vorkommen wurde im 19. Jahrhundert abgebaut, doch führten die Schwierigkeiten beim Abbau eines fast senkrechten Flözes zur Einstellung dieser Aktivitäten.[68] Die biotische Theorie kann keine annähernd plausible Erklärung für solche und andere ungewöhnliche Kohlevorkommen bieten.

So ist es nicht ungewöhnlich, daß Kohleflöze Klumpen von Karbonatgestein enthalten. Bricht man sie auf, findet man in ihrem Inneren holzhaltige Fossilien. Deren Farbe ist nicht schwarz, sondern weiß, und nichts deutet auf eine Inkohlung hin. Ähnliches wird aus dem ukrainischen Donezbecken berichtet. Dort finden sich überall in der Kohle fossile Baumstämme. Sie durchziehen die Kohleflöze von den Karbonaten unter ihnen bis hinauf in die über ihnen. Diese Fossilien sind, soweit sie sich im Kohleflöz befinden, durchgekohlt. Sie sind es aber nicht, soweit sie im Karbonat lagern.[69]

Viele Forscher haben sich zu den vielen Ungereimtheiten geäußert, die man erkennt, wenn man Kohle als Ergebnis von Sumpfablagerungen an den Stellen, an denen jetzt Kohle liegt, interpretieren will. Harold Rollin Wanless zum Beispiel wunderte sich über waage-

---

[66] K. Raunsgaard Pedersen, J. Lam: *Precambrian organic compounds from the Ketilidian of south-west Greenland Part III*, Grønlands Geologiske Undersøgelse 82, Kopenhagen 1970.

[67] G. Henderson, (1969): *Oil and gas prospects in the Cretaceous-Tertiary basin of West Greenland*, Rapport Grønlands Geologiske Undersøgelse 22, S. 1ff.

[68] C. H. Hitchcock (1865): *The Albert Coal, or Albertite, of New Brunswick,* American Journal of Science, 2nd Ser. 39 (117), May 1865, S. 267ff.

[69] Diese und viele andere Beispiele für Anomalien bei Kohlevorkommen werden im neunten Kapitel meines Buches *Power from the Earth* (wie Anm. 1) diskutiert.

recht in Kohle eingelagerte Ton- bzw. Lehmschichten von nur wenigen Zentimetern Dicke. Diese durchziehen einige Kohlevorkommen ohne Unterbrechung über Entfernungen von mehreren hundert Kilometern. Er war daher der Ansicht, daß es „genügend Einwände gegen alle vorgeschlagenen Theorien über den Ursprung dieser Lehme gibt, um sie als lächerlich erscheinen zu lassen."[70]

Ein anderes Problem der herkömmlichen Theorie stellt die geographische Verteilung der Kohlevorkommen dar. Man nimmt an, daß Öl und Kohle ein Ergebnis der Ablagerung völlig verschiedener Arten biologischer Überreste sind, die unter ganz unterschiedlichen Umständen und – in den vielen Gebieten, wo beide vorkommen – zu ganz verschiedenen Zeiten erfolgte. Für die Entstehung von Rohöl werden in der Regel biologische Rückstände von Meeresalgen verantwortlich gemacht, die Landvegetation für die Kohle. Daher sollte man erwarten, daß zwischen der jeweiligen geographischen Verteilung der beiden Substanzen keine enge Beziehung besteht. Doch weil die weltweiten Öl- und Gasvorkommen immer genauer kartographisch erfaßt werden, läßt sich die enge Beziehung nicht länger verkennen. In dieser Beziehung fallen besonders die Kohle- und Ölkarten Südostbrasiliens auf (Abb. 5.3). Indonesien liefert ein weiteres Beispiel; die lokale Überlieferung derjenigen, die dort nach Öl bohrten, lautete: „Sobald wir auf Kohle stießen, wussten wir, daß wir auf Öl stoßen würden."

Daß Kohle über Ölvorkommen liegt, kommt so häufig vor, daß man dafür kaum mehr den Zufall verantwortlich machen kann. In Wyoming stieß man sogar *innerhalb* der Ölvorkommen auf Kohle. In vielen Sedimentbecken, darunter das San-Juan-Becken in New Mexico

[70] H. R. Wanless (1952): *Studies of field relations of coal bed*, Second Conference on the Origin and Constitution of Coal, Nova Scotia Departement of Mines, S. 148ff.

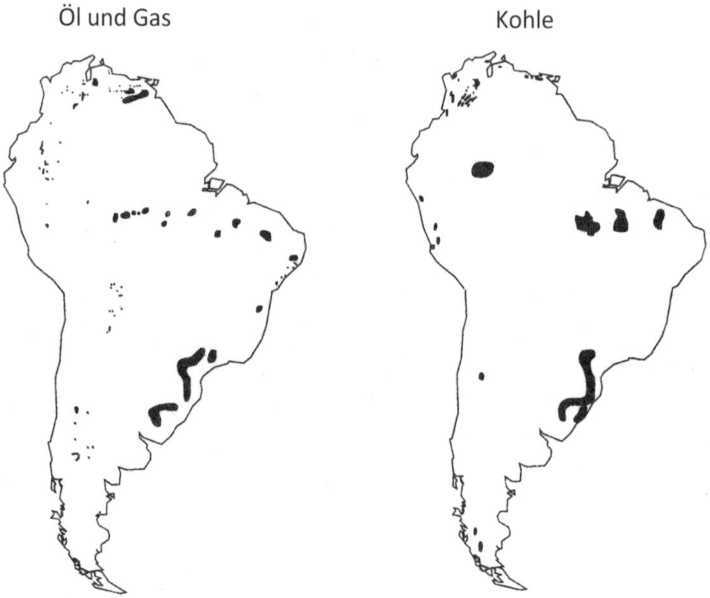

Abb. 5.3, die Überschneidungen bei der Verbreitung von Kohle und Öl im Osten Brasiliens: Es gibt viele weitere Gebiete mit solchen Überlappungen. Das wirft für die biotische Theorie der Öl- und Kohleentstehung ein Problem auf. Das Phänomen läßt sich aber recht einfach durch die abiotische Theorie erklären. Quelle: Für die Ölkarte vgl. *International Petroleum Encyclopedia* (1994), S. 85; für die Kohlekarte vgl. das interne Kartenwerk der Firma H. M. Goushu Co., San Jose, Kalifornien, USA.

und das Anadarko-Becken in Oklahoma, liegt die Kohle unmittelbar auf Öl und Gas auf (Abb. 5.4). Alaska, Iran, Saudi-Arabien, der Ural – die alle für ihre Ölfelder bekannt sind – überall dort gibt es ebenfalls große Kohlefelder. Das gleiche trifft auf viele andere Ölregionen zu, so auf Venezuela, Kolumbien und den Bereich der Appalachen, der zu Pennsylvania gehört.

Man bedenke ferner, daß einige Kohlefelder mehr Methan enthalten und abgeben als die dort lagernde Kohle potentiell erzeugen könnte. Bei Kohle, bei der die sogenannte Inkohlung noch nicht ab-

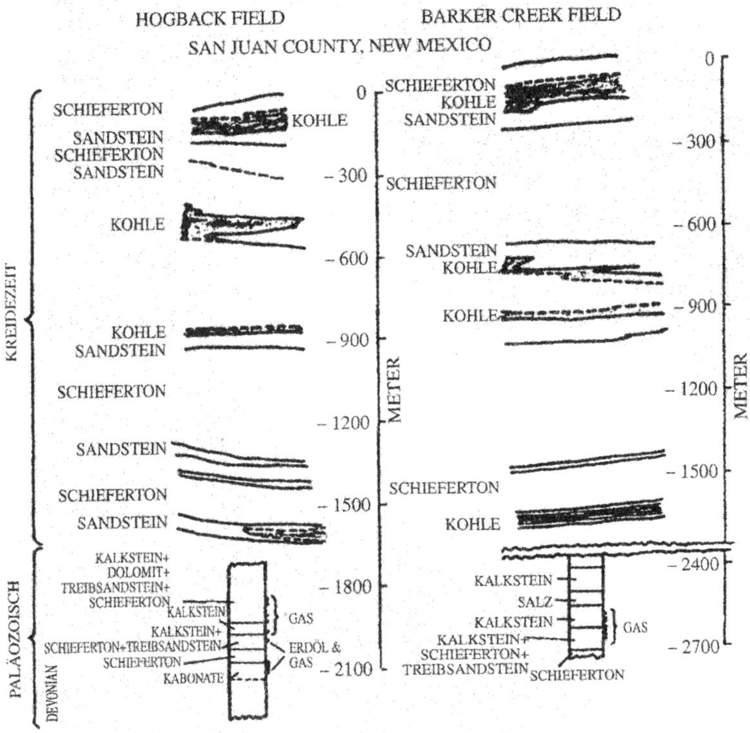

Abb. 5.4: Ein Beispiel für die senkrechte Stapelung von Gas-, Öl- und Kohlevorkommen im Bezirk San Juan in New Mexico. Bei der linken Grafik handelt es sich um einen Querschnitt des Hogback-Feldes, bei der rechten Grafik um den des Barker-Creek-Feldes.

geschlossen ist, ist nach der biotischen Theorie zu erwarten, daß sie die oben diskutierten Wasserstoffatome langsam abgibt, wahrscheinlich in Form von Methan. Doch wenn Methan von Steinkohle selbst generiert wird und nicht aus größeren Tiefen aufsteigt, dann dürfte sie nur in sehr begrenzten Mengen vorhanden sein. Das ist aber zum Leidwesen von Grubenbesitzern und Bergleuten nicht immer der Fall. Auch bei sehr starker Belüftung leiden viele Bergwerke unter *Schlagwetter* genannten Methangasexplosionen. Der Steinkohlebergbau auf Hokkaido, Japans nördlichster Insel, wurde eingestellt, weil sich sogar in diesen weltweit am besten bewetterten Kohlegruben größere Explosionen nicht verhindern ließen. Die Erklärung für den Methanüberschuß ist meines Erachtens, daß noch immer Methan aus der gleichen Quelle nachströmt, die auch das Kohlevorkommen schuf. Steinkohle entsteht noch immer!

Die Ausnahme: Torf

„Wie steht es nun mit Torf und Braunkohle?“ höre ich meine Kritiker erwidern. „Sie behaupten doch sicher nicht, daß diese abiotisch sind!“

Nein, das behaupte ich nicht. Vielmehr stellen Torf und Braunkohle (in der die Strukturen der ursprünglichen Pflanzen noch gut erkennbar sind) ein höchst interessantes Zusammenspiel zwischen biotischen und abiotischen Kohlenstoffquellen dar.

Es besteht ein subtiler Zusammenhang zwischen Torf und Braunkohle einerseits und Öl und Gas andererseits. Bei Torf und Braunkohle zeigt sich deutlich, daß sie in Bereichen entstanden sind, in denen die üblichen Pflanzenzersetzungsprozesse nicht richtig stattfinden konnten. Deshalb gelangten der Kohlenstoff und andere Pflanzenbestandteile nicht wieder in die Atmosphäre zurück. Eine Möglichkeit, wie dies geschehen kann, wird allgemein diskutiert. Wenn ausreichend Pflanzenmaterial in einen Teich eingebracht wird und absinkt, bildet sich daraus ein stehendes Gewässer bzw. ein Sumpf. Dort wird nur wenig atmosphärischer Sauerstoff absorbiert. Schon wenn nur ein geringer Teil der Pflanzenreste von anaeroben Mikroben zersetzt wurde, können die chemischen Bedingungen in dem Tümpel für diese Mikroben so ungünstig werden, daß keine weitere Zersetzung stattfinden kann. Der Kohlenstoffanteil der Pflanzenfasern wird nicht in Kohlendioxid umgewandelt, das entweichen könnte. Stattdessen bleibt ein kohlenstoffhaltiger Schlamm oder ein kohlenstoffhaltiger und faseriger Schwamm zurück. Die darin enthaltenen Materialien bleiben über lange Zeiträume erhalten und halten dabei auch das Wasser auf.

Der Sauerstoffmangel in den Sümpfen wird häufig von der raschen Vermehrung der Bakterien verursacht. Dabei holen sie sich jedes nur verfügbare Sauerstoffatom für den eigenen Metabolismus, um damit das von unten heraufströmende Methan zu verbrennen. Weil Methan ein so begehrenswerter Nährstoff ist, können sich Mikroben, die sich von Methan ernähren, gegenüber solchen durchsetzen, die Sauerstoff nutzen, um pflanzliche Reste zu zersetzen, deren Zellulose- und Holzmoleküle dem Angriff letzterer besonders großen Widerstand entgegensetzen würden. Aus dem gesamten abgelagerten, noch nicht zersetzten Pflanzenmaterial bildet sich dann ein Sumpf.

Die Bedingungen für die Bildung von Torf können auch unter ganz anderen Umständen entstehen als im Beispiel des Sumpfes. Ein Torfmoor muß nicht in einer Mulde ohne natürlichen Wasserabfluß eingebettet sein. Ein Torfmoor kann das Wasser auch über lange Zeit in den dichten Schichten von Pflanzenablagerungen speichern, ohne von den örtlichen Gegebenheiten besonders begünstigt zu werden. In der Schweiz finden sich Orte im Gelände, an denen es torfige Abschnitte gibt. Diese Geländeabschnitte mit einem sehr weichen Untergrund werden von der gleichen Vegetation, wie sie für Torfmoore charakteristisch ist, überzogen. Die torfigen Stellen treten an sehr steilen Hanglagen entlang von Verwerfungslinien auf, die quer zur Hangneigung verlaufen. Der Wasserdurchfluß scheint nicht gestört worden zu sein, aber entlang der Verwerfungen ist ein meßbarer Austritt von Methan zu verzeichnen. Meiner Ansicht nach ist es deshalb möglich, daß Methanausgasungen Torf- und Braunkohlelagerstätten in solchen Regionen bilden, die über kräftigen Ausgasungströmen von Kohlenwasserstoffen liegen. Ich gehe davon aus, daß dies tatsächlich die Erklärung für die gar nicht so seltenen, über ergiebigen

Steinkohle- und Gasvorkommen liegenden Torf- und Braunkohlevorkommen der Erdoberfläche ist.

Eine weitere Beobachtung untermauert den vermuteten kausalen Zusammenhang zwischen Torf und einer ergiebigen Quelle von ausgasendem Methan. In Kanada habe ich die Gase analysieren lassen, die im Bereich eines großen, kommerziell ausgebeuteten Torfvorkommens austreten. Die Ergebnisse verblüfften. In diesem Torfvorkommen waren die Gase knapp unter der Oberfläche stark mit Methan angereichert, so wie es häufig in einer solchen Umgebung der Fall ist. Selbstverständlich wird dieser Zustand von den Vertretern der biotischen Theorie auf die Anwesenheit methanausscheidender Bakterien zurückgeführt, die sich in einer sauerstoffarmen Umgebung von Pflanzenresten ernähren. Doch hatten sich in diesen Gasen auch alle anderen Kohlenwasserstoffgase von C_2H_6 bis hin zu C_5H_{12} angereichert. Dieser Mix entsteht für gewöhnlich in keinem der diversen Zersetzungsstadien von Pflanzen. Vereinfacht ausgedrückt, erzeugen Mikroben bei der Zersetzung von Kohlenhydraten kein Pentan.

Neugierig geworden und mit meiner Aufstiegstheorie im Hinterkopf, bat ich um die Einbringung eines Bohrloches weit außerhalb dieses kanadischen Torffeldes, und zwar dort, wo im örtlichen Untergrund kein torfartiges Material anlag. Die an dieser Stelle entnommenen Gase wiesen in ihrer Zusammensetzung eine sehr große Ähnlichkeit mit den Gasen des Torfvorkommens auf. Das zeigte mir, daß die meisten der im Torfvorkommen entdeckten Gase tatsächlich von unten eingedrungen waren und daher den Gasen entlang dieser geologischen Bruchlinie ähnelten. Warum waren in diesem Ausgasungsbereich einige Stellen torfig und andere nicht? Ich nehme an, daß die unterschiedliche Reinigungswirkung unterschiedlich starker Grundwasserströme dabei eine Rolle gespielt haben könnte.

Persönliche Erfahrungen mit den eigenen Sinnen, die Erfahrungen ergänzen, die aufgrund der Technik nur wenig gemacht werden, oder in der Bibliothek nicht vorhanden sind, liefern einen starken Anreiz, um überlieferte Ansichten zu hinterfragen. Mir ist eine solche Erfahrung in der Schweiz noch lebhaft in Erinnerung. Einmal wanderte ich dort an einem ziemlich steilen Hang entlang, direkt oberhalb eines kleinen Baches. Den Boden bedeckten keine Pflanzen, sondern ein glitschiger Schlamm. Ein Kollege, der mich führte, beugte sich hinunter und steckte seine fünf Finger absichtlich in diesen Schlamm. Dann nahm er ein Feuerzeug aus der Tasche und schwenkte dessen Flamme über die Löcher, die seine Finger hinterlassen hatten. Alle entzündeten sich wie Gasflammen auf einem Kochfeld in der Küche. Offenbar haben viele andere diese Erfahrung gemacht, wenn auch in einem anderen Land. Ich erinnere mich gehört zu haben, daß die Arbeiter einer Lehmgrube nahe Oxford in England ähnliche Verhältnisse nutzten, um ihr Mittagessen zu kochen.

Torf und Braunkohle sind eindeutig biologische Materialien, aber der Grund für ihre Anreicherung kann durchaus in den Umständen liegen, die durch nicht-biologische Kohlenwasserstoffe geschaffen werden, die zufällig von unten aufsteigen und die auch mehr Kohlenstoff hinzufügen können, als in den beteiligten Pflanzen enthalten ist. Es gibt viele Stellen, wo man eine derartige Verschwörung zwischen der oberirdischen Biologie und dem Erdinneren vermuten kann. Auf Sumatra liegen große Torfvorkommen über ergiebigen Gas- und Ölvorkommen. Unmittelbar unter einigen Braunkohlefeldern (zum Beispiel entlang der Nordküste der Magellanstraße, auf der atlantischen Seite) befinden sich abbauwürdige Öl- und Gasvorkommen. Das benachbarte Feuerland dürfte von Magellan nach den Flammen benannt worden sein, die er dort aus dem Boden aufsteigen sah. Dieses Phänomen ist inzwischen Teil der Folklore: Schauermärchen ranken sich um das allgegenwärtige und sich gelegentlich spontan entzündende „Sumpfgas“.

Entscheidend ist, daß die Steinkohle nicht nahtlos in die Braunkohle und damit in den Torf übergeht. Vielmehr gibt es eine scharfe Trennlinie zwischen der schwarzen und der braunen Kohle - und meiner Meinung nach auch eine scharfe Trennung zwischen den Umständen ihrer Entstehung. Steinkohle ist das Produkt der Tiefen der Erde, geformt und veredelt von einer tiefen Biosphäre, die sich von einem vorbeifließenden Nahrungsstrom ernährt. Dagegen sind Torf und Braunkohle Kinder der Oberflächenbiosphäre – Sonnenenergie, die aufgefangen und zwischengespeichert wurde, aber oft dank der von unten herauf- und dann durch sie hindurch strömenden Kohlenwasserstoffgase stabilisiert wird.

Doch was ist mit Kerogen? Bei Kerogen handelt es sich um einen teer- oder kohleähnlichen Stoff, der in Form von kleinen Klumpen auftritt, die weit verstreut in verschiedenen Gesteinsschichten liegen. Wie Erdöl wurde es noch nie im Labor aus biologischen Bestandteilen jeglicher Art zusammengebraut und Temperaturen und Drücken jeglichen Grades ausgesetzt. Wo immer man Kerogen in der Nähe von Erdölvorkommen findet, wird es zum biologischen Ausgangsmaterial erklärt, das das in der Nähe gefundene Erdöl ausgeschieden hat. Wenn sich im Umfeld eines Ölfeldes kein Kerogen findet, dann geht man davon aus, daß das Erdöl aus Quellgestein stammt, das ganz bestimmt früher einmal Kerogen enthalten hat. Eine solche Erklärung der Entstehung von Erdöl bildet tatsächlich den Kern der biotischen Theorie. Doch wie kann ein konzentriertes Ölvorkommen aus Kohlenwasserstoffen hervorgehen, die zuvor nur spärlich in einem viel größeren Gesteinsvolumen verteilt waren? Für diese Kuriosität wurde bisher keine Erklärung angeboten. Da zwischen Kerogen und ihm benachbarten Erdöl tatsächlich chemische und isotopische Ähnlichkeiten bestehen, wird diese Tatsache von Vertretern der biotischen Theorie zu ihren Gunsten angeführt.

Aber warum sollen sich das Kerogen und das Öl einer Region nicht aus dem gleichen Strom heraufströmender Kohlenwasserstoffe gebildet haben?

Viele um ein besseres Verständnis der Kohle bemühte Wissenschaftler scheinen sich demnach im Irrgarten der nächstbesten Theorie verlaufen zu haben. Diesen Irrgarten untersuchen sie äußerst gründlich bis in die kleinsten Einzelheiten, versäumen es aber, dessen Mauern für eine neue Sicht zu übersteigen. „You cannot argue with a fossil", wurde mir während eines Vortrags über diesen Gegenstand entgegengehalten („Mit einem Fossil kann man nicht streiten." Oder: „Gegen ein Fossil kann man nicht argumentieren."). Richtig ist, daß man die biologische Natur eines Fossils nicht bestreiten kann. Doch sicherlich kann man neu darüber nachdenken, was seine Präsenz für das Material in seiner direkten Umgebung bedeutet.

6] Das Siljan-Experiment

Ab den frühen achtziger Jahren war ich überzeugt, daß die abiotische Theorie zur Entstehung von Erdöl im wesentlichen korrekt war. Ich wußte auch, daß die abiotische Theorie durch eine andere Theorie ergänzt werden mußte, um das Erdölparadoxon lösen zu können. Das war die von mir so genannte Theorie von einer Biosphäre der heißen Tiefe. Ich wußte jedoch auch, daß solche Ansichten bezüglich der weitverbreiteten Vorkommen von Methan und anderen Kohlenwasserstoffen tief im Inneren der Erdkruste im Westen nicht ernst genommen werden würden, wenn ich keine eindeutige praktische Beweisführung für ihre Gültigkeit vorlegen konnte. Die theoretischen Argumente und indirekten empirischen Beweise der vorherigen drei Kapitel für sich allein hätten nicht ausgereicht, um das vorherrschende Leitbild zu überwinden. Vielmehr mußte ich beweisen, daß Kohlenwasserstoffe tatsächlich in einer Tiefe und in Gesteinsarten vorkommen, für die die biotische Theorie keine Erklärung anbietet. Deshalb mußte ich Interessenten dazu bringen, an solchen Stellen Ölbohrungen einzubringen, die nach herrschender Meinung als am aussichtslosesten für Öl galten.

Würde man an einem solchen Ort auch nur geringe Mengen Öl und Gas entdecken, sollte das alle überzeugen. Besser wäre an solchen Stellen jedoch die kommerzielle Förderung. Wahrscheinlich würde erst dann ein Umdenken einsetzen. Ein Erfolg in dieser Richtung wäre von mehr als nur wissenschaftlichem Wert. Das Ganze wäre ein Husarenstück von gewaltiger wirtschaftlicher Bedeutung. Zum einen, weil die Prognosen für die künftige Energieversorgung die Öl- und Gaswirtschaft stark beeinflussen. Zum anderen, weil ein neuer Ansatz und neue Explorationstechniken aufgezeigt würden, die dann weltweit zu neuen Entdeckungen führen könnten. Zunächst allerdings mußte ich jedoch Geldgeber und Fachleute davon überzeugen, daß zu den Gebieten, die gegenwärtig als öl- und gasreich gelten, höchstwahrscheinlich Alternativen bestehen. Ich mußte überzeugend darstellen, daß sich erweisen würde, daß dieses wertvolle Gut weit mehr über den Erdball verbreitet ist als bisher angenommen, und daß demzufolge die Abhängigkeit vieler Länder von Ölimporten großenteils abgebaut werden könnte.

Wie sollte es mir gelingen, Kohlenwasserstoffe in möglichst abbauwürdigen Mengen an neuen Stellen zu finden, Stellen, die dies nach der herrschenden Theorie nicht erwarten lassen? Wie sollte sich ein Akademiker wie ich plötzlich zum Unternehmer mausern? Und das in einer Größenordnung, die nötig ist, um Erkundungen und Bohrungen an einem Ort meiner Wahl zu ermöglichen oder um wenigstens eine relativ technische Operation dieser Art zu leiten?

Ich hielt Schweden für einen besonders günstigen Ort für ein solches Experiment. Ich hatte das Land vor Jahren ausgiebig bereist. Dabei war mir aufgefallen, daß oftmals dort, wo granitisches Grundgestein zutage tritt, Gesteinsrisse mit etwas gefüllt sind, das wie Teer aussieht. Als ich schwedische Geologen bat, mir zu erklären, wie Teer in den Granit eindringen konnte, erzählten sie mir die folgende Geschichte: In Schweden wäre das Grundgestein vermutlich einst fast überall von einer dicken Schicht Sedimentgestein überlagert gewesen. Das organische Material der Sedimente habe Öl erzeugt. Die im Grundgestein entstandenen Risse hätten das Öl nach unten gesaugt. Jetzt, Millionen Jahre später, sickere das Öl wieder nach oben.

Diese Erklärung ergab für mich keinen Sinn. Wasser sollte in biologischen Ablagerungen in den Sedimenten weitaus häufiger vorkommen als Öl, und wir alle haben festgestellt, daß Öl auf Wasser schwimmt. Wie war es dann möglich, daß hauptsächlich Öle nach unten in die Risse des Grundgesteins vorgedrungen waren? Diese Überlegungen gingen mir über Jahre nicht aus dem Kopf und schienen mir an sich schon ein gutes Argument für die abiotische Theorie zu liefern. Meiner Ansicht nach bildete das schwedische Grundgebirge eine an einigen Stellen durchlässige Barriere für Kohlenwasserstoffe, die *von unten* zur Erdoberfläche heraufströmen.

Schweden bot als Versuchsgelände einen weiteren Vorteil, weil es als wohlhabendes und technologisch hochentwickeltes Land nahezu seinen gesamten Bedarf an Treibstoffen von außen bezog. Für die Einwohner dieser Nation hätten die Bohrungen und die Entdeckung abbauwürdiger Mengen jener Öle, die im Grundgebirge Schwedens für die Teerablagerungen an der Oberfläche verantwortlich waren, ein ideales Energiekonzept bedeuten können. Für mich wiederum bedeuteten die Bohrungen im magmatischen Gestein, daß Sedimentschichten vollständig vermieden werden konnten. Wenn tatsächlich Öle entdeckt worden wären, hätte ihnen kein biologischer Ursprung unterstellt werden können. Auf diese Weise wäre die abiotische Theorie der Ölentstehung in der Praxis bestätigt worden.

Bohren im schwedischen Granit

1983 ergab sich unerwartet eine günstige Gelegenheit. Ich war nach Stockholm eingeladen worden, um dem oberen Management von Vattenfall meine Ideen vorzustellen. Die Einladung hatte ein befreundeter Rechtsanwalt in Washington vermittelt, der Leute bei Vattenfall kannte. Wenn ich heute, nach 15 Jahren, mein damaliges Vortragsmanuskript durchgehe, stellte ich fest, daß ich damals vor den Bohrungen genau so argumentiert habe, wie ich es heute tun würde. Hier sind einige Passagen aus diesem Vortrag, die damals in einer schwedischen Tageszeitung abgedruckt wurden:[71]

---

[71] Vgl. *Enormt gasfält kann findas under Siljan*, Svenska Dagbladet, 17. 10. 1983, S. 3.

Man dachte bisher, Erdgas (vor allem Methan), aber auch alles natürlich vorkommende Erdöl, sei auf unserer Erde unwiderlegbar biologischen Ursprungs. Aus diesem Grund konnte der Untergrund Schwedens, der fast vollständig aus Urgestein und nicht aus Sedimenten besteht, nie ernsthaft als Ursprung für Kohlenwasserstoffe in Frage kommen. Die zahlreichen Austrittstellen von Methan, Teeren und Ölen, die im schwedischen Grundgebirge vorkommen, sind in diesem Zusammenhang lange als erdgeschichtliches Rätsel bekannt. Zu seiner Lösung wurden zahlreiche Erklärungen versucht. Inzwischen wissen wir, daß die Tiefenbohrung auf der Halbinsel Kola im hohen Norden des europäischen Teils von Rußland [nahe der Stadt Nikel zu sowjetischen Zeiten erbohrt] in einem ähnlichen kristallinen Gestein in dessen Rissen in elftausend Metern Tiefe auf Methan als eines der häufigsten Gase stieß. Eine Erklärung im Sinne eines Abwärtssickerns von biologischem Oberflächenmaterial erscheint hier nicht angemessen.

Schweden wird dann als eine kristalline Gesteinsmasse (aus einer vulkanischen Schmelze auskristallisiertes Gestein) betrachtet, das sich dem Aufströmen von Gasen und Flüssigkeiten aus darunter gelegenen Schichten in den Weg stellt, die anscheinend in diesem Teil der Welt besonders kohlenwasserstoffreich sind. Schwedens Nachbarschaft weist überall hohe Kohlenwasserstoffwerte auf. Die Norwegische Rinne, die sich von der Küste Hollands bis über das Nordkap hinaus erstreckt, bildet den Entweichungsweg auf der einen Seite. Für die Halbinsel Kola wie auch die baltischen Staaten liegen Hinweise auf Methanvorkommen vor, oder es werden dort solche Vorkommen bereits ausgebeutet. In Schweden stehen als Entweichungswege nur die Bruchstellen im Grundgebirge zur Verfügung.

In den meisten Fällen fehlt kristallinem Gestein die Porosität, damit sich dort Öl und Gas in abbauwürdigen Mengen ansammeln könnten. Man müßte daher nach Stellen suchen, an denen der Fels vollständig zertrümmert und in poröses Geröll umgewandelt worden ist. In dieser Hinsicht kommen mehrere Stellen in Schweden in Betracht. Die bei weitem interessanteste dürfte der Siljan-Ring [in der Nähe der Stadt Rättvik in Mittelschweden, vgl. Abb. 6.1] sein. Dort ist vor 360 Millionen Jahren ein großer Meteorit eingeschlagen und hinterließ einen Krater von 44 Kilometern Durchmesser. Ein Einschlag dieser Größenordnung dürfte das kristalline Gestein durch die gesamte Erdkruste hindurch zertrümmert haben, und wenn sich der Boden nach dem Ereignis wieder ausrichtet, sollte das gesamte Innere des Kraters bis hinunter in große Tiefen aus porösem Schutt bestehen. Der glückliche Zufall schuf nicht nur die herrlichen Seen im Siljan-Ring, sondern hinterließ auch einen weit nach unten zertrümmerten und porösen Bereich im Inneren des Rings. Dort konnten Fluide von unten aufsteigen und sich anreichern (Abb. 6.2). Seitens des nationalen schwedischen Amtes für Geologie (SGU) wurde bereits festgestellt, daß das Gestein in der Region tatsächlich zertrümmert ist und eine Untersuchung der Dichte und des spezifischen Gewichts des Gesteins bestätigt den erwarteten Grad der Porosität. Beim Inneren des Siljan-Ringes handelt es sich somit möglicherweise um ein Vorkommen mit nach allen Maßstäben enormen Ausmaßen.

Flache Schichten in porösem Gestein enthalten keine förderbaren Gaskonzentrationen, es sei denn, es gibt ein besonders dichtes Deckgestein, das das Gas zurückhält. So etwas kommt vor, doch sehen wir nicht, daß so etwas beim Siljan-Ring zu erwarten ist. In tieferen Schichten verhält es sich anders. Das Gestein wird unter der Last des Deckgebirges zusammengepreßt und tendiert dazu, Bereiche unten zu halten, in denen unter hohem Druck stehende Gase die Gesteinsporen offengehalten haben. Solche Hindernisse für den aufsteigenden Gasstrom treten in Sedimentgesteinen in der Regel in Tiefen zwischen drei und sechs Kilometern auf, müssen jedoch im härteren Granit auch für tiefere Schichten erwartet werden. Im sowjetischen Bohrloch auf der Halbinsel Kola wurde in einer Tiefe von sieben Kilometern ein plötzlicher Wechsel zu einer erweiterten Bruchporosität festgestellt, was unter Umständen für die Tiefe steht, in der diese Gesteinsart zermahlen wird. Unterhalb dieser Schicht befinden sich dann Bereiche, deren Poren durch den Gasdruck offengehalten werden, falls tatsächlich Gase aus weit tieferen Schichten mit noch höheren Drücken aufgestiegen sind.

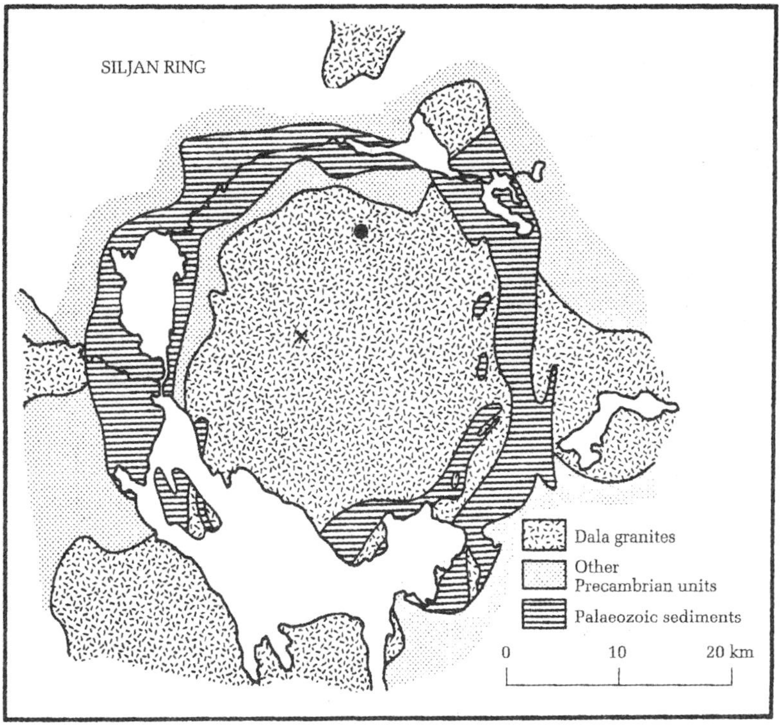

Abb. 6.1: Geologische Karte des Einschlagsgebietes am Siljan-Ring. Die weißen Bereiche sind Seen. Die Sedimente reichen nirgendwo weiter als 300 Meter hinunter. Zwei Tiefbohrungen wurden niedergebracht: Die erste bei Gravberg war 6.700 Meter tief (schwarzer Punkt), die zweite bei Stenberg 6.500 Meter tief (Kreuz). Quelle: *Sveriges geologiska undersökning (SGU).*

Mit etwas Glück finden wir ein Deckgebirge vor, das Öl und Gas oberflächennah zurückhält. Falls nicht, müßten wir bis hinunter in eine Tiefe von sieben bis acht Kilometern bohren, was mit moderner Technik erreichbar ist. Wenn feststeht, daß wir es tatsächlich mit einem Gebiet zu tun haben, in dem Methan aus tieferen Schichten ausgast, dann ist zu erwarten, abgeschlossene gasgefüllte Schichten aufzufinden, deren obere Austrittsöffnung in Wirklichkeit ein Überlauf wäre. Wegen der Größe des Gebietes hätten wir es dann mit einem wahrhaft gigantischen Gasfeld zu tun.

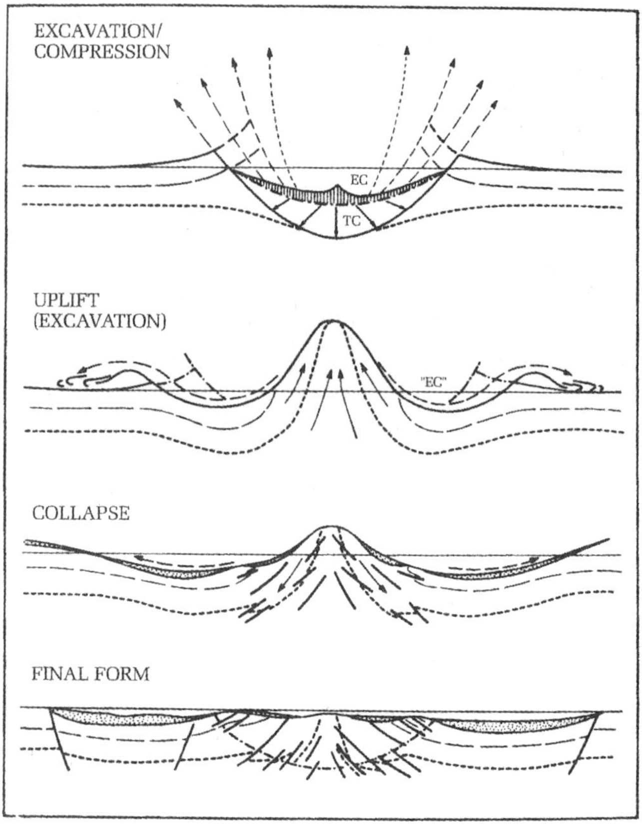

Abb. 6.2, Bildung eines Einschlagkraters wie den Siljan-Ring: Man beachte die zahlreichen Brüche, die es Fluiden erleichtern, aus der Tiefe aufzusteigen. Vgl. dazu R. A. F. Grieve: *The formation of large impact structures and constraints on the nature of Siljan*, in: A. Boden, K. G. Erikson (Hg.): *Deep Drilling in Crystalline Bedrock*, Bd.1, New York 1998, S. 339.

Eine acht Kilometer tiefe Bohrung dürfte um die 25 Millionen US-Dollar kosten. In vielen ertragreichen Feldern erwies es sich als notwendig, mehrere Bohrungen einzubringen, um eine gute Produktion zu etablieren. Das Öl- und Gasgeschäft erfordert hohe Anfangsinvestitionen, doch es kann sich auszahlen. Vielleicht sollte man eine Summe von 25 Millionen Dollar riskieren. Sind die Anzeichen erfolgversprechend, könnte man

> sicher noch einmal das Zwei- bis Dreifache investieren. Als Belohnung winkt die Energieunabhängigkeit Schwedens für einen langen Zeitraum.

Wie man sieht, habe ich meinen Vortrag von 1983 vor dem Vattenfall-Vorstand voller Enthusiasmus beendet. Im Dezember 1985 stimmte der schwedische Reichstag dem Projekt zu, im Siljan-Krater eine wenigstens fünf Kilometer tiefe Bohrung niederzubringen. Das Ganze sollte unter Leitung von Vattenfall stehen. Weitere finanzielle Mittel kamen von schwedischen Investoren und dem amerikanischen *Gas Research Institute*. Letzteres hatte seinen Sitz in Chicago und war nicht so sehr am kommerziellen Erfolg des Unternehmens, sondern an den wissenschaftlichen Ergebnissen interessiert, die diese ungewöhnliche Bohrung erbringen würde.

Innerhalb des Siljan-Ringes wurde eine Stelle ausgewählt, bei der man sicher sein konnte, daß Skeptiker etwaige Ölfunde nicht zu Aussickerungen der dünnen paläozoischen Kalk- und Sandsteinschicht der Kraterumgebung (diese Schicht reichte nirgendwo mehr als 300 Meter in die Tiefe) erklären konnten. In den Steinbrüchen dieser Sedimentregion finden sich bedeutende aktive Ölsickerungen. Dagegen treten Kohlenwasserstoffgase, die aus Gesteinen rein magmatischer Herkunft austreten, in großem Umfang in der gesamten Kraterstruktur auf. An vielen Brunnen lassen sich Gasflammen entzünden (vgl. Abb. 6.3).

Die Bohraktivitäten begannen im Juni 1986 und dauerten bis Juni 1990. Technische Probleme im Bohrloch haben dann ihre Fortsetzung vereitelt. Nur bei einem bedeutenden zusätzlichen finanziellen Engagement hätte im Bohrloch ein weiterer Abzweig eingebracht werden können. Doch auch so konnte am Ende nachgewiesen werden, daß tatsächlich Kohlenwasserstoffgase von Methan bis Pentan, aber auch leichte, weitgehend wasserstoffgesättigte Öle weit unten im Granitgestein vorkommen.[72]

---

[72] Der ausführliche Bericht über die Ergebnisse von Siljan findet sich hier: T. Gold (1991): *Swedens Sijan Ring Well Evaluated*, Oil and Gas Journal, 14. 1. 1991, S. 76ff. Dazu ferner mein

Abb. 6.3: Eine Flamme gespeist aus Gas, das an einer Wasserquelle im Siljan-Ring entweicht. Die Methanemissionen sind an einigen Stellen innerhalb des Siljan-Ringes so stark, daß sich eine Flamme entzünden läßt. Für dieses Foto habe ich eine Wasserquelle einige Minuten lang mit Plastikfolie abgedeckt, dann mit einer Nadel ein Loch durch die Folie gestochen und ein brennendes Streichholz über das Loch gehalten. Eine Flamme schoß 30 bis 40 Zentimeter in die Höhe und schrumpfte dann auf 10 Zentimeter. Nach 10 Minuten, als die Folie zu schmelzen begann, brach ich das Experiment ab. Während meines Aufenthalts in der Gegend wurde mir ein Video geschenkt, in dem eine 40 bis 50 Zentimeter hohe Flamme zu sehen ist, die in der Küche eines örtlichen Bauern aus einem offenen Wasserhahn herausschlägt.

Am Bohrloch wurden vier Seitenzweige erbohrt, die weiter als fünf Kilometer hinab reichten (Abb. 6.4). Die tiefste davon erreichte, senkrecht gemessen, fast 6,7 Kilometer. Wir nutzten eine Bohrflüssigkeit auf Wasserbasis, um die Bohrung nicht durch zugesetzte Öle zu verunreinigen, und erzielten für Wasserstoff, Helium, Methan und andere Kohlenwasserstoffgase bis hinauf zu Pentan (C_5H_{12}) gute Meßergebnis-

---

Aufsatz *The deep earth gas theory with respect to the results from the Gravberg-1 well*, in: A. Bodén, K. G. Eriksson: *Deep Drilling in Crystalline Bedrock*, New York 1988, S. 18ff.

Abb. 6.4: Bohrturm des Projektes im Siljan-Ring in Schweden

se. In unterschiedlichen Tiefen stimmte das Verhältnis aller Gase einschließlich Helium zueinander deutlich überein. Dieses Ergebnis schloß die Möglichkeit aus, daß diese aus Bohrzusätzen hervorgegangen waren, die man von oben hinzugefügt hatte. Allgemein zeigte sich, daß die mit der Bohrflüssigkeit nach oben gebrachte Gasmenge mit der Tiefe zunahm, ein deutlicher Hinweis auf eine Kohlenwasserstoffquelle in größerer Tiefe. Das alles bestätigte die abiotische Theorie der Erdölentstehung und stützte meine These, daß noch immer gewaltige Mengen an Kohlenwasserstoffen aus einer in der unteren Erdkruste und im oberen Erdmantel gelegenen Urquelle austreten. Eine höchstwillkommene Überraschung war außer diesen Ergebnissen, daß wir auf eine große Menge einer konzentrierten, sehr feinkörnigen Substanz gestoßen sind, eine Entdeckung mit weitreichender Aussagekraft, die wir wie so oft in der Wissenschaft einer Panne verdanken.

Magnetit und mikrobielle Geologie

Im Juni 1987, ein Jahr nachdem die Bohrarbeiten begonnen hatten, kam es zu einer bemerkenswerten Abfolge von Ereignissen. Als Folge einer Bohrpanne hing der Bohrer in sechs Kilometern Tiefe zehn Tage lang fest. Während der Unterbrechung wurde die Durchleitung der Bohrflüssigkeit abgestellt. Das ermöglichte es Fluiden der Umgebung, von unten in das hohle Bohrgestänge einzudringen. Als es schließlich gelöst und nach oben gebracht werden konnte, waren die unteren zehn Meter des Gestänges durch eine sehr zähe Paste völlig blockiert. Sogar die oben zur Verfügung stehenden Hochdruckpumpen konnten die Paste nicht beseitigen. Das Gestänge mußte deshalb mechanisch gereinigt werden. Das Material war schwarz, fühlte sich wie Kitt an und verbreitete einen starken, unangenehmen Geruch.

Eine Probe des Materials wurde zur Analyse an das norwegische petrochemische Labor *Geolab Nor* geschickt. Die Laboranalyse ergab, daß es sich bei dem Öl der schwarzen Paste hauptsächlich um Leichtöl handelte. Dazu kam noch eine geringere Menge schwere Moleküle, deren genaue Identität nicht ermittelt wurde. *Geolab Nor* erklärte, dieses Öl weise keinerlei Ähnlichkeit mit den Bohrzusätzen auf, die ihnen zum Vergleich vorgelegt worden waren.

Bei einem Besuch des Geländes drei Monate später besorgte ich mir ebenfalls eine Probe. Obwohl an die 60 Kilogramm dieser dicken schwarzen Paste, nachdem man das Gestänge nach oben gebracht hatte, aus ihm entfernt worden waren, hatte man fast alles entsorgt, vermutlich, weil man es als uninteressantes, stinkendes Ärgernis ohne wirtschaftlichen Wert betrachtete. Sie war jedoch von besonderem wissenschaftlichen Wert. Leider paßte alles, was als Probe aufgehoben worden war, in eine kleine Plastiktüte.

Der örtliche Chemiker erzählte mir, der Geruch der verstopften Röhre beim Herausziehen habe ihm gezeigt, daß es sich bei dem Schlamm um ein bakterielles Produkt gehandelt hätte und daher etwas sein müsse, das von oben hineingefallen sei. Auf diese Weise verunreinigt habe der Schlamm keinen wissenschaftlichen Wert. Wie diese 60 Kilogramm gleichmäßig schwarzer Paste von oben in das Gestänge hineingefallen sein sollten, wurde nicht erklärt. Genauso wenig wurde ein Grund dafür angegeben, daß sein Bindemittel Öl und nicht Wasser war, das damals als Bohrflüssigkeit diente. Alles außer der kleinen Probe in seinen Händen hatte man mit einem Bulldozer in einen Graben verbracht und dort mit einer Erdschicht abgedeckt, um den lästigen Gestank loszuwerden. Die kleine Probe, die er zurückbehalten hatte, steckte in einer gewöhnlichen Plastiktüte aus Polyethylen. Da Polyethylen Öl aufsaugt und öldurchlässig ist, hätten die leichteren Kohlenwasserstoffe leicht entweichen können. Die Folge dieser unangemessenen Aufbewahrung war, daß sich das Material inzwischen verfestigt hatte und nicht mehr so geschmeidig war, wie man es ursprünglich beschrieben hatte.

Wie es der Zufall wollte, hatte ich gerade einen Kurzurlaub im Haus eines Freundes auf der spanischen Mittelmeerinsel Mallorca geplant, wohin ich direkt von Schweden aus fliegen wollte. Ich kam dort an einem Wochenende an. Das hinderte mich anderthalb Tage daran, irgendetwas von den Dingen zu erwerben, die man im Baumarkt oder einer Drogerie bekommt. Doch das schwarze Material faszinierte mich so sehr, daß ich mit der Analyse nicht so lange warten wollte. Also beschloss ich, ein wenig in der Spüle (und mit Teilen der Küchenschränke) mit Chemie zu experimentieren.

Zuerst durchsuchte ich das ganze Haus nach einem Lösemittel für Öl. Aber es gab dort keinen Farbverdünner, keinen Nagellackentferner oder irgendetwas anderes dieser Art. Es gab in dem Haus aber Magnete, nämlich Magnetverschlüsse an Schranktüren, die mir helfen konnten, wenigstens eine Eigenschaft des Stoffes zu ermitteln. Ich schraubte einen der Magnete ab und stellte fest, daß das Material stark magnetisch war. Dann gab ich etwas von dem Material zusammen mit Spülmittel aus der Küche in heißes Wasser und nach einigen Bemühungen löste es sich tatsächlich auf. Die so gewonnene verdünnte Lösung sah etwas grau und trübe und fast durchsichtig aus. Sie enthielt offenbar Partikel, die sehr klein waren. Ich tropfte etwas von der Flüssigkeit, die durch die starke Verdünnung sehr transparent wirkte, auf ein Stück Aluminiumfolie. Dann hielt ich den Magnet der Küchenschranktür darunter. Sofort zeichneten sich die Magnetlinien zwischen den beiden Polen auf der Folie als schwarze Striche deutlich ab. Als ich den Magneten seitlich an ein mit dieser Flüssigkeit gefülltes Glas hielt, bildete sich ganz ähnlich sofort ein großer schwarzer Fleck an der Glaswand. Weitere Versuche zeigten, daß dieses Material hauptsächlich aus sehr feinen magnetischen Körnchen bestand, dazu aus Öl, das sich mithilfe von Spülmittel in Wasser auflösen ließ.

Als nächstes legte ich etwas von der Paste über Nacht ins Tiefkühlfach. Ich sah, daß sie danach zwar deutlich fester geworden war, aber auch nicht ganz fest. Sie ließ sich immer noch zerdrücken und verformen. Das bedeutete, daß sie nur sehr wenig Wasser enthielt, denn das wäre natürlich gefroren. Obwohl die Bohrvorrichtung vollkommen mit Wasser gefüllt war, als das Material entdeckt wurde, mußte dieser Schlamm also als ölbasierte Flüssigkeit in sie eingedrungen sein, deren Konzentration ausreichte, um das Wasser zu ersetzen, ohne sich mit ihm zu vermischen.

Ich habe dann noch einige Tropfen des gelösten Materials auf ein Papierhandtuch gegeben, um zu sehen, ob das Papierhandtuch als grober Chromatograph dienen konnte. Dieser erlaubt die Auftrennung eines Stoffgemisches in seine Einzelbestandteile in Abhängigkeit von ihrer Masse und daher der Geschwindigkeit, mit der sie sich in einem porösen Material ausbreiten. Es bildete sich ein schwarzer ringförmiger Fleck einer bestimmbaren Form, umgeben von einem viel größeren, feuchten Bereich, der aber ebenfalls klare Konturen aufwies. Danach mußten die Partikel klein genug sein, um durch Diffusion im Papier transportiert zu werden. Als ich zudem einen Klumpen des Materials mit dem Messer zerschnitt, glänzte die Schnittfläche. Daraus schloß ich, daß die Partikel nicht viel größer als die Wellenlänge von Licht waren.

Was war das also? Das einzige schwarze magnetische Material, von dem ich wußte, daß es natürlich vorkommt, war Magnetit (Fe_3-O_4). Was ich also entdeckt zu haben schien, war ungewöhnlich feinkörniger Magnetit, jedoch in einer Korngröße, die ausreichte, um ferromagnetisch zu sein. Korngrößen unter 3×10^{-6} cm lassen das für den Ferromagnetismus typische Zusammenwirken der Moleküle nicht zu. Der Gestank des Schlammes hätte der Geruch eines Schweröls in Verbindung mit faulendem biologischen Material sein können. Er kam dem Geruch einer toten Ratte in einer Garage sehr nahe.

Feinkörniger Magnetit war sicherlich ein größerer Bestandteil des schwarzen Schlammes, doch warum kam er dort überhaupt vor? Wie hatte sich Magnetit in einem Kohlenwasserstoff-Fluid ansammeln und in solchen Mengen durch Poren und Risse im Granit in das unbeaufsichtigte Bohrloch gelangen können? Und was könnte eine tote Ratte damit zu tun gehabt haben?

Die schwarze Masse habe ich zahlreichen Laboruntersuchungen unterzogen, die die feinkörnige Natur des Magnetits belegen. Die Korngröße reichte von einem Bruchteil eines Mikrometers bis zu wenigen Mikrometern.[73] Die in zwei Laboren durchgeführte Mößbauer-Spektroskopie ermittelte einen zweiprozentigen Zinkanteil. Damit war Zink das am zweithäufigsten vertretene Metall nach Eisen.[74] Da das Zink im Kristallgitter des Magnetits eingebettet war (und weil Zink kein Bestandteil der Bohrwerkzeuge, der Bohrflüssigkeit und der Zusatzstoffe war), stand damit fest, daß das Zink während der Bildung dieser Kristalle vorhanden gewesen sein mußte. Mir fiel noch ein, daß dort, in der Nähe des Siljan-Ringes, früher einmal Zink und Blei kommerziell gefördert worden waren. Diese Befunde bestätigten, daß die schwarze Masse aus dem Tiefengestein und nicht aus Bohrflüssigkeiten stammte, die von oben eingebracht worden waren.

Auch die Neutronenaktivierungsanalyse (NAA) ergab einen ähnlich hohen Zinkgehalt sowie eine Reihe anderer Auffälligkeiten.[75] Bei diesen Untersuchungen wurde der Magnetit der schwarzen Masse mit dem gröberen Magnetit im Bohrgut aus der gleichen Tiefe (im Millimeter- statt Mikrometerbereich) verglichen. Abgesehen von den Korngrößen unterschieden sich die beiden Magnetit-Arten auch deutlich in ihrem Gehalt an Spurenelementen, viele davon um den Faktor zehn und mehr. Die Magnetitkonzentration im schwarzen Schlamm lag außer-

---

[73] 1991 verfaßte ich eine Zusammenfassung der Ergebnisse zum Magnetitschlamm: *Accumulations of fine-grained magnetite in a deep borehole in Sweden* (unveröffentlicht, Ordner 275).

[74] Die beiden Laboranalysen wurden ausgeführt von J. M. Knudsen et al. am Ørsted-Labor der Universität Kopenhagen und R. Reynolds et al. am USGS in Denver. Beide finden sich in meinem Ordner 652.

[75] Das Ergenis einer dritten Laboranalyse durch C. Orth am Los Alamos National Laboratory, einschließlich einer Neutronenaktivierungsanalyse, wurde mir privat zugestellt (Ordner 652).

dem wesentlich höher als die im umgebenden Granit. Die Magnetitkörner der schwarzen Masse unterschieden sich sowohl in ihrer Menge als auch in ihrer Größe und Chemie deutlich von denen der Gesteinsumgebung. Das zeigte mir, daß die Quelle des Magnetits oder der Eisenmoleküle, aus denen er entstand, in größerer Tiefe anzusiedeln ist, und daß die ausgewaschenen Moleküle oder Körnchen von einem aufsteigenden Kohlenwasserstofffluid nach oben getragen wurden.

Ein anderer bedeutsamer Laborbefund war der ungewöhnlich hohe Iridiumgehalt des Magnetits aus dem Schlamm, der 250-mal höher lag als der der gröberen Magnetitkörner, die üblicherweise im herausgebohrten Granitmaterial der gleichen Tiefe enthalten waren. Die Prüfer im Labor erklärten, daß es sich dabei um die höchsten Iridiumwerte handelte, auf die sie abgesehen von Ölbohrungen je gestoßen seien. Zuvor hatte man entdeckt, daß sich nicht nur in dem schwarzen öligen Material, sondern auch im Ölschiefer der oberen alten Sedimentschichten in der Umgebung des Siljan-Rings Iridium angereichert hatte. Fluide, die aus den Tiefen der Erde aufgestiegen sein müssen, lieferten die Iridiumverbindungen, die so in anderen öldurchtränkten Mineralien nachweisbar sind.

Dieser Schluß ergibt sich aus dem üblichen Wissensstand der Geowissenschaften. Iridium ist ein sehr schweres Metall. Während der frühen Phasen der Erde, als sich ihre Bestandteile ausdifferenzierten, wanderten Iridium und andere Schwermetalle in das Erdinnere und bildeten dort den metallischen Kern der Erde. In oder auf der Erdkruste entdeckte, ungewöhnlich hohe Iridiumkonzentrationen können nur aus einer von zwei möglichen Quellen stammen. Das Iridium könnte mit einem Fluid aus der Tiefe der Erde herauftransportiert worden sein oder ein Meteorit hat es dorthin geliefert. Ersteres erscheint mir wahrscheinlicher, weil Iridium eng mit Erdölbohrungen verbunden ist.

Eine weitere Untersuchung wurde durch meinen Freund Robert Hefner, ein Unternehmer im Bereich der Erdgaserschließung, angeregt. Sie erfolgte durch Paul Philp an der Universität von Oklahoma. Philp hat sich auf die Analyse biologischer Moleküle im Erdöl spezialisiert und suchte im Öl in der schwarzen Masse nach solchen Molekülen. Als erstes stellte er fest, daß das Öl keineswegs auf eine Verschmutzung durch den Bohrvorgang zurückgehen konnte. Es handelte sich um Material aus der Natur. Weiterhin entdeckte er, daß einige Moleküle einer bestimmten Klasse, die Sterane genannt werden, die gleiche Struktur und die gleichen Proportionen aufwiesen wie die, die er zuvor in den Ölquellen im Siljan-Ring an der Oberfläche und im Ölschiefer in den Sedimenten der Umgebung des Siljan-Ringes entdeckt hatte. Als Standarderklärung hält die Petroleumgeologie dafür die Ansicht bereit, der Ölschiefer der Sedimente sei das Ausgangsmaterial für das austretende flüssige Öl. Doch jetzt entdeckte er den gleichen Fingerabdruck in Öl, das aus mehr als fünf Kilometer Tiefe heraufgebracht worden war. „Wie es dort hinunter gekommen ist, weiß ich nicht“, war seine Reaktion auf diese seltsame Entdeckung. Meine Reaktion war selbstverständlich, daß alle drei Ölarten aus tiefen Schichten aufgestiegen waren.[76]

Philp hatte auch ein Molekül identifiziert, das charakteristisch für ein Abfallprodukt eines marinen Organismus ist, was er als weiteren Beweis für eine Abwärtswanderung des in geringer Tiefe entstandenen Öls ansah. Später stellte ich jedoch fest, daß dieses Molekül häufig von Bakterien erzeugt wird, die Methan oxidieren. Diese Bakterien kommen in der Biosphäre der Oberfläche selten vor, aber – wovon ich ausgehe – massenhaft in der Tiefe.

Die interessanteste aktuelle Analyse der schwarzen Masse aus dem Siljan-Ring deckte den möglichen Ursprung des Magnetits auf,

---

[76] Eine Zusammenfassung von Philps' Ergebnissen findet sich ebenfalls in meinem Ordner 652.

der auch seine hohe Konzentration in dem Schlamm zusammen mit dem Gestank erklären würde. Die Erklärung: Lebewesen waren dafür verantwortlich. Ich hatte den feinkörnigen Magnetit verdächtigt, von Bakterien erzeugt worden zu sein, obwohl die Temperaturen in der Tiefe, in der dieser Magnetit entdeckt wurde, um die 60 bis 80 °C betragen. Magnetit ist eine der Substanzen, die zurückbleiben, wenn Bakterien höher oxidiertes Eisenerz reduzieren. Bei Magnetit, Fe_3O_4, kommen auf 16 Sauerstoffatome 12 Eisenatome, während beim mineralisch vorkommenden Eisen(III)-Oxid, Fe_2O_3, 18 Sauerstoffatome auf 12 Eisenatome kommen. Somit ist Magnetit die reduzierte Form des Eisen(III)-Oxids. Demnach mußten sich die Mikroben am Sauerstoff des Eisen(III)-Oxids bedient haben, um damit die Kohlenwasserstoffe zu verbrennen, die an ihnen vorbeiströmen. Magnetit wäre das Abfallprodukt ihres Stoffwechsels.

Damit hielten wir es für notwendig zu versuchen, Mikroben aus diesen Tiefen zu kultivieren. Ich fragte beim schwedischen *Institute for Infectious Diseases Control* in Stockholm an, ob sie es versuchen könnten. Dr. Ulrich Szewzyk von dessen Abteilung für die Mikrobiologie des Wassers zeigte großes Interesse, und er und sein Team beschlossen, es zu versuchen. Sie entwickelten eigens einen Entnahmeapparat an einem Draht mit verschiedenen Kapseln für unterschiedliche Tiefen. Das Gerät wurde nach dem Ende der Bohrungen in das Bohrloch eingeführt, als dort Wasser aus der Bohrumgebung eingedrungen war. Das Ergebnis war überraschend positiv.[77] Mindestens zwei bisher unbekannte Bakterienstämme wurden erfolgreich kultiviert, beide in einem dem der Tiefe, der sie entnommen worden waren, ähnlichen Temperaturbereich, und beide unter anaeroben Bedingungen, die ebenfalls denen der Entnahmetiefe ähnelten. Auch wenn als Nährboden Azetat und Zucker (wie bei Bakterienkulturen

[77] U. Szewzyk et.al. (1994): *Thermophilic, anaerobic bacteria isolated from a deep borehole in granite in Sweden,* Proceedings of the National Academy of Sciences (USA) 91, S. 1810ff.

üblich), und nicht Kohlenwasserstoffe und Eisenerz gewählt wurden, war die Tatsache, daß dort überhaupt Leben vorhanden war und daß auch Magnetit in großen Mengen vorkam, von Bedeutung. Wegen der gewählten Nährböden waren die kultivierten Mikroben in gewisser Weise von der wahrscheinlich ersten Stufe der Nahrungskette abgekoppelt; vermutlich ernährten sie sich von den Mikroben, die näher an der ersten Stufe stehen. Dennoch haben sie das Vorhandensein mindestens eines Knotenpunktes der Ökologie in der tiefen Biosphäre des Siljan-Rings bewiesen.[78]

Es gab also tatsächlich tief im schwedischen Bohrloch thermophile Mikroorganismen und von diesen darf angenommen werden, daß sie das viele Magnetit erzeugt hatten, das in das Bohrgestänge eingedrungen war. Dementsprechend müssen bei der Reduktion von Eisen(III)-Oxid zu Magnetit, der niedrigste Oxidationsgrad, der durch Reduktion mit Kohlenwasserstoffen erreicht werden kann, große Mengen an Kohlenwasserstoffen verbraucht worden sein.

Das Magnetitkonzentrat war jedoch weit mehr als eine seltene Ausnahmeerscheinung. Dieselbe Art feinkörnigen Magnetits wurde in großen Mengen in einem sehr ähnlichen Öl aus einem zweiten Bohrloch entdeckt, das unser schwedisches Team kurze Zeit nach dem ersten Bohrloch eingebracht hatte. Das Gelände der zweiten Bohrung lag im Zentrum des Siljan-Ringes, 11 Kilometer vom ersten Bohrloch entfernt. Dieser zweite Fund bestätigte nachdrücklich, daß es sich beim ersten nicht um eine örtliche Besonderheit gehandelt hatte und daß er nicht (wie einige Kritiker unterstellt hatten) durch Bohrzusätze hervorgerufen worden war. Denn auch bei dieser Boh-

[78] Während der Bohrungen am Siljan-Ring wurde bekannt, daß anaerobe Mikroben biologisch ultrafeinen Magnetit erzeugen. Vgl. Derek R. Lovely et al. (1987): *Anaerobic production of magnetite by a dissimilatory iron-reducing microorganism*, Nature 330, S. 252ff. Vgl. auch N. H. C. Sparks et. al. (1990): *Structure and morphology of magnetite anaerobically produced by a marine magnetotactic bacterium and a dissimilatory iron-reducing bacterium*, Earth and Planetary Science Letters 98, 1990, S. 14ff.

rung wurde mit einer wasserbasierten Bohrflüssigkeit gearbeitet. Öle, die auch nur entfernt Rohöl ähnelten, waren im Umfeld des Bohrlochs verboten worden.

Der gesamte Siljan-Ring, ein Gebiet von rund 160 Quadratkilometern, weist eine starke positive magnetische Anomalie auf, die auf das ringförmige Gebilde ausgerichtet ist. Magnetit war das einzige magnetische Mineral, auf das wir dort gestoßen waren. Man konnte also die Magnetitmenge berechnen, die die Anomalie verursachte. Die Ergebnisse waren vergleichbar mit den Ausmaßen anderer schwedischer Magnetitlager, die als das beste Ausgangsmaterial für die Stahlproduktion über lange Zeit ausgebeutet worden waren. Das läßt vermuten, daß Magnetitschlämme, die denen ähneln, die in unseren Siljan-Bohrlöchern aufgetreten und durch gleichartige biologische und geologische Prozesse in der Tiefe entstanden sind, Schwedens zahlreichen wirtschaftlich wertvollen Magnetit-Lagerstätten zugrunde liegen, aus denen die sehr erfolgreiche Stahlindustrie des Landes hervorging. Wären sämtliche schwedische Magnetit-Lagerstätten tatsächlich mikrobiell erzeugt worden, dann würde dies die großen Dimensionen mikrobieller Geologie sehr deutlich belegen.

Der Ölschlamm aus einer Tiefe von sechs Kilometern, der aus einer rein granitischen und magmatischen Region Schwedens stammt, stellt einen zwingenden Beweis für das Vorhandensein von Kohlenwasserstoffen in der Tiefe dar, den die biotische Theorie nicht erklären kann. Der Ölschlamm bestätigt deshalb nachdrücklich die Tiefengastheorie. Die Experimente mit den Bakterienkulturen wiederum lieferten aufschlußreiche Belege für das Vorhandensein mikrobiellen Lebens in der Tiefe. Über seine theoretische Bedeutung hinaus besitzt der Nachweis einer Korrelation von ungewöhnlichen Magnetit-Konzentrationen mit Kohlenwasserstoffvorkommen erwiesenermaßen auch eine praktische Bedeutung für die Ölexploration. Inzwischen wird allgemein davon ausgegangen, daß positive magnetische

Anomalien, die leicht zu orten sind, tatsächlich auf Kohlenwasserstoffvorkommen hindeuten.[79]

Die Geschichte der Erdölentdeckung in der Siljan-Region enthält noch ein weiteres Kapitel. Im April 1990 wurde im ersten Bohrloch eine Bohrlochpumpe installiert, um zu sehen, was nach oben gepumpt werden könnte (ein in der Ölindustrie normaler Vorgang). Alle zuvor entnommenen Proben stammten aus Flüssigkeiten und Schlämmen, die sich im Bohrgestänge abgelagert hatten. Dieser Pumpvorgang lieferte etwa 12 Tonnen Rohöl, die dem *Danish Geological Survey* zufolge „wie gewöhnliches Rohöl aussahen." Zusammen mit dem Öl kamen auch 15 Tonnen feinkörniger Magnetit nach oben. Auf konzentrierte Kohlenwasserstoffe stieß man auch in den erbohrten Gesteinsproben der zweiten Bohrung, die alle 150 Zentimeter entnommen wurden. Besonders hohe Werte wiesen die Proben immer dort auf, wo die Bohrung Lagergänge eines bestimmten intrusiven magmatischen Gesteins namens Dolerit (auch Diabas) durchbrochen hatte, für das der regionale Granit bekannt ist. Das intrusive vulkanische Gestein stammt mit Sicherheit aus tieferen Schichten, was darauf hindeutet, daß dieses eingedrungene magmatische Material das Leitungssystem der Kohlenwasserstoffe bildete. Eine bessere Bestätigung dafür, daß Kohlenwasserstofffluide aus der Tiefe stammen, hätte ich mir nicht wünschen können (Abb. 6.5).

Dank der Pumpergebnisse von 1990 kann man die aus der Tiefe geförderten Mengen an Öl und Magnetitpaste nicht länger als „geringe Spuren" abtun, wie das diverse wissenschaftliche Zeitschriften getan haben. Dennoch würde eine Fachzeitschrift nie diese überraschenden

---

[79] W. E. Henry (1989): *Magnetic detection of hydrocarbon microseepage in frontier exploration region,* Bulletin of the Association of Petroleum Geochemical Explorationists 5, S. 18ff.

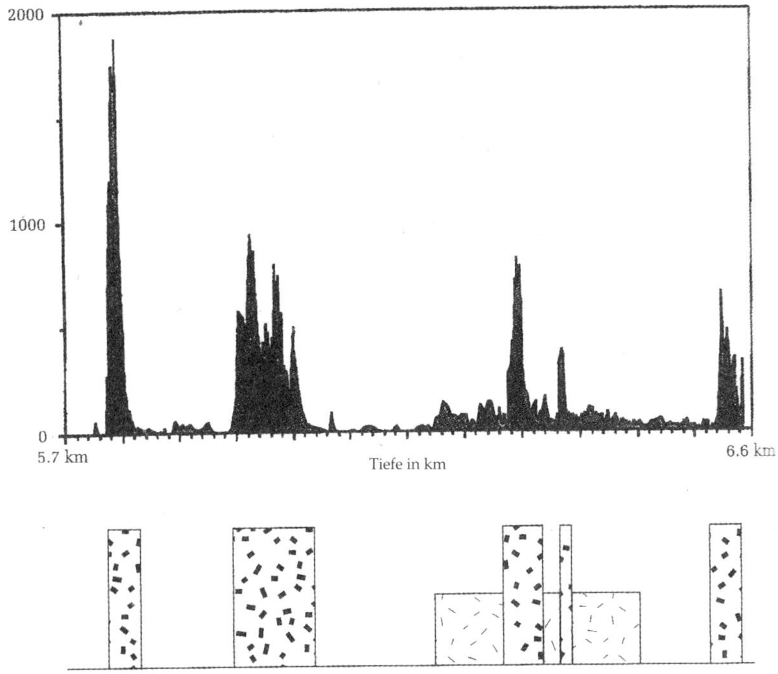

Abb. 6.5: Methankonzentrationen in Gesteinsproben aus Tiefen zwischen 5,7 und 6,6 Kilometern. Die obere Graphik zeigt Methankonzentrationen innerhalb des Gesteins. Zur Entnahme wählte man während der ganzen Bohrung immer das gleiche Verfahren, so daß das Verhältnis der Werte zueinander stimmt, auch wenn die absoluten Werte nicht genau bestimmt werden konnten. Die untere Graphik zeigt auf der gleichen Tiefenskala, wo das vulkanische intrusive Gestein Dolerit auftritt. Die hohen Säulen stehen für reine Doleritkörnchen, die niedrigen für ein Gemisch aus Granit und Doleritkörnchen. Die übrige Linie zeigt reinen Granit. Deutlich wird, daß hohe Methanwerte mit dem Auftreten von Dolerit korrespondieren.

Ergebnisse veröffentlichen. Gutachter bezeichneten diese Beobachtungen mir gegenüber als völlig unglaubwürdig und bestanden darauf, daß alles von einem anderen Team wiederholt werden müsse, ehe diese zur Veröffentlichung angenommen werden könnten. Wir haben daraufhin größere Ölforschungseinrichtungen eingeladen,

Vertreter an die Bohrstelle zu entsenden und unsere Arbeit zu beobachten. Man ist darauf gar nicht erst eingegangen.

84 Barrel Öl bedeuten etwas, besonders dann, wenn diese an einem Ort entdeckt wurden, an dem nach konventioneller Auffassung kein einziger Öltropfen rational erklärt werden könnte. Die Theorie von der abiotischen Entstehung des Erdöls wurde damit bestätigt. Dr. Peter N. Kropotkin, ein angesehener russischer Ölgeologe, kommentierte das in einem Text zur Wissenschaftsgeschichte so:

> Die Entdeckung von Öl tief unten im Baltischen Schild sollte als der entscheidende Faktor in der 100 Jahre alten Debatte über den biotischen oder abiotischen Ursprung des Öls angesehen werden. Diese Entdeckung erfolgte in tiefen Bohrlöchern, die im Zentrum des kristallinen Baltischen Schildes auf Initiative von T. Gold niedergebracht worden waren.[80]

Dennoch konnte in der Siljan-Region bei keiner Bohrung eine kommerziell ausbeutbare Zuflußmenge erreicht werden. Das lag jedoch nicht am zu geringen Nachschub, sondern daran, daß immer wieder kurz nach dem Beginn des Ölflusses die Risse im Gestein, durch die Öl in das Bohrloch floß, von Magnetitpaste blockiert wurden.

Wären die technischen Ressourcen, das Geld und das Interesse vorhanden gewesen, einen weiteren, bedeutend tieferen Abzweig des Bohrlochs einzubringen, dann hätte man die eigentliche Quelle der Kohlenwasserstoffe in abbauwürdigem Umfang verfügbar machen können. Doch weitere Bohrungen wären für die Investoren ein Glücksspiel gewesen. Sie entschieden daher, das Unternehmen an diesem Punkt abzubrechen. Aus heutiger Sicht hatte sich das Projekt wie viele Bohrvorhaben der Ölindustrie als unwirtschaftlich erwiesen. Trotzdem war es ein Erfolg für die Wissenschaft.

Was für eine grausame und ironische Wendung des Schicksals! Daß genau die Substanz im Überfluß vorhanden war, die diesem Pro-

[80] Vgl. P. N. Kropotkin (1997), wie Anm. 3.

jekt seinen *wissenschaftlichen* Erfolg bescherte, verhinderte seinen *kommerziellen* Erfolg. Der Magnetitschlamm verhinderte zwar eine andauernde Ölproduktion, stützte aber die Theorie von der Biosphäre in der Tiefe nachdrücklich.

Beim schwedischen Bohrvorhaben wurde mir ein flüchtiger Blick auf die Biosphäre der heißen Tiefe gewährt. Jetzt hielt ich es für möglich, daß jeder erdölführende Bereich aufgrund der Ausdehnung der unterirdischen Mikrobenbiosphäre biologischen Veränderungen unterworfen war, bis hinunter in die tiefsten Bohrlöcher, aus denen Öl gefördert wurde. Weil die Temperatur in der Erde mit zunehmender Tiefe ansteigt, müssen die beteiligten Mikroben hyperthermophil sein und in einem Temperaturbereich bis zu 120 °C, vielleicht sogar bis zu 150 °C, leben. Wie in Kapitel 5 ausgeführt, hatte ich bald den Verdacht, daß sich die Ausmaße dieser Lebensformen in Bezug auf Masse oder Volumen mit den Ausmaßen des gesamten uns bekannten Lebens an der Erdoberfläche vergleichen lassen.

Die Theorie der Biosphäre in der heißen Tiefe kann das Paradox sich einander scheinbar widersprechender Fakten lösen, das die Ölgeologie seit langem in zwei Lager spaltet und das Nachdenken über die Entstehung von Erdöl über viele Dekaden blockiert hat. Könnte diese neue Vorstellung vom Leben im *Inneren* der Erde dazu führen, daß auch ein Großteil der übrigen Geologie überdacht werden muß?

7] Die Erweiterung der Theorie

Wenn wir erst einmal die Existenz und die Unermeßlichkeit der Kohlenwasserstoffquellen verstanden haben, die vom Erdmantel heraufströmen, können wir uns einigen geologischen Themen noch einmal gewinnbringend zuwenden. Einige davon haben der Geologie schon lange Rätsel aufgegeben, andere schienen gelöst zu sein, verdienen es aber meiner Meinung nach, neu durchdacht zu werden.

In diesem Kapitel werde ich zwei Erweiterungen der Tiefengastheorie behandeln. Die erste ist eine Deutung der Entstehung von Diamanten im Erdinneren in großer Tiefe. In der zweiten präsentiere ich eine neue Sichtweise bezüglich der Frage, wie einige Erzlagerstätten entstanden sind und in der äußeren Erdkruste zu Clustern verdichtet wurden. Weil der Geologie beide Themen anhaltende Schwierigkeiten bereiten, könnten die hier vorgestellten Spekulationen von besonderem Interesse sein. In Kapitel 8 werde ich dann die Tiefengastheorie um einen dritten und äußerst kontrovers diskutierten geologischen Teil erweitern: eine Erklärung der Vorgänge bei Erdbeben.

Chemische Abläufe in großen Tiefen unterscheiden sich beträchtlich von der uns vertrauten Niedrigdruckchemie. In einer Tiefe von 150 Kilometern zum Beispiel herrscht ein Druck von 40 Kilobar. Das entspricht dem Vierzigtausendfachen des Drucks in unserer Atmosphäre. Bei einem solchen äußeren Druck werden sehr viele verschiedene Moleküle zusammengehalten – Moleküle, die wir an der Erdoberfläche noch nie gesehen haben. Denn das Grundkonzept der Moleküle selbst beginnt bei Drücken zu zerfallen, die mit den Kräften innerhalb eines Moleküls vergleichbar sind, die das Molekül zusammenhalten oder es zerfallen lassen. Auf der Erdoberfläche dürften wir einige der Zerfallsprodukte solcher unbekannten Moleküle oder Kristallgitter schon einmal gesehen haben, aber wir können sie nicht selbst herstellen oder ihre Vorformen untersuchen. Dennoch könnten sie in der Tiefe eine wichtige Rolle spielen.

Experimente, die unter einem Druck von 40 Kilobar und mehr stehen und bei denen hohe Temperaturen wie in der Tiefe herrschen, verlangen extrem teure Geräte. Darüber hinaus sind thermodynamische Berechnungen zur Entschlüsselung der Geheimnisse der Chemie in der Tiefe komplex und nur sehr schwer auf experimentelle Weise durchführbar. Wenn man weiß, wonach man sucht, kann man einiges in Erfahrung bringen. Doch um bisher unbekannte Moleküle zu bestimmen, sind solche Berechnungen allein nicht sehr hilfreich. Die Umstände, unter denen die Atome der Moleküle, die aus dieser weitgehend unbekannten Chemie stammen, entdeckt werden, könnten Aufschluß über die chemischen Prozesse geben, die beteiligt waren. Besonders deshalb, weil dabei viele deutliche regionale Korrelationen bei den Lagerstätten bestimmter metallischer Minerale zu sehen sind. Im Falle von Kohlenstofflagerstätten bestehen zudem Zusammenhänge mit Merkmalen der Erdkruste.

Welche Vorgänge in der Erde haben dazu geführt, daß sich bestimmte Materialien an ganz bestimmten Stellen in der Erdkruste anreichern? Man hätte eigentlich erwarten können, daß die Entwicklung in die andere Richtung gehen würde – daß alle Stoffe durch oberirdische Prozesse völlig willkürlich vermischt werden. Doch wie hätte man dann jemals einen Goldklumpen finden können, oder einen Diamanten, der aus sehr reinem Kohlenstoff besteht? Oder warum entdeckt man Stellen, an denen sich bestimmte Metalle in Gestein angereichert haben, und zwar um den Faktor von einer Million oder mehr im Vergleich zu anderen Gesteinen.

In der Erde müssen gewaltige Konzentrationsprozesse am Werk sein, deren Antriebsenergie aus dem Erdinneren stammen muß. Eine solche Energiequelle ist das Schwerefeld, das schwerere Materialien absinken und leichtere aufsteigen lassen kann. So läßt sich die Bildung eines Eisenkerns erklären, denn Eisen ist reichlich vorhanden und besitzt in etwa die doppelte Dichte von Gestein. Es ist ebenso einfach, sich das Auftreten von Wasser und anderen Fluiden an der Erdoberfläche vorzustellen, die eine geringere Dichte als die meisten Gesteinsarten aufweisen. Es gibt jedoch viele Konzentrationsprozesse, die von den chemischen Eigenschaften eines Stoffes und nicht nur durch dessen Dichte bestimmt werden. Man geht allgemein davon aus, daß in all diesen Fällen eine Flüssigkeit beteiligt gewesen sein muß, die durch Gesteinsporen geflossen ist, und daß es deren chemische Eigenschaften ermöglicht haben müssen, das spezifische anzureichernde Atom oder Molekül aus dem Gestein heraus zu lösen, aufzunehmen und in der Strömung mitzuführen. Danach muß eine Veränderung der Umstände – wie Druck, Temperatur oder bestimmte chemische Stoffe – die Stoffmenge reduziert haben, die das Fluid transportieren kann. Das hat die Ablagerung des Stoffes zur Folge, der jetzt, verglichen zu seinem anfänglichen Vorkommen im Gestein, hochkonzentriert vorliegt. Alle diese Umlagerungsvorgänge benötigen Energie. Diese Energie muß wenigstens zum Teil aus chemischer Energie stammen, über die die Erde seit ihrer Entstehung verfügt.

Während viele der beobachteten Anreicherungen chemischer Komponenten unter Bezugnahme auf solche Abläufe zufriedenstellend erklärt wurden, haben der Geologie lange Zeit zahlreiche andere Anreicherungen große Rätsel aufgegeben. In der Wissenschaft gibt es nichts wichtigeres und interessanteres als für uns unerklärliche Beobachtungen. Die Bildung von Diamanten und bestimmte Erzablagerungen gehören in diese Kategorie. Wenden wir uns jetzt diesen beiden Rätseln zu.

Die Herkunft der Diamanten

Die Entdeckung von Kristallen aus reinem Kohlenstoff, also Diamanten, auf oder nahe der Erdoberfläche, war eigentlich nicht zu erwarten. Solche Kristalle sind keine Kristalle, die bei niedrigem Druck stabil sind und sich im Gleichgewicht befinden. Aus diesem Grund können sich Diamanten keineswegs nahe der Stelle gebildet haben, an der sie gefunden wurden. Sogar wenn Kohlenstoff durch einen Prozeß nahe der Erdoberfläche in großer Reinheit konzentriert werden könnte, dann sollte das zu Ablagerungen von Graphit (das Material der Bleistiftminen), der stabilen kristallinen Form des Kohlenstoffs in der Erdkruste, geführt haben. Diamanten sind die Hochdruckvariante des Kohlenstoffs, wobei der für das Erreichen dieser stabilen Form nötige Druck so immens hoch ist, daß man kaum erwarten würde, davon einzelne Exemplare an der Erdoberfläche zu finden. Nicht nur, daß sie sich hier nicht gebildet haben können. Sie würden hier sogar mit der Zeit zu Graphit zerfallen. Denn auch Diamanten halten nicht ewig, aber doch – wie sich herausstellt – eine lange Zeit.

Der nötige Druck, um den Bereich der Stabilität von Diamanten zu erreichen, liegt bei 40 Kilobar, also dem 40.000-fachen unseres Atmosphärendrucks. Das weiß man aus theoretischen Überlegungen und wurde durch Hochdruckexperimente bestätigt. Wir kennen in der Natur keinen Druckbehälter, der einem solchen Druck standhalten könnte. Die einzigen uns bekannten Orte, an denen wir solche Drücke erwarten können, liegen in einer Tiefe, in der der Gegendruck des Gesteins solche Drücke ausgleichen könnte. Die Erde ist kein Dampfkessel, bei dem die Zugfestigkeit des Stahls hohe Drücke aushält. Vielmehr ist die Erde wie ein Geröllhaufen aufgebaut, der willkürlich zusammengekippt wurde und keine Zugfestigkeit besitzt. Dieser Mangel an Zugfestigkeit erlaubt es uns, die Mindesttiefe zu berechnen, an der der für die Diamantenentstehung nötige Druck erreicht wird. Sie liegt bei 150 Kilometern – und damit weit unterhalb der Erdkruste, im Erdmantel. Das läßt zwei Fragen offen: Wie die Diamanten an die Erdoberfläche gelangten und warum sie dort ihre unter Hochdruck gebildete Form behielten und nicht zu Graphit zerfielen.

Die grundlegende Entdeckung, die diese beiden Fragen beantwortete, wurde 1870 nahe einer Stadt namens Kimberley in Südafrika gemacht. Man fand dort Diamanten, aber auch eine außergewöhnliche geologische Besonderheit: einen trichterförmigen Einschnitt, der tief in das Gestein hineinreicht und sich von einem Durchmesser an der Erdoberfläche von rund 200 Metern zu wenigen Metern Durchmessern in rund 1000 Metern Tiefe verjüngt. Dieser setzte sich nach unten als Schlot über die Grenze der Beobachtbarkeit hinaus fort. Inzwischen hat man etwa 10 solcher Trichterformen entdeckt, die alle Diamanten enthielten und über die gesamte Welt verteilt sind. Sie enthalten Mantelgestein, aber auch lokales Material, das hineingefallen ist. Diese Schlotfüllung und der Untergrund der Umgebung enthalten nicht nur Diamanten in hoher Konzentration, sondern auch ein Gestein namens Kimberlit, das aus großer Tiefe aufgestiegen zu sein scheint. Es sind einige andere solcher Trichter entdeckt worden, die zwar Kimberlit enthalten aber keine Diamanten. Obwohl diese Schlote gerne als vulkanisch bezeichnet werden, hat man in ihnen nirgends einen Hinweis auf erstarrte Lava gefunden.

Damit zeichnet sich ein außergewöhnliches Bild ab: Diamanten stehen für enorme Gaseruptionen, möglicherweise aus einer Tiefe von etwa 150 Kilometern, in der sich Diamanten bilden können. Dort mußte sich im Fluid so viel Druck aufgebaut haben, daß in das 150 Kilometer starke Deckgebirge eine Öffnung gesprengt wurde und die ausbrechenden Gase aus großer Tiefe Material nach oben tragen konnten. Aus diesem Grund findet man an der Erdoberfläche natürliche Diamanten. Der Eruptionsvorgang erklärt jedoch auch, warum die Diamanten erhalten blieben und nicht zu Graphit zerfallen sind.

Bei einer solchen schnell ablaufenden Eruption kann sich das Trägergas schnell abkühlen und mit ihm die Diamanten. Bei der niedrigen Temperatur der Erdoberfläche fehlt den Diamanten dann die innere Energie, ihre Kristallstruktur umzuformen. Damit wären sie ein instabiler Festkörper in einem „unterkühlten" Zustand. Uns allen sind solche unterkühlten Strukturen vertraut. Dazu gehören Stahlklingen, die erhitzt und dann schockgekühlt werden, wodurch ein härterer, aber auch spröderer Stahl entsteht.

Warum gibt es an der Erdoberfläche so wenige Diamanten? Daß reiner (nicht oxidierter) Kohlenstoff sich in Tiefen anreichert, in denen sich Diamanten bilden, und explosionsartige Gasausbrüche von dort bis zur Erdoberfläche sind unwahrscheinlich. Welcher dieser beiden Gründe ist der mengenbegrenzende Faktor? Besteht zwischen beiden ein Zusammenhang in dem Sinne, daß die Stellen, an denen sich der Kohlenstoff konzentriert, auch für große Blasen von Hochdruckgas in den Gesteinsschichten sorgen? Oder ereignen sich beide Vorgänge unabhängig voneinander? In diesem Fall müßte man von einem sehr hohen Gehalt an Diamanten in den tiefen Gesteinsschichten ausgehen. Jeder Gasausbruch aus der Tiefe ließe dann Edelsteine erwarten. Wir kennen die Antwort auf diese wichtige Frage noch nicht. Schlimmer noch, wir können beim Stand unserer gegenwärtigen Möglichkeiten und unseres heutigen Wissens nicht einmal einen Plan vorlegen, dem man als Wissenschaftler folgen könnte.

Was geschieht jedoch mit diamantenhaltigem Gestein, wenn es durch geologische Abläufe mit nur geringer Geschwindigkeit an die Erdoberfläche gelangt? Eine Gesteinsschicht in Nordafrika besteht aus Materialien, von denen man weiß, daß sie aus großer Tiefe stammen. Dieses Gestein enthält viele Graphiteinschlüsse. Graphit ist die kristalline Form reinen Kohlenstoffs bei niedrigem Druck. Allerdings weist dieser Graphit die für die Kristallstruktur der Diamanten typischen oktaedrischen Strukturen auf. Diese Einschlüsse, so wurde überzeugend erklärt, waren ursprünglich Diamanten, deren Kohlenstoffatome sich jedoch im Zuge eines langsamen Aufstiegs und allmählicher Abkühlung in die Niederdruckform umwandelten.[81] Dies ist eine wichtige Beobachtung, die zeigt, daß Diamanten zumindest in einigen Bereichen ihrer Entstehung in der Tiefe sehr zahlreich sind. Das afrikanische Gestein mit den Graphiteinschlüssen läßt einen ursprünglichen Diamantenbesatz vermuten, der mehr als 100.000 Mal höher lag als jener der Kimberlitkamine. Das wiederum bedeutet, daß kohlenstoffreiche Fluide in diesen Schichten ebenfalls reichlich vorgekommen sein und reinen Kohlenstoff abgelagert haben müssen. Womöglich sind Diamanten an der Erdoberfläche nicht deshalb so selten, weil sie in tiefen Schichten selten vorkommen, sondern weil die Ausbrüche, die sie schnell nach oben bringen können, selten sind.

Diamanten enthalten oft Einschlüsse kohlenstoffhaltiger Fluide, die unter sehr hohem Druck stehen, darunter in erster Linie Methan und Kohlendioxid.[82] Eine davon ist wahrscheinlich die wichtigste Kohlenstoffquelle, aus der die reinen Kohlenstoffkristalle in der Tiefe entstanden sind. Ich glaube, daß vor allem Methan oder die anderen leichten Kohlenwasserstoffgase dafür verantwortlich waren, weil sie sich wesentlich leichter in ihre atomaren Bestandteile aufspalten als Kohlendioxid. Aber das Gas, auf das man bei weitem am häufigsten in Diamanteinschlüssen stößt, ist Stickstoff. Den Grund für diese Beziehung kennen wir nicht. Es könnte aber sein, daß Stickstoff zur Bildung von Ammoniak (NH_3) führt und dem Methan den Wasserstoff entzieht, was die Ablagerung von Kohlenstoff auslöst. Doch kennen wir den chemischen Gleichgewichtszustand zwischen den beiden Substanzen unter hohem Druck noch nicht. Wir wissen bisher dar-

---

[81] D. G. Pearson et al. (1998): *Graphitized diamond from a peridotite massif in Morocco and implications for anomalous diamond occurrences*, Nature 338, S. 60ff.

[82] C. E. Melton, A. A. Giardini (1974): *The composition and significance of gas released from natural diamonds from Africa and Brazil*, American Mineralogist 59, S. 775ff.

über nur, daß sie auf Planeten und Monden oft zusammen vorkommen und bei niedrigem Druck einander nicht zerstören.

Die Kohlenstoff-Isotopenverhältnisse in Diamanten wurden in einer Studie über aus zwei unterschiedlichen Gesteinsarten stammende Diamanten herangezogen. Die Verfasser kommen zu dem Schluß, daß sicherlich weder umgewandelter biogener Kohlenstoff noch die allgemeine und schon bei der Entstehung der Erde vorhandene Heterogenität von Kohlenstoff aus dem Erdmantel verantwortlich für die große C-13-Spanne in Diamanten sind. Stattdessen deuten die Daten auf einen Fraktionierungsprozeß hin.[83]

Kohlenwasserstoff-Fluide werfen ein ähnliches Problem auf wie Diamanten. Daß sie in der obersten Erdkruste häufig vorkommen versperrt uns den Blick dafür, daß ihre Existenz in unserer Lebenswelt ungewöhnlich ist. Bei hohen Drücken stellen Kohlenwasserstoffe eine stabile Anordnung von Kohlenstoff und Wasserstoff dar. Daher können sich Kohlenwasserstoffe im oberen Erdmantel und der tiefen Erdkruste von selbst bilden. Aber unter den niedrigen Drücken nahe der Erdoberfläche sind Kohlenwasserstoffe stark abgekühlte instabile Fluide. Wenn sie in Niedrigdruckbereiche aufsteigen, beginnen sie zu zerfallen, das heißt, sie geben allmählich Wasserstoff ab. Das ist genau das, was wir in den vertikalen Schichtstrukturen eines Gebietes mit Kohlenwasserstoffvorkommen sehen, die von Methan in den untersten Schichten über Öle bis hin zur Steinkohle in den am meisten oben liegenden Schichten reichen. Jede Stufe in dieser Schichtung bedeutet einen weiteren Verlust von Wasserstoff.

Insgesamt bietet die abiotische Theorie der Erdölentstehung die Möglichkeit, die Entstehung von Diamanten grundlegender zu erklären. In früheren Kapiteln habe ich gegen verschiedene weitverbreitete Leitsätze der modernen Geologie Einwände vorgebracht, wie

[83] Pierre Cartigny et al. (1998): *Eclogitic diamond formation at Jwaneng: No room for a recycled component*, Science 280, S. 1421ff.

zum Beispiel: „Die Existenz von Porenzwischenräumen in Tiefen von mehr als einigen Kilometern ist höchst unwahrscheinlich“, „nicht oxidierter Kohlenstoff kann nicht unterhalb der Sedimentschichten vorkommen“, „Kohlenwasserstoffe sind unterhalb einer Tiefe von 15 Kilometern nicht stabil“ und „Ausgasungen aus tiefen Schichten (wo es keine Gesteinsporen gibt) kann es nicht geben“. Die Bildung von Diamanten, wie ich sie hier dargestellt habe, steht in einem scharfen Gegensatz zu jedem einzelnen dieser Glaubenssätze. Das Vorhandensein von Diamanten zeigt somit, daß es in der Tiefe des Erdmantels Porenzwischenräume gibt und daß diese sich mit kohlenwasserstoffhaltigen Fluiden füllen können. Es zeigt sich auch, daß diese Poren solchen Fluiden den Durchfluß erlauben, daß in solchen Tiefen nicht oxidierter Kohlenstoff (die Diamanten selbst und Kohlenwasserstoffgase) existieren kann und auch tatsächlich vorkommt und daß gewaltige Gasausbrüche aus diesen Tiefen stattfinden können. Ich weiß von keinem anderen Verfahren, mit dem aus reinem Kohlenstoff zentimetergroße Diamantstücke hergestellt werden können, noch von einem Verfahren, das Diamanten anders als hier beschrieben nach oben tragen könnte. Mit dem Wissen, das uns die Diamanten zur Verfügung gestellt haben, können wir als nächstes der Frage nachgehen, ob uns die abiotische Theorie eine Möglichkeit bietet, den Mechanismus besser zu verstehen, der andere wichtige Bodenschätze – konzentrierte Vorkommen diverser Metalle wie Kupfer, Eisen Zink, Blei und Uran – hervorgebracht hat.

Eine neue Deutung für konzentrierte Erzvorkommen

Überall auf der Welt, besonders im Norden Südamerikas und in der Wyoming-Montana-Region in den USA treten Erzvorkommen in größeren Clustern auf. Dort findet man in enger Nachbarschaft Kupfer, Blei, Zink, Silber und Gold. Woher kommt es, daß all diese Metalle in hoher Konzentration und eng beieinander zu finden sind? Welcher Vorgang verursacht die Ablagerung eines bestimmten Elements in millionenfach oder sogar hundertmillionenfach höherer Konzentration, verglichen mit dem Ausgangsmaterial, aus dem es stammt? Auf hohe Anreicherungen bestimmter Metalle stößt man sogar in Gestein wie Granit, wo solche Vorkommen eindeutig als Intrusionen anzusehen sind, die stattfanden, nachdem sich das Magma verfestigt hatte.

Damit sich Metall anreichern kann, müssen mehrere allgemeine Bedingungen erfüllt sein. Als erstes muß – wie schon besprochen – eine Flüssigkeit (bzw. ein Fluid) vorhanden sein, das durch die Poren und Risse im Ursprungsgestein fließen kann, wo das Metall nur spärlich vorkommt. Das Fluid muß geeignet sein, im Gestein Metall aufzunehmen – das heißt, auszuwaschen – und mit sich zu führen. Dieses Auslaugen ist ein sehr energieintensiver Vorgang. Um dieses Kunststück zu vollbringen, muß eine Quelle für die Pumpenergie vorhanden sein. Diese muß in der Lage sein, die Fluide durch das Gestein zu drücken. Damit aus dem ausgelaugten mitgeführten Material ein Erzvorkommen entsteht, muß das Fluid auf Bedingungen stoßen, die seine Metallfracht dazu bringen, aus der Lösung auszuscheiden. Eine solche Bedingung könnte ein Temperaturabfall sein, wenn das Fluid aufsteigt. Oder die Vermischung und Verunreinigung mit einem anderen Fluid, was Chemie und Löslichkeit der Lösung so weit verändert, daß das Material ausfällt. Es ist auch möglich, daß die Trennung während des Aufstiegs durch das Unterschreiten eines bestimmten Drucks ausgelöst wird. Auch die Lebewesen der Biosphäre der heißen Tiefe dürften dabei, wie wir sehen werden, eine Nebenrolle spielen.

Man nimmt allgemein an, heißes Wasser sei dafür verantwortlich, daß sich Metalle zu Erzlagerstätten sammeln. Doch kann die Heißwassertheorie nicht erklären, welche Vorgänge in der Realität einige der Metalle anreichern könnten. Dieses Problem ist sogar so groß, daß Antworten nur bruchstückhaft erfolgen – einige chemische Reaktionen werden für die Lösung und Abscheidung eines Metalls vorgeschlagen, andere Reaktionen für ein anderes. Bruchstückhafte Antworten sind besonders dann fragwürdig, wenn es sich um eine Gruppe von Metallen handelt, jedoch für jedes einzelne Metall dieser Gruppe unterschiedliche Erklärungen angeboten werden, obwohl diese oft dicht nebeneinander auftreten. Da die Fragestellung eher allgemeiner Art ist, sollte eine einheitliche angemessene Erklärung für die Phänomene gefunden werden, die allen Metallen gemeinsam sind. Bestimmte Gruppen von Metallen treten in ihren oberflächennahen Vorkommen häufig in Kombination auf. Dazu zählen Zink und Blei, Gold und Silber und andere Schwermetalle.

Die hydrothermale Theorie der Erzbildung hat zwei große Schwierigkeiten. Die erste ist, daß viele Metalle, darunter besonders Schwermetalle, nicht ausreichend wasserlöslich sind – egal, bei welcher Temperatur und auch nicht in Lösungen, die aggressive Salze enthalten. So führte der Geochemiker Konrad Krauskopf in seinem Lehrbuch aus, die Unlöslichkeit vieler Metalle und ihrer Bestandteile in Wasser sei „seit langem für die klassische hydrothermale Hypothese der Metallablagerung eine Schwierigkeit“. Dazu lieferte er Fallbeispiele für die ungeheuren Wassermengen, die wegen der geringen Metallspuren in ihnen durch die Gesteinsritzen geflossen sein müßten, um so die Anreicherung bekannter Erzlagerstätten zu erklären. Er schlußfolgerte, daß solche Mengen völlig unrealistisch sind.[84]

Das zweite Problem für die Vorstellung, die für die Metallablagerungen verantwortliche Flüssigkeit sei Wasser, stellt das wahrscheinliche Fehlen der Pumpleistung dar, die nötig ist, um das Metall überhaupt erst auszuwaschen. Wasser fließt durch die äußere Erdkruste, aber nur selten (wenn überhaupt) in einer Tiefe von 10 Kilometern. In Bohrlöchern, die in solche Tiefen hinunterreichen, ist es viel wahr-

[84] Konrad B. Krauskopf: *Introduction to Geochemistry*, London 1983, S. 395.

scheinlicher, auf leichte Kohlenwasserstoffe als auf Wasser zu stoßen. Wenn wir also annehmen, daß nur bis in eine Tiefe von 10 Kilometern Auswaschungen durch Wasser stattfinden, dann würde der Druck, der den Pumpvorgang in einer solchen Tiefe antreibt, bestenfalls durch das Gewicht des Deckgebirges einschließlich des Gewichts der darin enthaltenen Flüssigkeit (meist ein geringer Teil des Gesamtgewichtes) bestimmt. Unter der Annahme, daß sich Wasser und Gestein in der Tiefe zunächst im Druckgleichgewicht befinden, ist die maximale Leistung, die für den Antrieb der Strömung und damit der Auslaugung zur Verfügung steht, die Wassermenge, die pro Zeiteinheit aus der Tiefe ausgestoßen wird, multipliziert mit der Druckdifferenz zwischen Eintritts- und Austrittspunkt (unter Auslassung der Komponente, die sich nur aus der statischen Wassersäule ergibt). In der Tiefe von rund 10 Kilometern würde das Gewicht des Deckgebirges einen Druck von rund 3.000 Bar (3.000 Atmosphären) erzeugen, die Wassersäule selbst 1000 Bar. Demnach stünden etwa 2.000 Bar oder 2 Kilobar zur Verfügung, um das Fluid durch das Gestein zu drücken. Im Hinblick auf das, was geleistet werden soll, ist dieser Druck nicht gerade beeindruckend hoch. Das Auslaugungsvermögen des Fluids wäre deswegen ebenso gering.

Ein besserer Kandidat, um Metalle auszulaugen und nach oben zu tragen, sind Kohlenwasserstoff-Fluide. Diese übertreffen Wasser sowohl in ihrer Fähigkeit, Metalle in Lösung zu halten, als auch bei der für den energieaufwendigen Auslaugprozeß erforderlichen Pumpleistung. Man denke zum Beispiel an die Auslaugleistung eines nach oben strömenden Kohlenwasserstoff-Fluids, das aus einer Tiefe stammt, in der sich Diamanten bilden, indem reiner Kohlenstoff aus einem kohlenstoffhaltigen Fluid abgeschieden wird. In der Tiefe von 150 Kilometern herrscht ein Druckbad von 40 Kilobar, also vierzigtausend Mal der Atmosphärendruck auf Meereshöhe. Wenn wir von den gleichen Annahmen über die Dichte wie im vorherigen Beispiel ausgehen, dann ergeben sich etwa 35 Kilobar als Antriebskraft für den Auslaugprozeß. Das ist wesentlich mehr als die zwei Kilobar, die wir zuvor für unser Wasserbeispiel berechnet haben. Schon allein deshalb sollten wir untersuchen, ob diese Fluide, die derart antriebsstark und über weite Entfernungen Gesteinsschichten in ihrem Inneren auslaugen können, etwas mit den Metallvorkommen zu tun haben, die durch irgendeine Art von Auslaugung abgelagert worden sind.

Daß Erdöl bekanntermaßen tatsächlich viele Metalle mitführt, ist ein weiterer Aspekt, der dafür spricht, daß Kohlenwasserstoffe als Trägerfluid von Metallen anzusehen sind. Kohlenwasserstoffe können mit Metallen molekulare Bindungen eingehen und Komplexverbindungen (Liganden) bilden, die als *Metall-Organyle* bezeichnet werden. Organometallische Moleküle wurden in jedem Rohöl nachgewiesen, das bisher einer Analyse unterzogen wurde. Am bekanntesten sind Vanadium- und Nickelporphyrine, doch gibt es einige andere. In manchen Erdölen lassen sich organometallische Gold- und Silbermoleküle nachweisen, wenn auch in geringen Mengen.

Bei Porphyrinen handelt es sich um eine Gruppe von Metall-Organylen, die neben Kohlenstoff und Wasserstoff auch Stickstoff enthalten. Porphyrine wie Hämoglobin (mit einem einzigen Eisenatom als Kern) oder Chlorophyll (mit einem einzelnen Magnesiumatom als Kern) sind wichtige Katalysatoren und werden von zahlreichen bekannten oberirdischen Lebensformen hervorgebracht. Die Herkunft der Porphyrine im Erdöl wurde deshalb bereitwillig biologischen Rückständen zugeschrieben. Diese Erklärung ließe erwarten, im Erdöl in erster Linie auf Magnesium- und Eisenporphyrine zu stoßen. Es ist jedoch kein einziger Hinweis auf ihr Vorkommen in Erdöl bekannt.[85] Stattdessen wurden durchweg nur Nickel- und Vanadiumporphyrine nachgewiesen. Es scheint sehr unwahrscheinlich zu sein, daß bei je-

[85] Vgl. P. N. Kropotkin (1997), wie Anm. 3.

der Gelegenheit, in allen Erdölen, die ursprünglichen Metallatome allein durch Nickel und Vanadium aus den Gesteinen in ihrer Umgebung ersetzt wurden. Darüber hinaus wurde nicht erklärt, wie die Nickel- und Vanadiummoleküle bei relativ niedrigen Drücken und Temperaturen durch Pflanzenrückstände hätten erzeugt werden können. Solche Druck- und Temperaturverhältnisse sind jedoch gemäß der herrschenden Meinung für die Entstehung und Stabilität biotischer Kohlenwasserstoffe notwendig. Gemäß dem in diesem Buch dargelegten Modell der tiefen Erde wäre hingegen zu erwarten, daß sich Nickel- und Vanadiumkomplexe bei hohen Temperaturen und Drücken in der Tiefe bilden. Es ist gut möglich, daß diese beiden nur die am längsten überlebenden organometallischen Verbindungen sind, nachdem viele andere in tiefer liegenden Bereichen, die außerhalb unserer Reichweite liegen, zerfallen sind.

Soviel ich weiß, hat noch niemand eine Theorie für eine organometallische Chemie entwickelt, die einem Druck von vielleicht 50 Kilobar standhalten würde. Bisher liegen uns dafür nur einige Laborversuche vor. Bei einem solchen Druck blieben sicher viele Moleküle erhalten, auch wenn sie bei den oberflächennahen Drücken der Erdkruste leicht zerfallen würden. Unter diesen Molekülen dürften häufig organometallische Verbindungen zu finden sein, wenn die Bildung der organometallischen Moleküle weniger Raum beansprucht als die Materialien, aus denen sie entstanden sind. Möglicherweise werden beim Durchfließen von Gesteinsschichten über große Entfernungen hinweg eine ganze Reihe Metall-Organyle durch Kohlenwasserstoff-Auslaugung gebildet.

Metall-Organyle werden nicht nur aus Kohlenwasserstoffen und Metallen, die Kohlenwasserstoffe auf ihrer langen Reise nach oben aus dem Gestein auswaschen, *erschaffen;* sie können auch von Kohlenwasserstoffen *transportiert* werden. Die meisten Metall-Organyle lösen sich in Kohlenwasserstoff-Ölen und werden daher von der Strömung mitgeführt. Erreichen Temperatur, Druck oder andere Bedingungen für die Löslichkeit einen Schwellenwert, an dem ein bestimmtes Metall-Organyl nicht länger von der Strömung weitergetragen werden kann, wird an dieser Stelle ein konzentriertes Metallvorkommen entstehen.

Auf seinem Weg nach oben kann der Kohlenwasserstoffstrom ein breites Spektrum verschiedener Moleküle generieren, wobei die einzelnen Moleküle von Faktoren wie dem Verhältnis von Kohlenstoff zu Wasserstoff am Punkt der Entstehung, dem Verhältnis zu anderen Elementen wie Stickstoff oder Sauerstoff, der katalytischen Wirkung anderer im Gestein vorkommender Mineralien und den Hitze- und Druckverhältnissen abhängen, die auf dem Weg nach oben auf sie einwirken. Von diesen Molekülen wird eine Klasse bevorzugt mit einem bestimmten Metall eine metallorganische Verbindung eingehen, während eine andere Klasse ein anderes Metall begünstigt. Die große Bandbreite bei den Kohlenwasserstoffmolekülen (man unterscheidet sie nach der Anzahl der in Ketten, Ringen oder einer Kombination aus beiden gebundenen Kohlenstoffatome) könnte daher den Grund für die Selektivität der Metallvorkommen liefern. Unterschiedliche Arten oder Gruppen von Metallen würden auf engstem Raum vorkommen, was auf größere Kohlenwasserstoffströme in dem Gebiet hindeutet. Dennoch wären die Lagerstätten getrennt, weil bestimmte Metalle bevorzugt mit bestimmten Kohlenwasserstoffen Verbindungen eingehen. Es ist zu erwarten, daß Kohlenwasserstoffe mit einem höheren oder niedrigeren Kohlenstoffgehalt oder wegen anderer struktureller Merkmale sich bei unterschiedlichen Schwellenwertänderungen bei Temperatur, Druck, Säuregrad und Löslichkeit ihrer metallischen Bestandteile entledigen. Das wiederum dürfte die Ursache für die beobachteten typischen gemeinsamen Vorkommen von Blei und Zink, Gold und Silber und so weiter sein.

Die Theorie, daß Kohlenwasserstoffe für die Metallablagerungen verantwortlich sind, wird auch durch die enge Verbindung von Kohlenwasserstoffen und Gold empirisch gestützt, was in wissenschaftlichen und populären Darstellungen über die Mineralienprospektion gut dokumentiert wurde. Den Goldsuchern in Colorado, Kalifornien, am Yukon und in Südafrika war diese typische Verbindung gut bekannt. Sie suchten nach einer „schwarzen Spur", einer Kohlenstoffschicht. Sie arbeiteten sich dann entlang dieses schwarzen Bandes vor, in der begründeten Hoffnung auf Gestein zu stoßen, das einen ausbeutbaren Goldanteil enthält. Konventionelles geologisches Wissen kann diese Verbindung überhaupt nicht erklären. Die Tiefengastheorie ist dazu jedoch ganz sicher in der Lage. Demnach wurde das Gold von aufströmenden Kohlenwasserstoffen aus dem Tiefengestein ausgewaschen und als Metall-Organyl nach oben transportiert. Aufgrund von Veränderungen des Druckes und anderer Randbedingungen auf dem Weg nach oben trennte sich das Metall irgendwann wieder von den Kohlenwasserstoffmolekülen. Wie bei den Steinkohlevorkommen löste sich am Ende auch der Wasserstoff vom Trägermolekül und ließ nur Kohlenstoff bzw. Ruß übrig, der dann womöglich über eine bestimmte Wegstrecke von Wasser weitergetragen wurde, woher die „schwarze Spur" stammt.

Interessant ist, daß ansonsten häufig Siliziumdioxid, d.h. Quarz bzw. Kieselerde, zusammen mit Gold auftritt. Silizium findet sich auf der Mendelejew-Tabelle der Elemente (dem Periodensystem) direkt unter Kohlenstoff, in der gleichen Spalte, mit sehr ähnlichen Eigenschaften. Silizium ist jedoch viel reaktionsfreudiger als Kohlenstoff. Es kommt ausschließlich in oxidierter Form vor, während Kohle in ihrer oxidierten wie nichtoxidierten Form vorkommt. Silizium bildet Öle, die Kohlenwasserstoffölen sehr ähneln, aber manchmal höhere Schwellenwerte für die thermische Stabilität aufweisen. Siliziumöle („Silikon-Öle") und Kohlenwasserstofföle sind mit ziemlicher Sicherheit ineinander löslich. Ich weiß nicht (und wahrscheinlich auch kein anderer), ob sich Silizium-Metall-Verbindungen analog zu Metall-Organylen unter hohen Temperaturen und Drücken bilden. Für Silikon-Öle als Metallträger spricht, daß man Gold eher in Quarzgängen als in Quarzablagerungen findet. Dies läßt auf einen gemeinsamen Migrationspfad von Siliziumoxid und Gold schließen.

Manchmal sind es keine Rußreste, sondern Kohlenwasserstoffe selbst, die mit Erzlagerstätten in Verbindung stehen. Öl tropfte zum Beispiel in den antiken Zinnminen im Granit von Cornwall (England) – den Zinnlieferanten des antiken Rom – auf die Bergleute, während sie arbeiteten. Weitere Erzbergwerke, in denen Kohlenwasserstoffe vorkommen, liegen in Wyoming, Alaska und im Ural. Schlagende Wetter (Methanexplosionen) im Granit einer Eisenerzgrube in Neufundland beendeten dort den Abbau. Obwohl deutliche Belege für eine Verbindung zwischen Metallen und Kohlenwasserstoffen vorliegen, bemühen Fachartikel über diese Funde noch immer hydrothermale Ansätze, um die Metallfunde zu erklären. Dabei wird vermutet, daß Kohlenwasserstoffe lediglich eine Verschmutzung darstellen, die biologischen Überresten der Umgebung zuzuschreiben ist.[86]

Viele Metalle bilden gerne Metallsulfide, wenn Schwefel vorhanden ist. Quecksilber in Form des Sulfids Zinnober wird häufig zusammen mit Öl und Teer entdeckt und kann von einem aufwärts strömenden Gas leicht als Quecksilberdampf oder Dimethylquecksilber mitgeführt werden. Dabei trifft es auf genug Schwefel, um sich zu Zinnober zu verwandeln. Dieser Mechanismus funktioniert auch bei vielen anderen Metallen, die einer Verbindung mit Schwefel und daher auch einer Umwandlung zu Metallsulfiden nicht widerstehen können. Beim Metall Quecksilber zeigt sich besonders deutlich, daß es

[86] Ein wichtiges Beispiel für einen wissenschaftlichen Aufsatz über die enge Verbindung zwischen Gold und Kohlenwasserstoffen (und der dennoch eine hydrothermale Ursache der Metallvorkommen vermutet) ist A. C. Barnicoat et al. (1997): *Hydrothermal gold mineralization in the Witwatersrand Basin*, Nature 386, S. 820ff.

aus großen Tiefen stammt; es steht in einer äußerst engen Beziehung zu Helium, vor allem zu Helium mit einem hohen Anteil des Isotops Helium-3. Dieser kennzeichnet ein ursprüngliches Helium, welches bei der Entstehung der Erde eingefangen worden ist und das aus der Radioaktivität von Uran und Thorium stammende Helium in geringem Maße ergänzt.

Hat die tiefe heiße Biosphäre in irgendeiner Weise mit den Metallablagerungen zu tun? Man kann darüber spekulieren, ob mikrobielle Aktivitäten manchmal eine Rolle spielen, insbesondere bei der Entstehung reiner Metall-Nuggets. Es ist durchaus denkbar, daß die Kohlenwasserstoffbestandteile der Metall-Organyle Mikroben anziehen, die deshalb die Ablösung Kohlenwasserstoffhülle von den Metallen betreiben, in großer Tiefe, noch vor dem Erreichen des Schwellenwertes, an dem der Zerfall dieser Moleküle abiotisch eintreten würde. Außerdem kann man vermuten, daß bestimmte Mikrobenarten den Zerfall bestimmter Organometalle bevorzugen. Das könnte womöglich den Effekt erklären oder zu seiner Erklärung beitragen, der in diesem Rätsel eindeutig weitreichende Folgen hat: Die Häufung mehrerer unterschiedlicher Erzlager in enger Nachbarschaft zueinander. Dabei würde es sich im allgemeinen um Bereiche handeln, in denen bedeutende Kohlenwasserstoffaustritte auftraten und in denen an einem Fleck eine bestimmte Mikrobenart vorherrschend wurde und an einem anderen andere Mikroben.

Immerhin ist es gut belegt, daß gewöhnliche Oberflächenbakterien bedeutende geochemische Ingenieurleistungen vollbringen können und ihre Umgebung damit derart umgestalten, daß mineralische Kristalle oder sogar große gleichförmige Lagerstätten entstehen. Man nimmt allgemein an, daß Mikroben konzentrierte Lagerstätten einer großen Vielzahl von Mineralien bilden können.[87] So erzeugt das Bakterium *Desulfovibrio desulfuricans* Pyritkristalle (FeS_2), Greigit (Fe_3S_4), Sphalerit (ZnS) und Galenit (Bleiglanz, PbS). Einige Bakterienarten erzeugen Magnetit, welches, wie Sie sich vielleicht erinnern, auf dem Grund unserer beiden Bohrlöcher in Siljan gefunden wurde.

Die Anreicherung von Metallen in Sedimentschichten läßt sich leicht durch Szenarien mikrobieller Mittlerschaft erklären, die auf dem Paradigma vom Leben an der Erdoberfläche beharren. Man nimmt dabei wie die meisten Geologen an, daß die Mikroben hier als Teil der oberirdischen Biosphäre aktiv waren, während sich die Sedimente zunächst an Flußmündungen, auf dem Grund eines Sees und an ähnlichen Stellen abgelagert haben. Doch entziehen sich Metallanreicherungen in Adern, die sich in Eruptivgestein finden, einer solchen Erklärung. Diese Umstände lassen sich nur dann durch Mikroben erklären, wenn anerkannt wird, daß sich die Mikroben in der Tiefe von Kohlenwasserstoffen ernähren – das heißt nur dann, wenn die Theorie von einer Biosphäre in der heißen Tiefe anerkannt wird.

Die Untersuchung dieser und ähnlicher biotischer Prozesse bei der Bildung von Erzlagern wurde bisher sehr durch die feste und weit verbreitete Überzeugung behindert, daß Erdöl nur aus biologischen Resten gebildet worden sein kann, die auf der Erdoberfläche entstanden sind und dann verschüttet wurden. Bisher erforschte Biomineralisationsprozesse betreffen fast ausschließlich Stoffe, die durch oberirdische Lebensformen entstanden sind, einschließlich solcher Bakterien, die zwar zur oberirdischen Biosphäre gehören, aber ihr Leben in sauerstoffarmen Sedimenten knapp unter der Oberfläche fristen.

Ob die für Bergbaufirmen interessanten Abbauprodukte allein auf Kohlenwasserstoffe aus der Tiefe oder auf ihr Zusammenwirken mit

---

[87] Tabellen zur biologischen Mineralisierung findet man bei Barry S. C. Leadbeater, Robert Riding (Hg.): *Biomineralization in Lower Plants and Animals*, Oxford 1986, S. 4. Ebenso: Lynn Margulis, Dorion Sagan: *What Is Life?* New York 1995.

Mikroben in der Biosphäre der heißen Tiefe zurückzuführen sind oder nicht: Ich bin überzeugt, daß Kohlenwasserstoffe als Fluide das Auswaschen, die Verbindung und den Transport vieler Metalle bewirken. Aufgrund ihrer Herkunftstiefe liefern sie die für eine umfangreiche Auswaschung nötige Antriebskraft und können viele Molekülarten mit sich führen, die sich in Lösung bilden. Eine große Unsicherheit betrifft die Bildung verschiedener, unter hohem Druck bestehender organometallischer Verbindungen, ein Problem, das mit den heute verfügbaren Informationen nicht gelöst werden kann. Ich glaube dennoch, daß sich Kohlenwasserstoffe am besten als Träger, für die Auswaschung und bezüglich der Anforderungen an die Löslichkeit für den Transport von Metallen durch die Erdkruste nach oben eignen.

Ist das alles nur Einbildung? Wie realistisch können diese Spekulationen sein, die so wichtige Fragen wie die der Hochdruckchemie betreffen, die noch gar nicht geklärt sind? Das Experimentieren unter einem Druck von 40 Kilobar oder höher ist sehr schwierig und sehr teuer. Diese Experimente werden nicht durchgeführt, solange es für sie keinen triftigen Grund gibt. Weil im Westen die Meinung vorherrscht, daß in der Tiefe keine Kohlenwasserstoffe vorhanden sind, scheint es keinen Grund zu geben, über die Idee nachzudenken, erst recht nicht, sie zu überprüfen, daß aus großen Tiefen heraufströmende Kohlenwasserstoffe die Anreicherung von Erzen verursachen. Und das trotz der deutlichen Hinweise auf eine häufige regionale Verbindung verschiedener Erze mit Erdöl. Ich hoffe, daß die hier vorgelegten Hinweise und Erklärungsansätze dazu motivieren, eingefahrene und vielleicht unhaltbare Annahmen zu überdenken, die andernfalls den Fortschritt beim Verständnis der Entstehung und Lokalisierung wichtiger Metallvorkommen verzögern könnten.

8] Erdbeben neu gedacht

Erdbeben bezeugen die gewaltigen Kräfte, die im Inneren der Erde herrschen. Vor aller Augen kommt es zu äußerst heftigen und schnell verlaufenden Ereignissen. Doch deren Ursachen werden noch nicht vollständig verstanden und viele auffällige Anomalien bleiben unerklärt. Ich glaube, daß die Tiefengastheorie einen bedeutsamen Beitrag zur Entwicklung einer neuen, umfassenderen und brauchbareren Theorie für dieses Phänomen leisten kann.

Nach der Tiefengastheorie wirft die Erde unentwegt aus großen Tiefen Fluide aus. Darunter sind auch gasförmige Stoffe, die aus dem Erdmantel austreten. Einige dieser Fluide steigen als Teil eines Stromes aus flüssigem Gestein (Magma) auf, der bei Vulkanausbrüchen an die Oberfläche schießt. Andere durchbrechen die Erdoberfläche in der stetigen und bedächtigen, aber doch sehr auffälligen Art von Schlammvulkanen, die Schlamm statt Lava ausstoßen. Schlammvulkane findet man an Orten mit andauernder vulkanischer Aktivität (Island), in geothermischen Zonen ohne derzeit aktiven Vulkanismus (Yellowstone), aber auch in relativ ruhigen geologischen Regionen, die eine kommerzielle Öl- und Gasförderung zulassen (südliches Alaska, ölreiche Zonen des Nahen Ostens sowie der gesamte indonesische Sunda-Bogen).

Schlammvulkane

Verschiedene geologische Merkmale an Land, auf dem Meeresgrund und auf Eisfeldern deuten darauf hin, daß Gase aus dem Untergrund emittiert wurden. Auf diese Erscheinungsformen stößt man vor allem in Gebieten mit häufigen Erdbeben. Die bedeutendsten sind Vulkane, die nicht nur flüssiges Gestein an die Erdoberfläche transportieren, sondern auch Kamine bilden, durch die aus großer Tiefe Gase aufsteigen. Bekannt sind die heftigen und verheerenden Explosionen, die mit manchen Vulkanausbrüchen einhergehen.

Eine weniger bekannte, aber kaum weniger bedeutsame Erscheinungsform an Land, von der man annimmt, daß sie auf Gasausbrüche hindeutet, sind Schlammvulkane. Auch hier entweichen dem Untergrund Gase, manchmal so explosiv, daß sie weiche Alluvialböden (Schlamm), die ihnen den Weg versperren, herausschleudern. Die Eruption besteht zunächst aus Gas und Schlamm; das Gas verschwindet in der Atmosphäre, doch der Schlamm setzt sich um die ursprüngliche Austrittsstelle herum ab und trocknet aus. Dabei entsteht ein Berg, der wie ein richtiger Vulkan aussieht, dem aber die Hitze der Lava fehlt. In einigen größeren Feldern erreichen einzelne Schlammvulkane Höhen von mehreren hundert Metern und bilden Krater von 100 Metern Durchmesser und mehr. Der Sockel solcher Berge kann einen Durchmesser von mehreren Kilometern erreichen. Die austretenden Gase sind in der Regel brennbar. Sie enthalten vor allem Methan. Bei größeren Ausbrüchen kommt es zu spontanen Entzündungen, vermutlich verursacht von durch Reibung entstandenen elektrischen Funken. Ein Bild aus Baku in Aserbaidschan (ein Gebiet mit vielen großen Schlammvulkanen) zeigt gut zwei Kilometer hohe Flammen über einem Krater von 120 Metern Durchmesser.[88]

Man hat die Gasmengen berechnet, die ausgebrochen sein müssen, um diese gigantischen Strukturen zu schaffen. Dafür nutzte man Meßdaten für das Verhältnis von Gas zu Schlamm, die bei verschiedenen Ausbrüchen ermittelt worden waren. Dabei ergaben sich Gas-

---

[88] Schlammvulkane werden in zahlreichen russischen Veröffentlichungen erörtert. Ein interessanter, bebilderter Beitrag aus der englischen wissenschaftlichen Literatur ist Martin Hovland et al. (1997): *The structure and geomorphology of the Dashgill mud vulcano, Azerbaijan,* Geomorphology 21, S. 1ff. Auf Schlammvulkane gehe ich auch in meinem Buch *Power from the Earth* (wie Anm. 1) näher ein.

mengen, die den Gasgehalt der weltweit größten wirtschaftlich genutzten Gasfelder weit übertreffen.

Wenn Schlammvulkane Gasaustrittstellen an Land sind, dann muß erwartet werden, daß solche Orte auch auf dem Meeresgrund und in den Eisfeldern der Polarregionen und Hochgebirge vorhanden sind. Wie sehen die Gasaustrittstellen in diesen Umgebungen aus?

Solche wurden auf dem Grund der Ozeane bei Sonaruntersuchungen in Form von ringförmigen Gebilden im Meeresschlamm entdeckt. Sie werden als „Pockennarben" (engl. *pockmarks*) bezeichnet. Es sind sehr große Felder voller solcher Pockennarben bekannt geworden.[89] Die einzelnen Ringe weisen einen Durchmesser von einem bis 200 Metern auf. In einigen Fällen (wie in der Nordsee) liegen sie ziemlich genau über kommerziell ausgebeuteten Gasfeldern. Im Wasser über ihnen lassen sich erhöhte Methankonzentrationen nachweisen. In den Pockennarben hat sich zudem Karbonat-Zement abgelagert, mit dem sonst Gesteinsrisse gefüllt sind, ein Phänomen, das ich bereits erörtert habe.[90] Man nimmt an, daß diese Markierungen entstehen, wenn plötzliche Methangaseruptionen eine bestimmte Menge Schlamm aufwirbeln, die sich dann in dieser regelmäßigen Form am Meeresboden absetzt, wobei ringförmige Gebilde entstehen. Sonarsignale können einige Meter tief in den Bodenschlamm eindringen. Auf diese Weise lassen sich ähnliche Pockenfelder entdecken, die von späteren Schlammablagerungen überdeckt worden sind. Diese Felder liegen allgemein in einem genau definierten Tiefenintervall übereinander, was darauf schließen lässt, daß es immer wieder zu Ausga-

---

[89] Die umfangreichste Studie zu Pockennarben und anderen Merkmalen des Ozeanbodens, die ich als von Ausgasungen von zumeist Methan verursacht ansehe, ist M. Hoveland, A. G. Judd: *Seabed Pockmarks and Seepages: Impact on Geology, Biology and the Marine Environment*, London 1988. Das größte bekannte Pockennarbenfeld und die Folgen der dortigen Methanaustritte erörtern S. Lammers et al. (1995): *A large Methane Plume east of Bear Island (Barents Sea): Implications for the Marine Cycle,* Geol. Rundsch. 84, S. 59ff.

[90] Martin Hoveland et al. (1994): *Fault-associated seabed mounds (carbonate knolls?) off western Ireland and Northwest Australia*, Marine and Petroleum Geology 11 (2), S. 232ff.

sungsphasen kam, zwischen denen Zeiträume von jeweils mehreren hundert bis mehreren tausend Jahren liegen. Weil alles auf sehr starke Gaseruptionen hindeutet, fanden diese Ereignisse wahrscheinlich gleichzeitig mit Erdbeben statt.

Im Permafrostboden der höheren Breiten existieren solche Ausgasungsstellen in Form von „Eisvulkanen", die Pingo genannt werden. Wie die Pockennarben zeigen auch Pingos, daß Gasemissionen von Zeit zu Zeit Wasser in flüssiger Form aus tieferen Schichten nach oben pumpen, das gefriert, wenn es an den Kraterhängen nach unten fließt. Weil Eis keinen festen Bestand hat, sondern langsam abfließt, verschwinden solche Erscheinungen schnell, so daß man nur sehr junge Pingos ausmachen kann.

Deshalb sollte untersucht werden, ob allgemein ein Zusammenhang zwischen Gasemissionen durch Schlammvulkane, Ozeanpocken und Pingos mit Erdbeben besteht, entweder als eine von Erdbeben ausgelöste Wirkung oder als eine Ursache von Erdbeben.

Das Problem der Erdbebentheorie

Der Großteil der Fluide aus dem tiefen Inneren der Erde bahnte sich wahrscheinlich seinen Weg viel gemächlicher nach oben als die Gase, die an Schlammvulkanen austreten. Auf ihrem Weg erzeugen sie zumeist Risse in Richtung nach oben, da das Gewicht des Deckgebirges nachläßt und das Gestein immer weniger gegen sein Aufbrechen durch den Gasdruck tun kann (Gas besitzt eine geringere Dichte als Gestein und ist daher relativ zu diesem auftriebsfähig). Solche Risse wirken dann in der harten Lithosphäre wie Rohrleitungen. Wenn die Fluide in den Druckbereich nahe an der Erdoberfläche gelangt sind, haben sie sich zum größten Teil in unsichtbare Gase umgewandelt: Methan, Kohlendioxid, Schwefelwasserstoff, vielleicht auch Wasserstoff, Stickstoff, Helium und diverse Spurengase wie Radon. Rohölsickerungen stehen für den sichtbaren flüssigen Teil der aus der Tiefe aufsteigenden Fluide.

Der vorherrschenden Theorie zufolge entstehen Erdbeben durch tektonische Kräfte, die allmählich Spannungen im Gestein aufbauen, die dann zur Katastrophe führen. Ist ein bestimmter Schwellenwert erreicht, wird der Widerstand des Materials überschritten und es kommt zu einer ruckartigen Verschiebung des Gesteins, was ein Erdbeben auslöst. Als Folge der mechanisch verursachten Risse im Gestein können Fluide austreten, doch spielen sie in dieser Theorie eine völlig passive Rolle.

Ich meine hingegen, daß Fluide aus der Tiefe der Erde aufsteigen, aus Bereichen mit einem weit höheren Druck als der, der durch das Gewicht des Deckgebirges ausgeübt wird, und daß diese Fluide Erdbeben beeinflussen. Vor allem erzeugen sie im Gestein Risse und verändern dadurch das bis dahin herrschende Spannungsmuster in den tektonischen Platten. Diese Muster werden manchmal von jenen Kräften unbekannter Herkunft erzeugt, die man für die Bewegung der tektonischen Platten verantwortlich macht. Plötzlich von unten einströmendes Gas schwächt das Gestein schlagartig durch die Erzeugung neuer Brüche. Auch unter der zuvor herrschenden Spannung würde es das Gestein bis an die Bruchgrenze bringen. Der Gaszufluß würde sich auch auf die tektonischen Bruchzonen ausweiten und durch das Auseinanderhalten der Bruchflächen die innere Reibung stark verringern und so ebenfalls Erdbeben begünstigen.

Nachdem die ausgestoßenen Fluide in die Atmosphäre gelangen, dürften die beim Durchfluß entstandenen Porenzwischenräume kollabieren; ein solcher Kollaps würde die vertikale Verschiebung von Teilen der Erdkruste während eines Erdbebens und die Volumenänderungen am Meeresboden oder in Schelfgebieten gut erklären, die nötig sind, um Tsunamis auszulösen. So senkten sich bei dem großen Erdbeben in Alaska am 28. März 1964 weite Landstriche innerhalb von Sekunden um bis zu zehn Meter ab. Angeblich geschah das deshalb, weil sich der Untergrund plötzlich verdichtete. Doch weder läßt sich Gestein derart zusammenstauchen, noch würde eine solche Verdichtung so plötzlich geschehen. Gasgefüllte Porenzwischenräume, die das Gestein unter hohem Druck gedehnt haben, müssen eine Rolle gespielt haben. Nachdem das Gas unvermittelt einen Weg nach draußen gefunden hatte, schlossen sich schlagartig die Poren. Kein anderes Fluid als ein Gas kann das Gestein erst gestützt haben und dann in Sekunden entwichen sein. Ähnliche Vorgänge wurden von vielen Erdbeben der Vergangenheit berichtet.

Nach der gegenwärtig im Westen verbreiteten Ansicht sind Erdbeben auf rein tektonische Ursachen zurückzuführen und werden durch einen Zuwachs an Spannungen im Gestein verursacht. Doch entstand diese Sichtweise erst am Beginn des 20. Jahrhunderts. Etwa zu dieser Zeit wurde der Seismograf erfunden und in Gebrauch genommen.[91] Seine Verfügbarkeit ermöglichte es, Erdbeben anhand seismischer Aufzeichnungen mit großer Genauigkeit zu untersuchen. Daten konnten nun mit Seismografen gesammelt werden, die weit entfernt von Erdbeben aufgestellt worden waren. Diese Daten hatten einen durchweg quantitativen Charakter und waren nicht von subjektiven Interpretationen gefärbt. Die Erfindung des Seismografen bedeutete, daß man ein Erdbeben nicht mehr direkt erleben oder jemanden, der dabei war, befragen mußte, um Daten darüber zu gewinnen. Die Möglichkeiten, die diese neue Technologie bot, wurden nur selten durch Augenzeugenberichte ergänzt. Leider ging man seit her nicht mehr davon aus, daß solche Berichte, die zwangsläufig qualitativ und subjektiv gefärbt sind, einen wissenschaftlichen Wert besitzen. Doch gibt es vieles, das man aus ihnen noch immer erfahren kann.

[91] Ich verdanke Steven Soter den Hinweis auf die zeitliche Korrelation des Niedergangs der Theorie, daß Gase Erdbeben auslösen, mit der Erfindung des Seismografen.

Augenzeugenberichte

Heutige Augenzeugenberichte unterscheiden sich kaum von denen, die im Laufe vieler Jahrhunderte gesammelt wurden. Die Ähnlichkeit der Berichte, die zeitlich und räumlich weit auseinanderliegen, bestätigen ihre Richtigkeit. Eruptionen, Flammen, Geräusche, Gerüche, Erstickungsfälle, Wasserfontänen und Schlamm, all das kommt in den Berichten von heute genauso vor wie in der Antike. Mit Sicherheit haben die Erdbeben ihren Charakter nicht verändert. Nur die Wissenschaftler haben ihre Blickrichtung geändert.

Mein Kollege Dr. Steven Soter hat schriftliche historische Augenzeugenberichte aus vielen Ländern gesammelt. Sie berichten von Erscheinungen, die im Zusammenhang mit größeren Erdbeben von der Antike bis in die Moderne stehen.[92] An dieser Stelle werde ich einige wenige der interessanteren, aber dennoch absolut repräsentativen Beispiele wiedergeben. Sie veranschaulichen, warum Erdbeben am besten als Ausgasungsphänomene erklärt werden können, insofern man sich im Rahmen der Tiefengastheorie bewegt.

Erdbeben in Griechenland und Italien kommen recht häufig vor. In der klassischen antiken Literatur Griechenlands und Roms werden sie oft erwähnt. Damals waren Erdbeben und Vulkane die einzige Möglichkeit, um etwas über den tieferen Untergrund der Erde zu erfahren. Das, was sich dort unten befand, wurde als ziemlich erschreckend empfunden.

[92] Über viele Jahre hat Steven Soter Erdbebendaten erforscht und an Fachaufsätzen und Artikeln zu Tiefengas als Auslöser von Erdbeben mitgewirkt. Dazu gehört Thomas Gold, Steven Soter (1980): *The deep-earth gas hypothesis*, Scientific American 242, S. 154ff. Dies. (1984/85): *Fluid ascend through the solid lithosphere and its relations to earthquakes,* Pageoph 122, S. 492ff. Vgl. auch das Kapitel zu Erdbeben in meinem Buch *Power from the Earth* (wie Anm. 1). Die hier folgenden deutschen Übersetzungen aus Senecas Erdbebenbuch stammen aus: Otto und Eva Schönberger (Hg.): *Naturales Questiones (...).* Stuttgart 1998, S. 323ff. Die Übersetzung aus Pausanias: *Beschreibung von Griechenland* stammt aus der Ausgabe von J.H.C. Schubart, Stuttgart 1860 (Anm. d. Red.).

Aristoteles, dessen Schriften und Autorität die Naturerklärung im Westen über 1.800 lange Jahre beherrschten – in mancher Hinsicht mit stimmigen, manchmal aber auch mit falschen Theorien – erörterte als Erster die Abläufe bei einem Erdbeben bis in alle Einzelheiten. Nach seinen Ausführungen hat als erster Anaxagoras die Theorie vorgelegt, nach der Gase („Luft") für Erdbeben verantwortlich seien. Dieser lehrte demnach, daß „Luft, die von Natur aus nach oben strömt, Erdbeben verursacht, wenn sie in unterirdischen Hohlräumen eingeschlossen ist." Um 63 n. Chr. schrieb der Philosoph Seneca eine Zusammenfassung der bis dahin erschienenen Erdbebenliteratur. Darin betont er: „Daß es die Luft ist, die das Beben bewirkt, glauben sehr viele und bedeutende Autoren."

Warum bevorzugten die antiken Schriftsteller Luft (oder „Gas", wie wir heute sagen würden) als das aktive Element bei Erdbeben? Zum einen vermuteten sie einen engen Zusammenhang zwischen seismischen und vulkanischen Phänomenen. Sie glaubten, daß Vulkanausbrüche, bei denen eindeutig Gas eine Rolle spielt, ein Ventil für die Kräfte darstellen, die sonst Erdbeben erzeugen würden. Man nahm in der Antike allgemein an, daß es unter der Erde Luft gab. So bestehe laut Seneca „kein Zweifel, daß viel Luft im Erdinnern ist und eine weit ausgedehnte Luftmasse die dunklen unterirdischen Räume ausfüllt."

Wenn auch viel Verwirrung über die Wirkung der unterirdischen Gase herrschte, scheint für die Theorie eine solide, auf Beobachtungen beruhende Grundlage vorgelegen zu haben. Die Alten konnten natürlich nicht wissen, daß die von unten aufströmende „Luft" einige reaktionsträge Gase enthielt, die wir heute Kohlendioxid, Stickstoff und Helium nennen. Doch waren sie sich der physischen Erscheinungsformen von Eruptionen unsichtbarer Dämpfe, wie z. B. aus dem Boden herausgeschleuderte Sedimente, durchaus bewußt. In der Antike war man zwar nicht in der Lage, die verschiedenen brennbaren Gase zu unterscheiden, die wir heute als Methan, Schwefelwasserstoff und Wasserstoff bezeichnen. Einige Dünste hätten außerdem, wenn sie in Mengen und unter Bedingungen austraten, bei denen sie sich nicht gleich entzündeten, sichtbare Dunstschleier in der Atmosphäre, Nebel am Boden und die Erstickung von Tieren hervorgerufen. Den Alten waren jedoch sehr wohl die physischen Erscheinungsformen der Eruptionen unsichtbarer Dämpfe bewußt und sie sahen entsetzt zu, wie sich brennbare Gase entzündeten (durch, wie wir inzwischen wissen, elektrostatische Funken, die durch die Reibung von sich schnell bewegenden Partikeln am Gestein entstanden).

Die gesammelten Beobachtungen, in Legenden tradiert und von der damaligen Intelligenzia durchdacht, führten dazu, daß die Alten eine Reihe von Erscheinungen erkannten, die ihnen anscheinend als Warnungen vor einem nahen Erdbeben gute Dienste leisteten. In mancherlei Hinsicht besitzen Volksüberlieferungen für Bewohner erdbebenreicher Gebiete einen größeren praktischen Wert als unsere moderne Wissenschaft. Pausanias hielt in seiner Beschreibung von Achaia fest:

> Bei den Erdbeben, welche sich durch ihre Stärke und Verbreitung auszeichnen, pflegt der Gott gleicherweise und im allgemeinen Vorzeichen zu schicken; (...) die Luft wird gegen die jedesmalige Natur der Jahreszeit im Winter schwüler, im Sommer zeigt die Sonnenscheibe mehr im Dunst gegen die Gewohnheit bald eine mehr ins rötliche, bald eine fast in die schwarze fallende Farbe. Die Wasserquellen bleiben in der Regel aus, bisweilen gehen Windstöße über das Land, welche die Bäume niederwerfen; auch sieht man am Himmel feurige Erscheinungen hinfliegen (...); desgleichen hörte man unter der Erde ein heftiges Brausen von Winden.

Der Temperaturanstieg im Winter, der einem Erdbeben vorausgeht, wurde in vielen historischen Berichten verzeichnet. Die Ausgasungstheorie erklärt das so: Die Gase aus den Gesteinsporen in den oberen Schichten des Untergrundes werden als erste ausgetrieben. Da sie dort eine Temperatur nahe des Jahresmittels aufweisen, sind sie im

Winter im allgemeinen wärmer als die Lufttemperatur an der Oberfläche darüber. Auch im Sommer sind die Erdbebengase zu bemerken, weil sie neben einem Anteil angereicherten Kohlendioxids mikroskopisch kleine Partikel mitführen. Kohlendioxid und andere schwere Gase neigen dazu, am Boden zu bleiben und in Bodenmulden hineinzufließen. Dabei bildet sich ein eigenartiger Bodennebel. Im Winter wird der Nebel durch kondensierte Wassertröpfchen dominiert, weil die heraufströmenden Gase in der kalten Luft sofort mit Wasserdampf gesättigt sind. Solche Erscheinungen wurden in der Geschichte immer wieder berichtet und waren – wie wir noch sehen werden – dafür entscheidend, daß eine chinesische Stadt kurz vor einem verheerenden Erdbeben erfolgreich evakuiert werden konnte.

„Das ist Erdbebenwetter", erklärte ein einheimischer Fremdenführer einem verblüfften amerikanischen Seismologen, der die erdbebenreiche Region in der Osttürkei besuchte. Innerhalb von Stunden folgte ein starkes Beben. Ganz offensichtlich hatte der Fremdenführer schon früher solche Nebel vor Erdbeben bemerkt. Er konnte deshalb ein drohendes Erdbeben besser vorhersagen als der Fachmann mit seinen eingesetzten ausgeklügelten Instrumenten.

Viele Autoren der römischen Antike zeigten ein großes Interesse an Erdbeben und sammelten Berichte über die damit einhergehenden Phänomene. Plinius d. Ä. erörtert in seiner *Naturgeschichte* die Vorboten und hebt als ein Zeichen eines drohenden Erdbebens hervor, daß „das Wasser in den Brunnen trüber ist und einen etwas fauligen Geruch aufweist." Er spekuliert weiter, daß Höhlen „einen Auslaß für den eingeschlossenen Luftstrom" darstellten, und daß dort, wo Höhlen keine natürliche Gegebenheit der Landschaft sind, künstliche Tunnel dabei helfen könnten, die heraufströmende Luft abzuleiten. „Gebäude, die von zahlreichen Entwässerungskanälen durchzogen sind, werden weniger heftig erschüttert", folgert er, ebenso wie „Gebäude, die über Gewölben errichtet" wurden.

Seneca bemerkte, man höre „auch immer vor dem Erdbeben ein Brüllen, weil die Winde in der Erde toben." Er führte weiter aus: „Oft wehte nach einem Erdbeben, wenn auch nur ein Stückchen der Erdrinde geborsten war, viele Tage lang von dorther ein Wind, wie es von einem Erdbeben berichtet wird, dessen Opfer Chalkis war." Zu seiner Schrift über Erdbeben wurde Seneca durch eine seismische Erschütterung angeregt, die Pompeji 16 Jahre vor der noch größeren Katastrophe, dem Ausbruch des Vesuvs, verwüstete. Ich gebe hier eine von ihm erwähnte „Besonderheit" wieder, als deren Ursache wir heute aufsteigende kohlendioxidreiche Dämpfe annehmen würden.

> Man berichtet nämlich, es sei auf der Flur von Pompeji eine Herde von 600 Schafen umgekommen. Man muß nicht denken, die Schafe seien am Schreck gestorben. (...) Gerade die Luft dort, die durch die Schuld des Bodens oder fehlende Bewegung und ewiges Dunkel stockt, ist gefährlich für den, der sie einatmet. Sie kann auch von dem ungesunden Feuer in der Tiefe verdorben sein, nun nach langem Liegen herauskommen und unsere reine und klare Luft verpesten und verderben und verursacht bei denen, die so ungewohnte Luft atmen, bisher unbekannte Krankheiten. (...) Daß aber die Schafe mit ihrer zarten Natur erst recht dahingerafft wurden, weil sie den Kopf so tief zur Erde senken, wundert mich nicht; atmen sie doch den Hauch der unheilvollen Luft ganz nah am Boden ein. Diese hätte auch den Menschen geschadet, wäre sie in größerer Masse ausgeströmt; doch wurde sie durch die Menge der reinen Luft absorbiert, bevor sie so hoch aufstieg, daß ein Mensch sie einatmen konnte.

Seneca suchte nach einer Erklärung für die Nachbebenreihe des Bebens von Pompeji, die man einige Tage lang überall in Kampanien spürte. Er kam zu dem Schluß, daß bei der ersten Eruption nicht die gesamte Luft ausgestoßen worden war, sondern daß sich ein Teil von ihr weiter durch den Untergrund bewegte, obwohl der größte Teil schon ausgegast worden war.

Auch Isaac Newton ging davon aus, daß Erdbeben mit Gasen in einer Beziehung stehen und schrieb, daß

> in den Eingeweiden der Erde schwefelige Dünste in reichlicher Menge vorhanden und mit den Mineralien in Gärung begriffen sind, und daß sie bisweilen unter plötzlicher Entzündung und Explosion Feuer fangen, und, wenn sie in unterirdischen Höhlen eingepfercht sind, die Höhlen unter Erschütterung der Erde zersprengen, wie wenn eine Mine gesprengt wird.[93]

Erwähnenswert ist auch, daß die erste Ausgabe der *Encyclopaedia Britannica* von 1771 folgenden Eintrag enthielt:

> ERDBEBEN, in der Naturgeschichte, eine heftige Erregung oder Erschütterung eines beträchtlichen Teils der Erde, die im allgemeinen mit einem fürchterlichen donnergleichen Getöse und manchmal mit einem Ausbruch von Feuer, Wasser, Wind usw. einhergeht.

John Michell, ein brillanter Wissenschaftler des 18. Jahrhunderts, steuerte einen größeren Beitrag zum Verständnis der Erdbeben bei.[94] Er identifizierte eine Art von Erdbebenstörung, die aus langsamen, an den Ozean erinnernden sichtbaren Wellen besteht, die sich langsam über die Erdoberfläche dahinbewegen. Diese „sichtbaren Wellen" lassen sich nicht mit elastischen Wellenbewegungen erklären, die viel schneller ablaufen würden. In modernen seismologischen Texten werden diese kaum erörtert. Michell versuchte, diese Wellen mit Dampfausbrüchen zu erklären, und das könnte sogar die beste Erklärung sein. Was würde geschehen, wenn Hochdruckgas aus mehreren Kilometern Tiefe und damit mit einem Druck von Tausenden von Atmosphären plötzlich durch Risse im Gestein im Grundgebirge in einen Bereich unter einer relativ undurchlässigen Bodenschicht einbrechen

---

[93] Isaac Newton: *Opticks, Or, A Treatise of the Reflections, Refractions, Inflections & Colours of Light.* London [4]1730, S. 354f. Übers. n. William Abendroth (1898), a.a.O., S. 128 (Anm. d. Red.).

[94] John Michell: *Conjectures concerning the Cause, and Observations upon the Phenomena of Earthquakes (...)*, in: *Philosophical Transactions of the Royal Society* 51/II, London 1761, S. 566ff.

würde, die aufgrund mangelnder Sprödigkeit keine Risse gebildet hat? Michell begründete dies wie folgt:

> Angenommen, ein großes Tuch oder ein Teppich (auf einem Boden ausgebreitet) wird an einer Kante angehoben und dann plötzlich wieder auf den Boden gebracht; die Luft darunter, die auf diese Weise angetrieben wird, fließt weiter, bis sie an der gegenüberliegenden Seite entweicht. Dabei hebt die Luft das Tuch auf der ganzen Strecke wellenförmig an. In gleicher Weise könnte auch eine große Dampfmenge die Erde wellenartig anheben, während sie zwischen den Schichten entlangläuft, die sie sicherlich leicht in horizontaler Richtung auftrennen kann, da zwischen einer Schicht und einer anderen wenig oder kein Zusammenhalt besteht.

Daß sich das Phänomen der sichtbaren Wellen bei zahlreichen Erdbeben der Antike und der Moderne gezeigt hat, ist unbestreitbar. Bei Erdbeben, die zugleich in freiliegendem Grundgestein und aufgeschütteten Ablagerungen, d.h. Alluvialböden, stattfinden, werden nur aus den alluvialen Bereichen Wellenerscheinungen berichtet. Alluvialböden bestehen aus geschichteten, stellenweise sehr feinen Sedimenten, die in den Überschwemmungsbieten großer Flüsse oder im Wattenmeer abgelagert wurden. Aufgrund ihrer Feinkörnigkeit können die feuchten Ablagerungen das heraufströmende Gas problemlos eine Weile einschließen. Dabei erlaubt die Geschmeidigkeit des schlammigen Materials größere Bewegungen, ohne dabei aufzureißen. In vielen Fällen scheinen solche Wellenbewegungen auf Gebieten mit Alluvialböden mehr Zerstörungen angerichtet zu haben als die starken Erschütterungen des Bebens. Möglich ist, daß die obere Bedeckung aus einst angeschwemmten Materialien ursprünglich von heraufströmenden Gasen über dem Grundgestein angehoben und wie der Teppich im Beispiel von John Michell in eine sich fortbewegende Wellenbewegung versetzt wurde.

Michells Interesse war durch das verheerende Erdbeben des Jahres 1755 in Lissabon geweckt worden. Er stützte sich auf zahlreiche

Augenzeugenberichte, die das Beben mit Gas in Zusammenhang bringen. Er berichtete von Flammen, die aus der Erde schlugen, und von einem merkwürdigen Dunst, der das Erdbeben begleitete. Michell beschrieb auch Ereignisse, die Erdbeben in Jamaika und Neu England zwei bis drei Tage vorausgingen; das Brunnenwasser trübte ein und stank nach Schwefel.

Für das 19. Jahrhundert führe ich ein sehr starkes Erdbeben an, das einen Teil der USA erschütterte und sich mit den herkömmlichen Theorien nicht recht erklären läßt. Es handelt sich dabei eigentlich um eines aus einer Reihe größerer und kleinerer Beben, die sich über einen Zeitraum von mehreren Monaten im Winter 1811/12 ereigneten. Ort des Geschehens war New Madrid, auf dem Westufer des Mississippi, in der Südostecke von Missouri. Für die Theorie der Kohlebildung (und Sumpfbildung) durch aufströmende Fluide, wie in Kapitel 5 dargelegt, ist von Bedeutung, daß die Erschütterungen besonders in einem Gebiet aufgetreten sein sollen, das als St.-Francis-Sümpfe bekannt ist. Die Begleitumstände des Bebens an der Oberfläche wurden detailliert im Jahresbericht der *Smithsonian Institution* von 1858 wiedergegeben:

> Am 16. Dezember 1811 wurden die Einwohner von New Madrid um zwei Uhr morgens durch tiefen, polternden Lärm, wie beim Donner eines fernen Gewitters, aus dem Schlummer gerissen, begleitet von einem heftigen Beben und Schwanken der Erde, das von Südwesten nach Nordosten verlief. Das war zeitweise so heftig, daß sich Männer, Frauen und Kinder an den nächstgelegenen Gegenständen festhielten, um nicht zu Boden zu fallen.
>
> Es war für sie gefährlich, sich in ihren Behausungen aufzuhalten, weil sie fürchteten, die Behausungen könnten herabstürzen und sie unter ihren Trümmern begraben. Es war gefährlich, sich im Freien aufzuhalten, denn große Bäume brachen durch die Wucht der Erschütterungen ihre Wipfel ab und stürzten unaufhörlich zur Erde, oder die Erde selbst öffnete dunkle, gähnende Abgründe oder Spalten und spuckte schlammiges Wasser, große Klumpen blauen Lehms, Kohle und Sand aus, und als die

Heftigkeit der Erschütterungen vorüber war, stöhnte und schlief sie und sammelte wieder Kraft für eine heftigere Erschütterung.

An diesem Tag wurden 28 einzelne Stöße gezählt. Sie waren alle aus dem Südwesten gekommen und nach Nordosten gewandert, während die Risse in der umgekehrten Richtung verliefen, also von Nordwesten nach Südosten.

Der Pemiseo [ein Flußarm] (...) floß nach Südosten und war wahrscheinlich ein Zufluß des St. Francis, verlor sich aber im Sumpfgebiet. Dieser Fluß brach über eine Strecke von fast fünfzig Meilen auf und zerstörte sein Bett vollständig. Die Erde öffnete sich bei diesen Explosionen in Spalten von vierzig bis achtzig Ruten [200 bis 400 Meter] Länge und von drei bis fünf Fuß Breite; ihre Tiefe kannte niemand, da niemand die Nervenstärke hatte, sie zu ergründen, und der Sand und die Erde rutschten hinein, oder das Wasser lief hinein und füllte sie bald teilweise auf.

(...) Große Waldbäume, die in der Spur dieser Abgründe standen, wurden von der Wurzel bis zum Ast gespalten, der Lauf von Bächen änderte sich, die Böden von Seen wurden von unten hochgedrückt und bildeten trockenes Land, trockenes Land blähte sich auf, senkte sich wieder ab und bildete Seen mit dunklem, schlammigem Wasser.

Wo an einem Tag die verkehrsreiche, ausgefahrene Straße verlief, fand sich mitunter am nächsten Tag ein großer Riß, der sie querte und der halb mit schlammigem, trägem Wasser gefüllt war. Es war gefährlich, nach Einbruch der Dunkelheit zu reisen, denn niemand wußte, wie sich das Gesicht des Landes in einer Stunde verändern würde, und doch war der Schrecken so allgemein, daß Männer, Frauen und Kinder ins Bergland flohen, um nicht in einem gemeinsamen Grab zu versinken. Eine Familie, die sich bemühte, höher gelegenes Land auf einem Weg zu erreichen, den sie alle gut kannten, kam unerwartet an den Rand eines großen Sees; das Land war abgesunken, und Wasser hatte es überflutet oder war aus der Erde hervorgequollen und hatte einen neuen See gebildet. Das gegenüberliegende Ufer, davon waren sie überzeugt, konnte nicht weit entfernt sein, und sie reisten in lauem Wasser, zwölf bis vierzig Zoll [40 bis 100 Zentimeter] tief, mit einer Temperatur von 100 Grad [37 °C], höher als die Körpertemperatur, zeitweise mit einer Temperatur, die unangenehm war, vier oder fünf Meilen weiter und erreichten sicher höher gelegenes Land.

Am 8. Februar 1812, dem Tag, an dem sich die schwersten Beben ereigneten, schienen die Erschütterungen wellenförmig zu verlaufen, wie die Wellen des Meeres, und ebneten in New Madrid Ziegelschornsteine und zwei Ziegelhäuser ein, und trotz all der verheerenden Auswirkungen wurde angenommen, daß nur eine Person bei diesen Aufregungen ums Leben kam.

Eine Familie namens Curran war auf dem Weg von New Madrid zu einer alten französischen Stadt am Fluß Arkansas, die The Post [Arkansas Post] genannt wird; sie hatten die St.-Francis-Sümpfe durchquert und vermißten danach einige ihrer Rinder; LeRoy, der jüngste Sohn, nahm ein indianisches Pony, ritt zurück, um sie einzufangen, und befand sich im Sumpf, als das erste Beben stattfand; er wurde danach nie wieder gesehen und man nahm an, daß er in einem dieser schrecklichen Abgründe verschollen war.

Der Bericht des *Smithsonian Institute* über das Erdbeben von New Madrid beschreibt auch einige interessante Erscheinungen (einschließlich solcher im Vorfeld des Bebens), die zweifellos in Verbindung mit Gasaustritten stehen:

Am Morgen nach der ersten Erschütterung, als einige Männer den Mississippi überquerten, sahen sie eine schwarze Substanz auf dem Fluß treiben, in Streifen von vier oder fünf Ruten [20 bis 25 Meter] Breite und zwölf oder dreizehn Ruten [60 bis 70 Meter] Länge, die dem Ruß eines riesigen Schornsteins oder der Schlacke eines gigantischen Ofenrohrs ähnelte. Das Ganze war so dick, daß man das Wasser darunter nicht sehen konnte. Auf der Kentucky-Seite des Flusses münden zwei kleine Bäche in den Mississippi, der eine heißt Obine, der andere Forked Deer. Leutnant Robinson, ein Rekrutierungsoffizier der US-Armee, besuchte 1812 den Teil von Kentucky, der zwischen diesen beiden Flüssen liegt, und berichtet, daß er unzählige kleine Erdhügel aufgeworfen fand, und wo ein Stock oder ein abgebrochener Ast quer über diese Hügel lag, waren sie alle mitten durchge-

> brannt, was den Leuten Beweis genug war, daß diese Bewegungen durch die Wirkung des Feuers im Erdinneren verursacht wurden.
>
> Etwa vier Meilen oberhalb von Paducah, am Ohio River, auf der Illinois-Seite, bildete sich anstelle einer mit Stieleichen bestandenen Fläche durch das Einsinken der Erde ein großes kreisförmiges Becken mit einem Durchmesser von mehr als hundert Fuß. Wie tief, kann niemand sagen, weil selbst die höchsten unter den stattlichen Stieleichen bis über ihre Wipfel versunken sind. Bis heute füllt sich die Senke immer weiter mit Wasser.

Noch heute, fast zwei Jahrhunderte später, kann man noch einige von diesen Erdhügeln und Erdfällen sehen. Am auffälligsten sind Formationen, die *sand blows* (Sandausblasungen) genannt werden. Dabei handelt es sich um trichterförmige Senken im Alluvialboden, wo unter Erde und Lehm liegende Sande herauf- und herausgeblasen wurden (Abb. 8.1). Es ist beunruhigend, wenn man weiß, daß in der Region weitere Sandausblasungen zu finden sind, deren heutiger Bewuchs darauf hindeutet, daß sich diese bereits vor etwa 300 Jahren gebildet haben. Das historisch dokumentierte Erdbeben von New Madrid war also nicht das erste. Was mag die Zukunft bringen?

Wenn wir uns dem 20. Jahrhundert zuwenden, so stellen wir fest, daß besonders in den Massenmedien viele faszinierende (und einige zweifellos glaubwürdige) Augenzeugenberichte über das große Beben von San Francisco von 1906 und zahlreiche andere Erdbeben festgehalten worden sind. Darin wird über dieselbe Art von gasbedingten Phänomenen berichtet. Zu den interessantesten gehört ein Bericht über das Erdbeben, das 1975 die Region um Haicheng im Nordosten Chinas verwüstet hat. Die Geschichte ist äußerst faszinierend, weil Haicheng *zwei Stunden* vor dem Erdbeben der Stärke 7,3 auf der Richterskala erfolgreich evakuiert werden konnte.

Die meteorologische Station der Provinz Liao-Ling berichtete, daß die Temperatur in den Wochen vor dem Erdbeben nahe der Verwerfung von Haicheng höher war als in der Umgebung. Dieser Abstand

Abb. 8.1: Sandschlote ähnlich denen bei New Madrid wurden nach mehreren anderen schweren Erdbeben beobachtet. Das Foto zeigt ein solches Gebilde im Bereich eines schweren Bebens bei Rowmari (Assam, Indien), das am 2. Juni 1897 stattfand. Quelle: R. D. Oldham: *Report on the Great Earthquake of 12 June 1897,* in: *Mem. Geol. Surv. India 29*, 1899, S. 379ff.

vergrößerte sich immer schneller bis zum Tag vor dem Beben, als die Differenz ganze 10 °C erreichte. Nach dem Bericht der meteorologischen Station

> machte sich während des Monats vor dem Erdbeben ein Gas mit einem eigenartigen Geruch in dem Gebiet und um Dandong und Liaoyang bemerkbar. Es wurde von den Leuten „Erdgas" genannt (...). Eine Person fiel deswegen in Ohnmacht (...). Weite Gebiete wurden unmittelbar vor dem Beben von einem merkwürdigen Dunst bedeckt (von den Leuten „Erdgasdunst" genannt). Die Höhe des Dunstes betrug nur zwei bis drei Meter. Er war sehr dicht, von weißlicher und schwarzer Färbung, uneinheitlich, geschichtet, und wies ebenfalls einen eigenartigen Geruch auf. Er breitete sich ab etwa ein bis zwei Stunden vor dem Beben aus und war so dicht, daß er die Sterne verdeckte. Nach dem Beben löste er sich rasch auf. Das Gebiet, in dem der „Erdgasnebel" auftrat, gehörte zu der Verwerfungszone, die für das Erdbeben verantwortlich war.[95]

[95] Liao-Ling Province Meteorological Station (1977): *The extraordinary phenomena in weather observed before the February 1975 Hai-Cheng earthquake*, Acta Geophys. Sinica 20, S. 270ff.

Offenbar wurden die qualitativen Phänomene in Verbindung mit den von der Wetterwarte aufgezeichneten Temperaturdaten ernst genug genommen, um eine Evakuierung noch vor dem Erdbeben einzuleiten.

„Erdgasnebel" kann tödlich sein, wenn er in hinreichend großer Menge und unter Umständen ausströmt, die verhindern, daß er sich mit der Luft der Umgebung mischt. Im Jahr 1986 entwich dem Nyos-See, ein Kratersee in Kamerun, eine Gaswolke (man geht davon aus, daß es sich weitgehend um Kohlendioxid handelte). Etwa 1.700 Menschen und 3.000 Stück Vieh erstickten. Helium-Isotopendaten zeigten, daß das Gas aus der Tiefe des Erdmantels stammte.[96] Drei Jahre später ergaben Untersuchungen, daß der See seine Kohlendioxidlager wieder auffüllte. Man muß davon ausgehen, daß irgendwann in der Zukunft eine weitere Katastrophe eintreten wird.

Unmittelbar vor einem Erdbeben können Gase so unauffällig ausströmen, daß sie zwar nicht von Menschen, aber doch von Tieren wahrgenommen werden können. Entweder durch ihren besseren Geruchssinn oder weil die zur Erstickung führenden Gase in ihre unterirdischen Höhlen und Gänge eindringen. Viele Berichte über Vorläufereignisse von Beben enthalten Bemerkungen über seltsames Tierverhalten. Die vielleicht älteste Beschreibung dieser Art bezieht sich auf das Erdbeben, das die griechischen Städte Helike und Bura an der Südküste des Golfs von Korinth im Winter 374/373 v. Chr. zerstörte. Der römische Schriftsteller Claudius Aelianus (Älian, etwa um 200 n. Chr.) erzählt in seinem Buch *Vom Wesen der Tiere* die folgende erstaunliche Geschichte:

> Nämlich fünf Tage vor dem Untergange von Helike zogen alle Mäuse, die in der Stadt waren, die Wiesel, die Schlangen, die Skolopender [Hundertfüßler], die Käfer und die anderen Tiere dieser Art in Masse auf dem nach Keryneia führenden Wege aus. Wie die Bewohner von Helike dieses sa-

---

[96] Yuji Sano et al. (1987): *Helium isotope evidence for magmatic gases in Lake Nyos, Cameroon*, Geophysical Research Letters 14(10), S. 1039ff.

> hen, wunderten sie sich; den Grund davon aber konnten sie nicht erraten. Nachdem nun die erwähnten Tiere abgezogen waren, entstand in der Nacht ein Erdbeben, die Stadt sank zusammen, und die Wasserflut, die sich darüber ergoß, machte, daß sie verschwand.

Älians ziemlich kuriose Beschreibung eines organisierten Auszuges allen städtischen Ungeziefers ist zweifellos übertrieben. Immerhin entstand sein Bericht erst etwa sechshundert Jahre nach diesen Vorkommnissen, mehr als genug Zeit, um die Geschichte märchenhaft zu verfremden. Dennoch glaube ich nicht, daß die Geschichte eine reine Erfindung ist. Es ist vielmehr davon auszugehen, daß *irgendeine* höchst ungewöhnliche Unruhe der im Boden lebenden Tiere die Menschen in Helike stark beeindruckt hatte, bevor das Erdbeben und der darauffolgende Tsunami ihre Stadt vernichteten. Uns sind inzwischen hunderte Berichte über ein ähnliches Verhalten von Tieren vor Erdbeben bekannt. Solche Berichte stammen aus Gegenden, die zeitlich und räumlich so weit voneinander entfernt liegen wie das antike Griechenland und das moderne China.

Ein Beispiel aus der Gegenwart ist ein Augenzeugenbericht über das katastrophale Erdbeben im nordostchinesischen Tangshan im Juli 1976. Der Verfasser des Berichtes und seine Leidensgenossen hatten damals als Intellektuelle an einem „Umerziehungsprogramm“ in einem staatlichen Landwirtschaftsbetrieb außerhalb von Tangshan teilzunehmen. Zu dem seltsamen Tierverhalten kam es um Mitternacht, etwa vier Stunden vor dem Beben:

> Wir haben uns im Schlafraum Geschichten erzählt, als aus der großen Schlafbaracke auf der anderen Seite Hunderte von Ratten herausschossen. Sie rannten vor und zurück, manche kämpften sich ein bis zwei Meter die Wände hoch, bis sie den Halt verloren. Uns blieb nur, sie zu beobachten, bis sie schließlich in der Dunkelheit verschwanden. Noch als wir verwundert über das alles nachdachten, erreichte das Gegacker Tausender aufgeregter Hühner und Hähne unser Ohr. Es gab eine Hühner-

> farm in der Nähe, doch niemand konnte sich erinnern, daß die Hähne je nachts gekräht hatten. Keiner von uns wußte, daß dieses unübliche Tierverhalten ein Erdbeben ankündigte.[97]

Zwar waren der Augenzeuge von Tangshan und seine Gefährten äußerst erstaunt – wie die Menschen in Helike 23 Jahrhunderte vor ihnen. Die volkstümlichen Überlieferungen kannten sie aber offenbar nicht besonders gut. Sie legten sich schlafen und wenige Stunden später starben einige von ihnen, als ihr Schlafraum einstürzte. In der gesamten Region starben damals mehr als 200.000 Menschen.

Erdbebenherde und Erdhügel

Es gibt einige Orte, die sich nicht durch heftige Erdbeben in der uns bekannten Geschichte auszeichnen, sondern durch eine gleichbleibend schwache Bebentätigkeit. Diese *Erdbebenherde* sind durch geologische Oberflächenmerkmale und Vorläuferphänomene gekennzeichnet, die unsere Theorie stützen, nach der heraufströmende Gase Erbeben auslösen können.

Im Norden Norwegens gibt es einen solchen Erdbebenherd von 12 Kilometern Durchmesser, wo Besuchern lange Zeit garantiert werden konnte, mit ziemlicher Sicherheit täglich mindestens eine Erschütterung zu erleben. Bei diesen Erschütterungen handelte es sich um schwache Beben, die die menschlichen Sinne gerade noch so wahrnehmen, die aber nicht wie sonst üblich erklärt werden konnten. Es gab keine geologische Bruchlinie, auf die man die Verschiebungen im Untergrund zurückführen konnte. Der Boden bebte dort einfach weiter. Eine sehr ähnliche Geschichte wird von zwei weiteren Orten in den USA berichtet. Ein in den letzten Jahren aktiver Erdbebenpunkt befindet sich am Westende des *Flathead Lake* in Montana. Der andere mindestens seit 80 Jahren aktive Punkt liegt in Enola (Arkansas).

---

[97] Zit. n. Jack Li: Earthquake – a harvest of agony, *Los Angeles Times,* 22. 10. 1980, S. 45.

Erdbebenherde lassen sich nicht auf herkömmliche Weise erklären; sie entstehen eindeutig nicht durch Platten, die sich aneinander vorbei bewegen. Erdbebenherde sind weit von aktiven tektonischen Störungen entfernt. In ihrer Nähe gibt es keine sich absenkenden Erdplatten wie am Meeresboden oder abrutschende Kontinentalplatten. Darüber hinaus beschränkt sich die Erdbebenaktivität auf kleinere Gebiete. Die Bodenerschütterungen betreffen nur isolierte Bereiche und keine ausgedehnten Gebiete.

Ich glaube, daß sich solche Erdbebenherde am besten – oder besser: ausschließlich – mit der Tiefengastheorie erklären lassen. Aufsteigende leichte Kohlenwasserstoffgase, insbesondere Methan, erzwingen sich ihren Weg gemeinsam mit Gasen wie Kohlendioxid schubweise aus großer Tiefe nach oben. Für den Durchfluß dieser unter Druck stehenden Fluide ist kennzeichnend, daß sich immer wieder Gesteinsrisse öffnen und schließen. Zu dieser Schlußfolgerung haben mich empirische wie theoretische Überlegungen gebracht.

Ein weiterer nordamerikanischer Erdbebenherd liegt am Nordufer des Sankt-Lorenz-Stroms, innerhalb des Charlevoix-Kraters (Abb. 8. 2). Vor über 350 Millionen Jahren ging hier ein großer Meteorit nieder. Dabei entstand eine Ringstruktur von etwa der gleichen Größe (und Alter) wie der Siljan-Ring in Schweden. Wie in Siljan traf der Meteor auf altes Granitgestein. Charlevoix liegt in einem geologischen Bereich, der als Kanadischer Schild bekannt ist. Erschütterungen, die man spüren kann, ereignen sich alle paar Tage. Mikro-Erdbeben werden dort sehr häufig verzeichnet. Die Nähe von geologischen Verwerfungen, darunter die bedeutende Verwerfungslinie des Sankt-Lorenz-Stroms, erschweren teilweise die Diskussion, weil man die Erdbeben auch auf Bewegungen des Grundgesteins entlang der Bruchlinien zurückführen könnte (statt, wie ich, auf Gasströme, die sich ihren Weg durch die Bruchzone nach oben bahnen). Dennoch ist es offensichtlich, daß die seismischen Aktivitäten vor allem innerhalb der Grenzen der durch den Einschlag geschaffenen Struktur auftreten.

Abb. 8.2: Erdhügel auf einem Golfplatz von Charlevoix in Kanada

Charlevoix habe ich seit 1988 mehrfach besucht. Nicht wegen der häufigen und ungewöhnlichen Erdbeben, sondern weil dieser Einschlagkrater so etwas wie ein Zwilling des Siljan-Rings in Schweden ist, auf den ich mich davor fünf Jahre lang konzentriert hatte (vgl. Kapitel 6). Bei meinem ersten Besuch fiel mir auf, daß beiden Kratern ein höchst interessantes Merkmal eigen ist: *Erdhügel*. In Charlevoix erheben sich Gruppen von abgerundeten, steil abfallenden Hügeln unvermittelt aus einer Schwemmlandebene. Die Hügel sind etwa zwei bis 15 Meter hoch und weisen an ihrem Fuß einen Durchmesser von bis zu 70 Metern auf. Im Inneren bestehen sie nur aus dem Lehm und Sand des örtlichen Schwemmlands. Für ihre Entstehung liegt bisher noch keine zufriedenstellende Erklärung vor.[98]

Zwei Jahre vor meinem Erstbesuch in Charlevoix hatte Marshall Held, ein Forschungsassistent meiner Abteilung in Cornell, dieselben Erdgebilde wahrgenommen. 1986 besuchte er den Erdbebenherd nahe Enola in Arkansas und lieh sich ein Flugzeug aus, um das Gebiet von oben zu erforschen. Zu seinem Erstaunen sah und fotografierte er eine dicht beieinander liegende Gruppe solcher Erdhügel in einer sonst flachen Schwemmlandebene. Es wäre ein sonderbarer Zufall, wenn Erdbeben und Hügel nichts miteinander zu tun hätten und dennoch in Enola, Charlevoix und anderen Erdbebenherden auf dem gleichen, nur wenige Kilometer umfassenden Gebiet zusammen auftreten.

Daß aus solchen Erdhügeln Methan austritt, stützt die Theorie, wonach zumindest in diesen Fällen stoßweise aufsteigende Gase Ursache der Dauererschütterungen sind. Die Erdhügel von Charlevoix dürften sich zwischen dem Ende der letzten Eiszeit (denn Gletscher hätten solche Hügel weggeschoben) und dem Bau des Golfplatzes gebildet haben. Sie können auch auf größere geologische Formationen wie Schlammvulkane (von denen zuvor die Rede war) hindeuten, die ja auch in einer engen Beziehung zu Erdbeben stehen.

Die Hügel in den Erdbebenherden von Charlevoix und Enola können auf ähnliche Weise entstanden sein wie Schlammvulkane, nur eben in kleinerem Ausmaß. Einige zeigen sichtbare Öffnungen auf der Spitze. Bei manchen gibt es Hinweise darauf, daß sich ihre Gestalt in jüngerer Zeit verformt hat: Bäume, die an ihren Abhängen wachsen, neigen sich alle abweichend von der Senkrechten nach außen. Im Gegensatz zu den Schlammvulkanen läßt die Form dieser Erdhügel vermuten, daß die Sedimente hier von unten her herausgedrückt und

[98] Ich weiß, daß es auch in anderen Regionen Nordamerikas Erdhügel gibt. Ihre Entstehung wird meist auf mysteriöse Ursachen zurückgeführt. Sie können aber vielleicht als paläo-indianische Erdarbeiten interpretiert werden.

nicht an der Spitze wie bei einem Vulkan ausgestoßen worden sind. Bei beiden sind heraufströmende Gase die wahrscheinlichste Ursache, besonders wenn man bedenkt, daß noch immer Gas austritt.

Gasaufstieg aus der Tiefe als Erdbebenauslöser

Die westliche Wissenschaft geht davon aus, daß Erdbeben durch dieselben tektonischen Spannungen verursacht werden, die vermutlich im Laufe der Zeit riesige Blöcke kontinentaler und ozeanischer Platten verschoben haben. Diese Annahme, verbunden mit einer Bevorzugung von Daten, die von präzisen, aber auch unpersönlichen Seismografen ermittelt wurden, führt dazu, daß sich westliche Wissenschaftler gewöhnlich wenig für Augenzeugenberichte wie die weiter oben zitierten interessieren. Viele Seismologen wissen nicht einmal, daß es solche Berichte gibt. Dagegen schenkt man in China, Japan und der früheren Sowjetunion Gasphänomenen viel mehr Beachtung. Japan besitzt sogar ein *Labor für Erdbebenchemie*. Die USA liegen auf diesem Gebiet weit zurück. Nicht weil die Technologie fehlt, sondern weil man hier vor einiger Zeit in eine falsche Richtung abgebogen und niemand zu einem Kurswechsel bereit ist.

Dagegen sind die Bewohner erdbebenanfälliger Gebiete mehr an zeitnahen Warnungen interessiert als daran, wer in diesem wissenschaftlichen Streit recht hat. Es ist einfach und wenig aufwändig zu beobachten, wie sich unterirdisch fließende Gase verhalten. Veränderungen des Grundwasserspiegels in Brunnen, des Gasgemischs oder des Gasdrucks über einem Wasserspiegel lassen sich zudem weitgehend objektiv ermitteln. Meines Erachtens ist es höchste Zeit, daß man sich in Kalifornien und in der Zentralregion von Mississippi Wissen und Erfahrungen auf diesem Gebiet erarbeitet, damit wichtige Vorhersagen möglich werden. Der Einsatz von Instrumenten, die von Wissenschaftlern betrieben werden, sollte ein Aspekt eines Frühwarnsystems sein. Ein anderer sollte sein, die Öffentlichkeit über Erdbeben aufzuklären und in ein Informationsnetz einzubinden. Insgesamt könnte beides eine bestmögliche, umfassende Beobachtung der vielfältigen Phänomene – ob qualitativ oder quantitativ – sicherstellen, die für die Früherkennung wichtig sind.

Fragen der öffentlichen Sicherheit sind viel zu wichtig, als daß man Forschungen dazu auf nur eines von zwei plausiblen Erklärungsmustern beschränken könnte. Ich schätze, daß sich mit der Zeit herausstellen wird, daß *beide* Ansätze von Bedeutung sind. Die alte Theorie (die ich gerne wiederbeleben würde), nach welcher Erdbeben durch die Verlagerung und den Ausbruch von Gasen verursacht werden, läßt sich mit der modernen Theorie über die Verschiebung von Teilen der Erdkruste verknüpfen. Zusammen könnten beide Theorien sämtliche Erdbebenphänomene viel besser erklären als für sich allein.

Somit lassen sich Erdbeben am besten als eine Kombination aus Spannungen im Gestein und aufsteigenden Fluiden verstehen.[99] Die Spannungen in unterschiedlichen Gesteinsarten würden demnach ungleichmäßig an unterschiedlichen Orten und in unterschiedlicher Tiefe entstehen. Doch kann die Spannungstheorie nicht alle Erdbeben abdecken, besonders nicht solche in großer Tiefe. In Tiefen von mehr als 60 Kilometern fließt Gestein elastisch dahin und bricht nicht schlagartig, wenn eine Grenzspannung überschritten wird. Die innere Reibung, die dem Scherfluß entgegenwirkt, ist größer als jede mechanische Festigkeit. Aber man weiß, daß Erdbeben bis in eine Tiefe von 700 Kilometern, tief im Erdmantel, vorkommen. So wurde am 8. Juni

[99] Eine Bewertung der Hypothesen zu Dehnungsmechanismen bei Erdbeben und die Probleme bei der Erklärung tiefer Erdbeben durch solche Mechanismen liefern Harry W. Green II, Heidi Houston (1995): *The mechanics of deep earthquakes*, in: *Annual Reviews of Earth and Planetary Sciences* 23, S. 169ff. Die Autoren teilen mit mir die Ansicht, daß unter Druck stehende Fluide in Porenzwischenräumen die Ursache von Erdbeben in großen Tiefen sein können, wo die Plattenspannung keine Rolle spielen kann. Sie postulieren aber Wasser und nicht Kohlenwasserstoffe als aufstrebende Flüssigkeit. Wie schon im Kapitel 3 dargelegt, widerspreche ich den Autoren auch bei der Behauptung, daß „es extrem unwahrscheinlich ist, daß eine mit Flüssigkeit erfüllte Porosität in großer Tiefe unterstellt werden kann."

1994 ein Erdbeben der Stärke 8,2 auf der Richterskala verzeichnet, dessen Ausgangspunkt in einer Tiefe von über 600 Kilometern unter Bolivien lag. Ganz eindeutig muß dort unten etwas anderes passiert sein als eine Scherbewegung tektonischer Platten. Die Ursache solcher Vorgänge herauszufinden könnte der Schlüssel zum Verständnis aller Erdbeben sein.

Meiner Ansicht nach muß die Aufhebung der inneren Reibung in der Tiefe auf die Präsenz und die schnelle Verlagerung großer Gasmengen zurückgeführt werden. In den nahe der Oberfläche gelegenen Schichten unterstützen von unten eindringende Gase die Spaltenbildung. Damit schwächen sie schlagartig das spröde Gestein. Mit abnehmender Bruchfestigkeit erreicht das Gestein den Bruchpunkt und ein Erdbeben setzt ein. Dieselbe Fluidmasse kann auf ihrem Weg nach oben weitere Erdbeben auslösen, indem sie auf immer neue Schichten undurchlässiger Gesteine trifft, diese schwächt und schließlich durchbricht. Demnach würden die Erdbeben nicht ausgelöst, weil die Spannung in der entsprechenden Region zunimmt, sondern weil ganz plötzlich *die Gesteinsfestigkeit nachläßt.*

Es überrascht daher nicht, daß Spannungsmessungen im vorhinein kaum Hinweise auf größere Erdbeben ergeben. Bis auf die Ausdehnung der Porenzwischenräume ist bis dahin im Bereich der Gesteinsspannungen nichts Besonderes passiert. Ausbeulungen der Oberfläche nach oben könnten zwar gemessen werden. Doch sind diese kaum wahrzunehmen. Das gilt nicht für Küsten (wo so etwas tatsächlich manchmal als Vorbote eines Bebens wahrgenommen wurde) und die modernen globalen Navigationssatellitensysteme zur Positionsbestimmung (GPS). Die Ausdehnung der Gesteinsporen führt kaum zu horizontalen Verformungen auf oder nahe der Oberfläche, die man mit Hilfe von Spannungsmessern ermitteln könnte. Wenn die aufgeblähte Region sehr weiträumig ist, werden sogar Neigungsmessungen nicht viel ergeben. Andererseits dürften die mit Gasen zusammenhängenden Phänomene in dem gesamten Gebiet, unter dem sich Gase ausgebreitet haben, deutlich sichtbar sein.

Worauf sollten wir genau achten? Einen ersten beobachtbaren Hinweis auf ein Beben liefern austretende Gase, die von einer größeren Gasmenge von unten durch Gesteinsporen gepreßt werden. In niedrigeren Bereichen könnte es sich durch Störungen im Bereich des Grundwassers ankündigen, dementsprechend durch Änderungen der elektrischen Leitfähigkeit des Grundwassers und ebenfalls durch Änderungen der üblichen Gaszusammensetzung, wenn Gasbestandteile aus größerer Tiefe hinzukommen. Es kann zu ungewöhnlichen Geräuschen kommen. Es kann auch sein, daß Veränderungen der seismischen Schwingungen nachgewiesen werden können, wenn die Porenzwischenräume nach Zahl und Lage zunehmen und das Gestein sich dadurch leichter verdichten läßt. Und natürlich sollten wir ein wachsames Auge darauf haben, ob sich unsere Haus- und Nutztiere, die feinere Nasen als wir haben, verstört verhalten. Auch wäre auf Tiere zu achten, die in unterirdischen Höhlen und Gängen leben, in denen sich die Zusammensetzung der Gase schlagartig geändert und ihnen das Leben dort unmöglich gemacht haben kann (Abb. 8.3).

Ein Nutzen, den wir durch die Theorie der Erdbebenentstehung durch heraufströmende Gase erlangen können, sind daher verbesserte Methoden der Erdbebenvorhersage. Man kann allerdings nicht erwarten, daß diese Theorie auf mehr Aufmerksamkeit unter Erdbebenspezialisten stößt, solange nicht die ihr zugrunde liegende Tiefengastheorie eine großere Verbreitung gefunden hat.

Wie in Kapitel 7 beschrieben, könnte die Theorie vom Gas aus der Tiefe zusammen mit der Theorie von der Biosphäre der heißen Tiefe neue Wege zum Verständnis der Frage eröffnen, wie hochwertige Metallvorkommen entstehen. In früheren Kapiteln wurden die tiefgreifenden Veränderungen in der Erdölgeologie vorgestellt, die ein

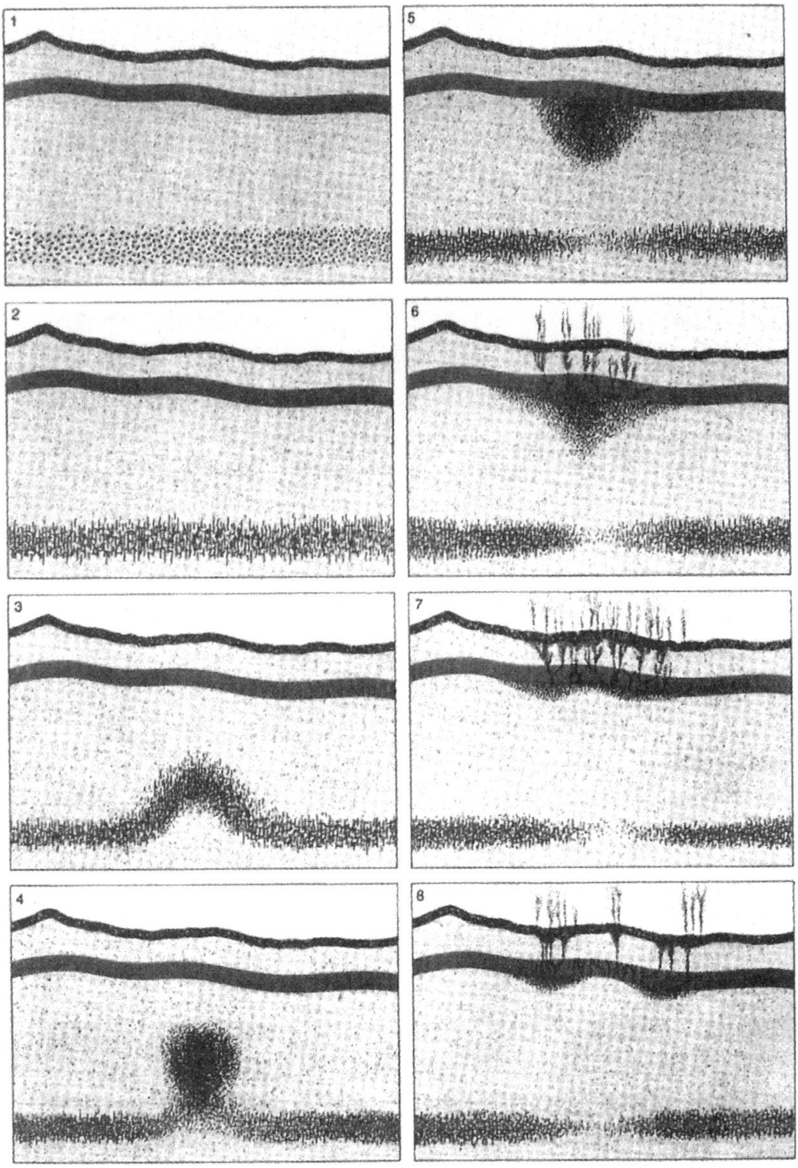

Abb. 8.3, heraufströmende Fluide als Ursache von Erdbeben: Fluide, die aus den ursprünglichen Gaslagerstätten der Erde stammen, darunter Kohlenwasserstoffe, bilden in einer Tiefe von vielleicht 150 km in ihrer Umgebung aus heißem Gestein Porenzwischenräume (1). *Fortsetzung nächste Seite.*

solches neues Paradigma zusammen mit grundlegenden Änderungen bei unserem Verständnis vom Leben *im Erdinneren* erfordern würde.

In den beiden letzten Kapiteln sollen noch spekulativere Implikationen der beiden Theorien ausgelotet werden. Wie würden die Perspektiven von Gas aus der Tiefe und von einer Biosphäre in der heißen Tiefe der Erde unsere wissenschaftlichen Ansichten über den Ursprung des irdischen Lebens verändern? Und was bedeuten diese beiden miteinander verbundenen Theorien für die Möglichkeit, in anderen Bereichen des Sonnensystems auf Leben zu stoßen?

Legende zu Abbildung 8.3 (Fortsetzung)

Weil Gestein in dieser Tiefe heiß genug ist, um sich plastisch verformen zu lassen, erweitern sich die Porenzwischenräume, meist allmählich und ohne die Stoßwellen eines Erdbebens auszusenden (2). Die Instabilität der leichten Fluide verringert sich in den dichteren Gesteinen jedoch nicht (3, 4) und die Fluide werden weiter aufwärts getrieben. Nahe der Erdoberfläche, wo das Gestein härter und nicht mehr plastisch ist (das dunkle Band in Bild 5), verursachen die Fluide im Gestein Versprödung und Brüche. Kleinere Risse weiten sich als Folge des Gasdrucks aus und schwächen so das Gestein. Mit der Abnahme der Bruchfestigkeit erreicht das Gestein schließlich den Bruchpunkt und löst so ein Erdbeben aus. Die unmittelbare Ursache des Bebens war kein kritischer Anstieg der Spannung im Gestein, sondern eher seine schlagartige Ermüdung (7). Gas, das weiträumig um das Epizentrum vorhanden ist und während des Erdbebens nicht entweichen konnte, ermüdet noch mehr Gestein, bis dieses ebenfalls durchlässig wird. Das erklärt, warum Nachbeben in der Regel ein größeres Gebiet erfassen. Quelle: Thomas Gold, Steven Soter (1980), wie Anm. 92.

9] Der Ursprung des Lebens

Die Erde leistet sich nicht nur eine, sondern zwei ausgedehnte Lebenswelten: Das oberirdische Leben, das sich durch Photosynthese erhält und das uns allen vertraut ist, und das Leben in der Tiefe, das sich von chemischer Energie ernährt, die von unten zu ihm hindurchdringt. Wir haben erst begonnen, die Bewohner der Tiefe und wie weit sich ihr Lebensraum erstreckt zu erforschen. Ich vermute, daß die Erforschung des Lebens in der Tiefe weiter unauffällig und auf niedrigem Niveau voran gehen wird, solange die Mikroben, die aus der Tiefe heraufgeholt werden, nicht als Vertreter einer völlig anderen Biosphäre wahrgenommen werden, sondern als isolierte und raffiniert angepaßte Variante des Lebens an der Erdoberfläche, das damit die Grenzen der bewohnbaren Bereiche der Erde nach unten verschoben hat. Sollte es jedoch zu einem Perspektivwechsel kommen, dann würden zwei der spekulativsten, aber weltanschaulich anspruchsvollsten wissenschaftlichen Themen einer wahren Explosion neuer Ideen ausgesetzt: der Ursprung des Lebens und die Aussicht auf außerirdisches Leben.

Ausführliche chemische Untersuchungen zeigen, daß alle Lebensformen der Oberfläche und der Tiefe mit großer Sicherheit auf einen gemeinsamen Ursprung zurückgehen, denn bei beiden stößt man auf das gleiche genetische System. Ob das gemeinsame genetische System der beiden auf Panspermie zurückgeführt werden kann, den Transport biologischen Materials von anderen Himmelskörpern zur Erde, oder ob das Leben alternativ dazu in einer der beiden Lebenswelten unseres Planeten entstanden ist und dann allmählich angepaßte Formen hervorbrachte, mit denen es dann den anderen Bereich besiedeln konnte, ist bisher noch nicht sicher bekannt.

Wenn das Leben ursprünglich auf der Erde entstanden ist, wüßten wir gerne, in welchem der beiden Lebenswelten dies geschah. Ein Weg zu einer Antwort wäre, nach Abhängigkeiten der beiden Reiche voneinander zu suchen. Berührungen zwischen der Erdoberfläche und der Tiefe hat es sicher gegeben, aber Berührungen sind noch keine Abhängigkeit. Wenn wir Belege für eine Abhängigkeit des einen Bereichs vom anderen ohne den Hinweis auf eine wechselseitige Abhängigkeit finden können, dann haben wir gute Gründe zu der Annahme, daß das Leben im unabhängigen Bereich entstanden ist und sich von dort später auf den abhängigen ausbreitete. Doch wenn sich keine bestimmte Abhängigkeit ermitteln läßt, dann müssen andere Überlegungen angestellt werden, die Aufschluß darüber geben könnten, welchen Weg die Evolution genommen hat.

Bis heute liegen (noch) keine Hinweise auf die Art dieser Abfolge oder auf die Beziehung zwischen diesen beiden Bereichen im Laufe der Zeit vor. Sie dürften gegenwärtig im wesentlichen unabhängig voneinander existieren. Würde etwa alles auf Photosynthese basierende Leben von der Erdoberfläche verschwinden, dann dürfte es mit dem Leben tief unter der Erdoberfläche grundsätzlich so weitergehen wie bisher. Ganz ähnlich wäre es, wenn das Leben in der Tiefe aus einem bestimmten Grund verschwinden würde. Uns ist nichts bekannt, weswegen sich dies auf das oberirdische Leben mit Photosynthese auswirken könnte, zumindest kurzfristig.

Langfristig könnte es einen Unterschied ausmachen, da zwischen dem mikrobiellen Leben in der Tiefe und den Lebensformen der Erdoberfläche nicht länger gelegentlich genetisches Material auf vorteilhafte Weise ausgetauscht werden kann.

Die Bewohnbarkeit der Lebenswelten oberhalb und unterhalb der Erdoberfläche

Ein ertragreicher Weg, sich der Frage nach dem Ursprung des Lebens zu nähern, ist ein Vergleich der Bewohnbarkeit der beiden Lebensbereiche. Das uns bekannte Leben an der Erdoberfläche ist aufgrund der großen Menge Energie, mit der die Sonne die photosynthetisierenden Mikroben und dann einige Zeitalter später die photosynthetisierenden Algen und Landpflanzen versorgt hat, überaus reichhaltig. Diese Organismen haben einen hochentwickelten Apparat entwickelt, um solare in chemische Energie umzuwandeln, von dem sie selbst und der Rest der Nahrungskette der oberirdischen Biosphäre abhängig sind. Die Lebewesen mit Photosynthese haben sich daran angepaßt, daß ihnen nachts und während der jahreszeitlich bedingten längeren Nächte hoher Breiten die Energie fehlt.

Von Zeit zu Zeit muß das Leben an der Erdoberfläche mit einer noch viel größeren Schwierigkeit fertig werden: der monatelangen oder noch längeren Verdunklung der Sonne nach heftigen Vulkanausbrüchen oder gelegentlichen Asteroideneinschlägen. Mikroben können diese Katastrophen in einem Zustand der Ruhe überstehen. Jedoch werden Populationen höherer Pflanzen und Tiere durch solche Ereignisse ernsthaft herausgefordert, die zu ihrem massenhaften Aussterben führen können.

Ist die Energieversorgung, von der die heiße Biosphäre der Tiefe abhängt, demselben Risiko der Veränderung und Unterbrechung ausgesetzt? Wir wissen nicht, ob der Austritt aufsteigender Kohlenwasserstoffe überall gleichförmig und über längere Zeiträume erfolgt. Ich vermute jedoch, daß es eine große Beständigkeit über Millionen von Jahre hinweg geben wird. Abbrüche, die den gesamten unterirdischen und untermeerischen Lebensbereich der Erde gleichzeitig beeinträchtigen, sind unwahrscheinlich. Mehr noch, da die Biosphäre der Tiefe – abgesehen vom Leben in Grenzzonen wie den untermeerischen Schloten – nur aus Mikroben besteht, dürften längere Zwangspausen keine größere Herausforderung darstellen. Dann sind da noch die Einschläge großer Asteroiden, die die Erdoberfläche verwüstet haben könnten, besonders der vor 3,8 Milliarden Jahren. Solche Einschläge dürften sich jedoch sogar günstig auf die unterirdische Biosphäre ausgewirkt haben, indem neue Bruchstellen entstanden sind, über die Kohlenwasserstoffe aufsteigen können, die das mikrobielle Leben erst gedeihen lassen.

Wie verhalten sich beide Lebenswelten im Hinblick auf die dem Leben angemessene Temperatur? Wie in Kapitel 2 ausgeführt, können Mikroben in der Tiefe leicht Temperaturen ertragen, bei denen Wasser an der Erdoberfläche kochen würde. Denn der hohe Druck sorgt dafür, daß dessen Siedepunkt dort wesentlich höher liegt. Daher steht dem Leben in der Tiefe Wasser in flüssiger Form in einem viel größeren Temperaturbereich zur Verfügung als an der Oberfläche. Abgesehen von Gebieten mit aktivem Vulkanismus bleibt der Temperaturgradient unter der Erdoberfläche in jeder Tiefe stets gleich. „Wetter“, Eiszeiten und kochendes Wasser gibt es dort unten nicht. Das steht in einem scharfen Gegensatz zu den Bedingungen an der Erdoberfläche – besonders an Land – wo jahreszeitlich bedingt oder sogar an einem Tag gewaltige Temperatursprünge eintreten können. Um bewohnbar zu bleiben, müssen an der Erdoberfläche über lange geologische Zeiträume hinweg auf einen engen Korridor beschränkte Temperaturen geherrscht haben. So konnte das Wasser bei dem in der Atmosphäre herrschenden Druck flüssig bleiben.

Ein großer Vorteil für das Leben in der Tiefe ist der Schutz vor der harten ionisierenden solaren und kosmischen Strahlung, den das Gestein bietet. Wir Oberflächenlebewesen vergessen gerne, daß das oberirdische Leben eigens Schutzschichten und Pigmente gegen schädliche Sonnenstrahlen entwickelt hat. Dazu kommen noch Reparaturmechanismen für die DNA, um die nicht ganz unvermeidlichen

Schäden durch solare und kosmische Strahlung zu beheben. Die ersten Lebensformen bis hin zu Frühformen belebter Zellen dürften noch nicht so angepaßt gewesen sein. Im Gegensatz dazu sind die Bedingungen unter der Erdoberfläche viel günstiger. Dort in der Tiefe besteht für die komplexen Moleküle keine Notwendigkeit, sich gegen die Strahlung, die die Erdoberfläche bombardiert, zu schützen. Es ist zwar richtig, daß es auch in der Tiefe aufgrund des radioaktiven Zerfalls von Kalium, Uran und Thorium harte ionisierende Strahlen gibt. Diese Strahlung durchdringt jedoch das Gestein in einem viel geringeren Ausmaß als die Bereiche der Erdoberfläche. Außerdem dürfte die Strahlung dort über lange Zeiträume hinweg konstant bleiben.

Der wichtigste Unterschied zwischen der Biosphäre der heißen Tiefe und der Biosphäre der Erdoberfläche als mögliche Entstehungsorte des Lebens besteht jedoch im Überfluß an primordialer (ursprünglicher) Energie, die von unten aufsteigt, und zwar – was genauso wichtig ist – von so weit unten, daß die Quellen dieser Energie für Lebewesen unzugänglich sind. Man erinnere sich, daß die erste lebende Zelle noch nicht die Kunst der Photosynthese beherrscht haben kann. Auf der Erdoberfläche konnte die Versorgung mit chemischer Energie daher erst beginnen, nachdem einige Organismen den komplizierten Vorgang der Photosynthese entwickelt hatten. Davor wäre der spontane Zusammenschluß von Molekülen, die energieerzeugende Reaktionen ausführen können, ein seltenes Ereignis gewesen, und die Konzentration solcher Moleküle in einer „Ursuppe“, die vielleicht in einem Gezeitentümpel herumschwappt, wäre noch seltener vorgekommen. Falls unter solchen Umständen ein sich selbst erhaltendes und selbstreproduzierendes System komplexer Moleküle entstanden sein sollte, was wäre mit diesen Vorläuferformen von „Leben“ geschehen, wenn diese die Nahrung aufgrund der für das Leben typischen exponentiellen Vermehrungsrate aufgebraucht hätten? Es ist nicht klar, wie sich eine solche Überfluß-Mangel-Situation vor der Entstehung der Photosynthese hätte vermeiden lassen und wie ein langwieriger und umfassender evolutionärer Prozeß hätte durchlaufen werden können.

Schon aus diesem Grund ist der Untergrund für die Frühphase des Lebens der wahrscheinlichere Ort, vorausgesetzt die Theorie vom Erdgas aus der Tiefe stimmt. Flüssige Kohlenwasserstoffe strömen von unten herauf. Sie stammen aus Tiefen, die für kohlenstoffbasiertes Leben viel zu heiß sind, um sie anzapfen zu können. Diese Stoffströme dürften die Lebensformen kontinuierlich, gleichmäßig dosiert und über lange Zeit mit Energie versorgt haben. In diesem Szenario hätte es ideale Bedingungen für die Entstehung und das Gedeihen von Leben gegeben. Später hätten die gleichen Bedingungen dem mikrobiellen Leben gestattet, eine breite Palette chemischer Fähigkeiten zu entwickeln. Bewegliche Abenteurer am äußeren Rand der unterirdischen Lebenswelt – vielleicht in der Nachbarschaft von Tiefseeschloten – könnten dann wärmeempfindliche Pigmente entwickelt haben, um sich auf die energiereichen Schlote hin auszurichten und sich davor zu schützen, in den kargen kalten Ozean abgetrieben zu werden. Es wurde vorgeschlagen, daß die Orientierung und Navigation durch die Wahrnehmung von Wärmestrahlung als erster wichtiger Schritt in Richtung Photosynthese anzusehen ist.[100] Zur Photosynthese wäre es dann gekommen, wenn es einige dieser Mikroben für vorteilhaft gehalten hätten, an oder nahe der Erdoberfläche zu leben und ihre Energieversorgung durch die Nutzung des Sonnenlichts zu erweitern.

---

[100] Infrarot-Phototaxis (Richtungsfindung nach der Strahlung) an heißen Tiefseeschloten als eine Vorform der Photosynthese vermutet Euan G. Nisbet (1995): *Archean ecology: A Review of evidence for the early development of bacterial biomes and speculations on the development of a global-scale Biosphere*, in: M. P. Cowar, A. C. Ries (Hg.): *Early Precambrium Processes*, Geological Society of London Special Publication Nr. 95, S 27ff. Vgl. auch E. G. Nisbet, C. M. R. Fowler (1996): *Some liked it hot*, Nature 382, S. 404f.

Bei einer entgegengesetzten Entwicklung, von einem Leben an der Oberfläche zum Leben in der Tiefe, kann ich keine ähnlich günstige Situation erkennen. Die Photosynthese hätte sich in einem sehr frühen Stadium aus einer Evolutionsstufe entwickeln müssen, die davon abhängig gewesen wäre, daß irgendeine nicht näher spezifizierte Form von chemischer Energie auf der Oberfläche kontinuierlich zur Verfügung steht. Der nächste Schritt hätte dann in Form einer Invasion des Untergrunds erfolgen müssen, einschließlich der Entwicklung der Fähigkeit, die dort verfügbare Quelle chemischer Energie zu nutzen, und einschließlich der Anpassung an die in diesem Bereich herrschenden hohen Temperaturen und Drücke.

Aus einer Reihe von theoretischen Gründen scheint mir daher eher der unterirdische Bereich der Ort zu sein, an dem sich die eigenartigen und äußerst komplexen chemischen Vorgänge, die wir Leben nennen, zuerst entwickelt haben. Die Druck- und Temperaturverhältnisse unter der Erde sind beständiger und dem Leben im allgemeinen zuträglicher als die Bedingungen an der Oberfläche. Dem unterirdischen Leben hätten nicht nur größere Asteroideneinschläge nichts ausgemacht, sondern es wäre vielleicht von dessen disruptiven Auswirkungen sogar begünstigt worden. Die für Lebewesen schädliche Strahlung ist in der Tiefe um ein Vielfaches vermindert. Schließlich hätte der Tiefengastheorie zufolge reichlich chemische Energie zur Verfügung gestanden, die stets gleichmäßig nachgeströmt wäre.

Viele der neueren taxonomischen Analysen liefern empirische Belege dafür, daß der unterirdische Bereich als Ursprungsort des Lebens anzusehen ist. Diese identifizieren die hyperthermophilen (Extremhitze liebenden) Archäen und Bakterien als diejenigen Lebensformen, deren Wurzeln am weitesten zurückreichen, die also am ältesten sind. Natürlich ist es möglich (wenn auch meiner Ansicht nach sehr unwahrscheinlich), daß die Erdoberfläche vor rund drei Milliarden Jahren so beschaffen war, daß sich dort nur die höchstentwickelten wärmeliebenden Lebensformen aufhalten konnten. Aufgrund der weit zurückreichenden Wurzeln der die extreme Hitze liebenden Mikroben könnte man auch vermuten, daß das Leben an den Tiefseeschloten entstanden ist. Doch was wäre dort die Quelle chemischer Energie gewesen, wenn nicht aus der Tiefe aufsteigende Fluide, die durch Reaktionen mit unterwegs vorhandenen Stoffen Energie gewinnen konnten? Die empirischen Belege schließen zwar Hypothesen über einen Ursprung des Lebens an der Oberfläche nicht aus, untermauern aber dennoch die Annahme eines unterirdischen Ursprungs.

Der wahrscheinlichere Ursprung des Lebens

Die Tiefengastheorie bildet die Voraussetzung für die Annahme, daß das Leben auf der Erde in der Tiefe entstanden ist. Der unterirdische Lebensbereich bietet frühen Lebensformen nicht nur einen weit günstigeren Lebensraum, sondern stellt auch eine umfassende Erweiterung des Umfeldes dar, in dem chemische „Experimente" stattgefunden haben könnten. Die Zunahme des Volumens und der Masse – besonders der kohlenstoffhaltigen Moleküle – erhöht in großem Maß die Wahrscheinlichkeit, daß sich zufällig günstige chemische Reaktionen und die Aneinanderreihung komplexer Moleküle – die Vorläufer des Lebens – gleichzeitig ereignet haben.

Die Annahme, daß es einen definitiven Anfangspunkt allen Lebens gibt, ist sicher nicht ganz richtig.

Es dürfte ein Weg gewesen sein, auf dem die Komplexität sehr einfacher Lebensformen schrittweise erreicht worden ist. Dabei wird es den einzelnen Schritt, der als der entscheidende Übergang von der unbelebten zur belebten Materie anzusehen ist, nicht gegeben haben. Das Leben besteht vielleicht nur aus den Prozessen, die in den Physik- und Chemielehrbüchern beschrieben werden, angewandt auf Umstände, die weit außerhalb unserer Vorstellungskraft liegen. Wir müssen daher die Wahrscheinlichkeit oder Unwahrscheinlichkeit, nach der sich ein bestimmtes Molekül oder eine bestimmte Struktur bildet, anhand der Anzahl der Experimente beurteilen, die in den für die frühe Erde charakteristischen chemischen Medien stattgefunden haben könnten – über Zeiträume von Hunderten Millionen Jahren. Ein Prozeß, den man zu Recht für einen jeden Einzelschritt als höchst unwahrscheinlich ansieht, könnte trotzdem höchstwahrscheinlich stattgefunden haben, wenn das Experiment, das diesen Schritt hervorbringt, sehr viele Male wiederholt worden wäre.

Nehmen wir an, wir beginnen mit den verschiedenen Atomen (oder den aus ihnen zusammengesetzten Molekülen), die in tiefen Gesteinsschichten in Flüssigkeiten vorkommen: Kohlenstoff, Wasserstoff, Sauerstoff, Stickstoff, Schwefel, Phosphor, Natrium, Kalium, Kalzium und einige weitere Metalle direkt aus dem Gestein (ich bezeichne diese Auswahl als „Suppe"). Wie viele Reaktionen müßten stattfinden, damit neue Moleküle entstehen können? Der unterirdische bietet diesbezüglich im Vergleich zum oberirdischen Bereich zwei grundlegende Vorteile: Zum einen würde der hohe Druck viele Moleküle stabilisieren, die an der Erdoberfläche keinen Bestand hätten. Bei gleichem Ausgangsgebräu wären daher in der Tiefe mehr molekulare Neubildungen möglich. Zum anderen würden die in der Tiefe vorherrschenden erhöhten Temperaturen alle Reaktionen beschleunigen. Damit wären dort mehr Kombinationen möglich als dieselbe Menge Suppe sie an der Erdoberfläche im gleichen Zeitraum hervorbringen könnte.

Wie unterscheidet sich der oberirdische vom unterirdischen Lebensbereich hinsichtlich der Menge der Suppe? Die Vertreter der Theorie vom Ursprung des Lebens an der Oberfläche glauben nicht, daß die gesamte Erdoberfläche vor 3,4 bis 4 Milliarden Jahren mit einer Suppe überspült war, aus der das Leben hervorging. Ihrer Ansicht nach sollen Moleküle, die als Vorformen lebendigen Stoffwechsels und von Replikationssystemen dienten, sporadisch durch Zufall und dann konzentriert in plätschernden und trockenfallenden Gezeitenbecken entstanden sein. Ein anderer möglicher Entstehungsort seien Tiefseeschlote, wo heiße Fluide in eine kalte und chemisch anders zusammengesetzte Umgebung hineinschießen. Nach der Tiefengastheorie hätten hingegen aufsteigende Kohlenwasserstoffe die Porenzwischenräume mit einer Fertigsuppe *innerhalb* der Erdkruste überschwemmt, und zwar von dem Zeitpunkt an, als sich der Planet verdichtet hatte und damit anfing, mithilfe der Gravitation Schichten zu bilden. Das für die präbiologischen Experimente zur Verfügung stehende Suppenvolumen hätte also praktisch dem Gesamtvolumen der durch die aufsteigenden Flüssigkeiten in der Erdkruste offen gehaltenen Porenräume entsprochen.

Um das mögliche Volumen zu berechnen, bestimmen wir zunächst den Tiefenbereich, der vernünftigerweise in Frage kommen könnte. Nehmen wir an, dieser Bereich würde von knapp unter der Erdoberfläche bis in zehn Kilometer Tiefe hinunterreichen. Darin füllt die Suppe Porenzwischenräume aus, die etwa ein Prozent des Gesteinsvolumens ausmachen. Das Gesteinsvolumen würde daher $5{,}1 \times 10^{18}$ Kubikmeter betragen; ein Prozent davon entspräche demnach $5{,}1 \times 10^{16}$ Kubikmeter oder einer Suppenmasse in einer Größenordnung von $5{,}1 \times 10^{16}$ Tonnen. Diese Suppenmasse entspräche etwa vier Prozent der Gesamtmasse der heutigen Ozeane.

Nehmen wir an, das durchschnittliche Molekulargewicht der Suppe läge bei 50 atomaren Masseneinheiten. Dies entspräche zum Beispiel zwei Kohlenstoffatomen (24), einem Sauerstoffatom (16) und zehn Wasserstoffatomen (10). 50 atomare Masseneinheiten liegen nicht so weit vom Molekulargewicht der Flüssigkeiten entfernt, die heute aus solchen Tiefen heraufgeholt werden. Dann würden $5{,}1 \times 10^{16}$ Tonnen eine Anzahl von 6×10^{44} solcher Moleküle bedeuten.

Wie viele chemische Reaktionen würden in der Suppe stattfinden? Hier wird die Rechnung äußerst spekulativ. Weil die Suppe aus einer tief im Erdmantel gelegenen Quelle stammt, wo sie noch nicht bis zum chemischen Gleichgewicht erhitzt und vermischt wurde, gehen wir davon aus (wie in Kapitel 3 ausgeführt), daß sie genügend Energie besitzt, um auf natürliche Weise viele chemische Prozesse in Gang zu setzen, die sie einem chemischen Gleichgewicht näher bringen. Nehmen wir also an, daß jedes Molekül einmal täglich die Chance bekommt, eine Veränderung zu erfahren. Eine solche Modifikation könnte allein durch Wärme, aber auch durch ein zufälliges Zusammentreffen von miteinander reagierenden Molekülen ausgelöst werden. Nach einer Milliarde Jahren wird es dann für jedes anfangs vorhandene Urmolekül $3{,}6 \times 10^{11}$ Veränderungen gegeben haben, bei einer Gesamtmasse von etwa 6×10^{44} solcher Moleküle, also insgesamt etwa 2×10^{56} solcher Veränderungen.

Diese große Zahl wäre nur dann von Bedeutung, wenn aus der großen Menge der Moleküle ein ganz besonderes, für das Leben entscheidendes Molekül hervorgehen würde. Wie können wir die Wahrscheinlichkeit eines solchen Ereignisses einschätzen? Wahrscheinlichkeiten, die so gering sind, daß ein bestimmtes Molekül bei 10^{56} Versuchen nur einmal entstehen könnte, liegen außerhalb des Bereiches, in dem wir noch intuitiv und kompetent urteilen können. Vielleicht hilft aber ein Vergleich. Angenommen, man wirft eine Münze in Sätzen von jeweils 100 Würfen. Nach den ersten 100 Münzwürfen wird entschieden, so lange weitere 100 Mal zu werfen, bis bei allen 100 Würfen die Kopfseite nach oben zeigt. Bei einer durchschnittlichen Erfolgsrate müßten diese je 100 Münzwürfe 10^{30}-mal ausgeführt werden, bis man dieses Ziel – alle Münzen zeigen mit der Kopfseite nach oben – erreicht. Wenn man aber die Gelegenheit bekommt, das gleiche Münzwurfexperiment 10^{56}-mal durchzuführen, dann sind im Durchschnitt 8 x 10^{22} perfekte, auf der Kopfseite liegende Sets zu erwarten.

Dies könnte auch im Sinne der traditionellen Diskussion über hohe Unwahrscheinlichkeiten formuliert werden, im Sinne von: Wie viele Affen mit Schreibmaschinen sind nötig, um ein Werk von Shakespeare abzuschreiben? Dabei zeigt sich, daß unsere Zahl 10^{56} in etwa der Anzahl von Affen entspricht, die benötigt werden, um wenigstens die erste Zeile eines bestimmten Sonetts von Shakespeare zu bekommen.[101] Würden jedoch stattdessen 10^{57} Affen mit dieser Aufgabe betraut, sollte mehrmals Erfolg eintreten. Das absurd unwahrscheinliche Ereignis wäre sehr wahrscheinlich geworden.

Ich weiß nicht, ob die Zahlen, die ich bei meiner Berechnung der molekularen Wahrscheinlichkeiten verwendet habe, tatsächlich korrekt sind. Doch welche Zahlen auch immer die richtige Wahl sein mögen: Fest steht, daß uns die Wahrscheinlichkeitsrechnung auf jeden Fall in das undurchschaubare Reich der großen Zahlen geführt hätte – und damit in eine Situation, in der Ereignisse eintreten, die für sich allein als so extrem unwahrscheinlich angesehen würden, daß sie niemand jemals für möglich halten würde. Aber sie können tatsächlich eintreten, wenn man den Kontext ständiger Modifikationen einbezieht, die in riesigen Molekülmassen über sehr lange Zeiträume hinweg stattgefunden haben. Es kann sogar sehr wahrscheinlich sein, daß sie eingetreten sind.

Dennoch kann man sich fragen, wozu es gut sein soll, daß das magische Molekül nur einmal in einer Milliarde von Jahren inmitten einer derart großen Zahl nutzloser Begleiter aufgetaucht ist. Die Antwort besteht darin, daß sogar ein einziges Molekül den gesamten Bestand der Suppe nach einer Weile dominieren kann, wenn es zur Au-

101 Bei den Berechnungen wird davon ausgegangen, daß jeder Affe nur eine Chance erhält, die erforderliche Anzahl von Tasten (39), die der ersten Zeile eines Shakespeare-Sonetts entsprechen, zufällig zu drücken.

tokatalyse fähig ist. Autokatalytische Moleküle wirken nicht nur bei einer bestimmten Reaktion als Katalysator, sondern sorgen auch dafür, daß sich andere, gleichartige Moleküle aus den Bestandteilen der Suppe bilden. Ein normales katalytisches Molekül erleichtert die Bildung einiger anderer Moleküle. Ein Autokatalysator regt die Entstehung von Kopien seiner selbst an.

Lassen Sie uns der Einfachheit halber annehmen, daß ein einzelnes Molekül immer durchschnittlich einen Tag benötigt, um ein neues Molekül hervorzubringen. Nach einem Tag hätte ein normales Katalysatormolekül ein Molekül einer anderen Art erzeugt. Nach zwei Tagen hätte es ein weiteres Molekül synthetisiert, insgesamt also schon zwei. Am Ende des dritten Tages sind dann schon drei solcher neuen Moleküle entstanden, nach vier Tagen vier und so weiter. Im Gegensatz dazu wächst der Bestand der autokatalytischen Moleküle exponentiell, von zwei solcher Moleküle am Ende des ersten Tages auf vier am Ende des zweiten Tages, dann auf 16, 32 und so weiter. Das dem autokatalytischen Prozeß eigene rapide zahlenmäßige Wachstum sichert sein Weiterlaufen gegen Störfälle ab. Der Verlust eines einzelnen autokatalytischen Moleküls aus einem großen Bestand solcher Moleküle bedeutet keinen großen Rückschlag. Dagegen bricht der gesamte Vorgang ab, wenn das einsame katalytische Molekül vorzeitig am fünften Tag sein Ende findet.

Die Anzahl der Nachkommen des autokatalytischen Moleküls wird mit 2^n angegeben, wobei *n* die Anzahl der Generationen angibt, die einander gefolgt sind. Gehen wir von 50 Generationen aus – in unserem Modell sind das 50 Tage – dann hätte das gewöhnliche katalytische Molekül 50 Moleküle hervorgebracht. Im gleichen Zeitraum hätte das autokatalytische Molekül 2^{50} oder 10^{15} Nachkommen erzeugt. In 188 Generationen (in unserem Beispiel in nur 188 Tagen) wäre ihre Anzahl auf 4 x 10^{56} gestiegen. Diese Anzahl entspricht – man erinnere sich – gemäß unseren Berechnungen der Gesamtheit aller in der Suppe befindlichen Moleküle. In der Realität wird es bei einigen atomaren Komponenten des autokatalytischen Moleküls zu Engpässen kommen, lange bevor die gesamte Suppe in Klone dieses fleißigen Moleküls umgewandelt worden ist, so daß der Prozeß weit vor dem vollständigen Aufbrauchen der Suppe enden wird. Dennoch wird der autokatalytische Prozeß alle anderen chemischen Prozesse mit Leichtigkeit beherrschen, obwohl er nur von einem einzelnen Molekül ausging, bei dem die Wahrscheinlichkeit seiner Entstehung als äußerst gering eingeschätzt wurde.

Je größer das Volumen der Suppe ist, desto größer sind die Chancen für die Entstehung eines Moleküls, das die sehr komplexen Voraussetzungen für die Autokatalyse erfüllt, und desto größer ist die Chance, daß die Entwicklung von diesem Stadium aus weiterläuft. Die Schichten der Erdkruste in Kombination mit hindurchströmenden Fluiden, die aufgrund von chemischen Reaktionen mit den festen Stoffen, denen sie unterwegs begegnen, als Energielieferanten dienen, stellen den größten Bereich dar, den die Erde für derartige Entwicklungen besitzt. Daher sollten wir diesen Bereich bei Überlegungen über den Ursprung des Lebens als erstes in Betracht ziehen.

Ein autokatalytischer Prozeß läßt sich leicht erkennen, wenn ein Molekül in der nächsten Generation sein Ebenbild erzeugt. Ein Prozeß gehört jedoch auch dann zum mathematischen Regelkreis der Autokatalyse, wenn dabei das erste identische Molekül erst in einer späteren Generation aus ihm hervorgeht, das zuvor ein oder mehrere Zwischenstadien durchlaufen hat. Solche Zwischenstadien verlangsamen den Prozeß, aber die zugrundeliegende Exponentialität wird am Ende dennoch allen anderen konkurrierenden Prozessen überlegen sein. Wir sprechen hier von Autokatalysatoren unterschiedlicher Ordnung: Die der ersten Ordnung reproduzieren sich lediglich selbst. Die der zweiten Ordnung reproduzieren sich ebenfalls selbst, aber erst nach einer dazwischen liegenden anderen Form. Die der dritten Ordnung durchlaufen zwei Übergangsformen und so weiter.

Beschreibt dieser Bericht nicht auch das Wesentliche des Lebens? Jede Form erzeugt erneut einen Autokatalysator, den wir *Genotyp* nennen, die Gesamtheit aller Anweisungen für die Gestaltung der nächsten Generation. Dazwischen liegt ein anderes Stadium – *der Phänotyp.* Dieser wiederum erzeugt den Genotyp, der demjenigen gleicht, von dem er abstammt. Der nächste Genotyp setzt diesen Prozeß fort. Pflanzen und Tiere (wie auch wir selbst) gehören zu den dazwischen liegenden Phänotypen. Aber die Mathematik der Fortpflanzung folgt auch hier dem Gesetz der Exponentialität. Mit der hinter ihr stehenden Macht dieses Gesetzes der Exponentialität wird jede biologische Ordnung leicht jede andere beherrschen, die mit ihr konkurriert und diesen mathematischen Vorteil nicht vorweisen kann. Die gesamte Reproduktion in der Biologie unterliegt dem Gesetz der Exponentialität, sogar dann, wenn dies für eine Gattung einen Nachteil bedeutet, wie etwa bei Überfluß-Mangel-Katastrophen.

Ein Autokatalysator der zweiten oder einer höheren Ordnung bietet dem Stadium „Phänotyp" die Möglichkeit, Änderungen zu unterstützen, die die Fähigkeit der Autokatalyse des nächstfolgenden Genotyps nicht zerstören, aber dennoch die bisher erfolgten Änderungen weitertragen würden. An diesem Punkt kommt die darwinistische Logik ins Spiel, nach der „nützliche" Änderungen, die die Überlebenschancen des Geno- oder Phänotyps oder die deren Reproduktionsrate erhöhen, alle anderen Veränderungen verdrängen.

Hat diese Diskussion die Frage nach dem Ursprung des Lebens beantwortet? Das glaube ich nicht. Die Diskussion hat uns gezeigt, daß die elementaren Systeme der mehrfach wiederholten Selbstreproduktion bereits in Molekülen vorhanden sein können, die in der von uns so genannten unbelebten Natur vorkommen. Möglicherweise kommen sie dort sogar häufig vor. Wir haben somit den Rahmen für eine Evolution abgesteckt, die nun der steuernden Macht der natürlichen Auslese nach Darwin unterworfen wird, und auf diese Weise erweitert, eine viel größere Komplexität sowohl in ihrer Struktur als auch hinsichtlich ihrer Chemie entfalten dürfte.

Sich selbst reproduzierende Moleküle sind ein Schritt auf dem Weg der biologischen Evolution. Unsere Definition des Lebens schließt jedoch das Vorhandensein von Zellen ein. Vielleicht ist das ein Fehler. Viren sind auch lebende Wesen, aber nur jene sind bekannt, die Zellorganismen als Wirte nutzen und sie dabei verändern oder schädigen. Daneben dürfte es eine Vielzahl ähnlicher nichtzellularer Organismen geben, die sich aus chemischen Energiequellen ihrer Umgebung ernähren und biologischen oder nichtbiologischen Ursprungs sein können. Würden sie keine bemerkbaren Veränderungen auslösen, würde uns ihre Existenz auch nicht auffallen. Sie könnten jedoch die frühen Formen des Lebens verkörpern und dürften noch immer einen bedeutenden Anteil der belebten Natur ausmachen.

Für kompliziertere, höher entwickelte Lebensformen scheinen Zellen eine Notwendigkeit zu sein. Wie konnten sich Zellen überhaupt bilden? Viele Forscher halten den Schritt hin zur Bildung von Zellen für entscheidend, für den wesentlichen Schritt am Beginn der Evolution komplexer Lebensformen. Aus diesem Grund will ich einen möglichen Weg zur Bildung von das genetische (autokatalytische) Molekül umgebenden Zellwänden aufzeigen. Von vielen Mikroben ist bekannt, daß sie um sich herum Wasser anlagern, das an ihnen mithilfe eines gelbildenden Mittels anhaftet. Diese Fähigkeit könnte bereits von nichtzellulären Lebensformen entwickelt worden sein. Der nächste Schritt könnte die Verdunstung von Wasser aus der äußeren Hülle dieses Schleimes gewesen sein. Dadurch hätten sich Schleimbestandteile verdichtet, was die Bildung einer Haut ausgelöst hätte. Hätte sich dies für den Organismus als hilfreich erwiesen, wäre eine Weiterentwicklung denkbar, bei der der umgebenden Schleimhülle weitere, für die Bildung einer dauerhaften Haut am besten geeignete Stoffe hinzugefügt worden wären. Wenn es sich um Moleküle von großer Komplexität handelt, ist es kein großer Schritt, sich mit einer Zellwand zu umgeben.

Darwins Dilemma

Zu Lebzeiten Darwins und auch danach gab es ein Problem, das seine schöne Theorie belastete. Die allmähliche Evolution, die durch gelegentliche zufällige Fehler in den genetischen Bauplänen ausgelöst wird, sollte Hinweise auf zahlreiche Zwischenformen während der Evolution einer Art hinterlassen haben, von denen sich einige in der entstandenen Evolutionslinie finden und andere in einer Sackgasse endeten. Aber gerade solche Belege fehlen unter den überlieferten Fossilien. Vielmehr zeigen sie lange Zeiträume ohne oder mit nur wenigen Veränderungen, auf die ein plötzlicher, unmittelbarer Übergang zu einer anderen Form folgt. Man hat behauptet, daß dieses Muster der biologischen Entwicklung auf vereinzelte, aber schnell ablaufende Umweltveränderungen zurückgeführt werden kann (möglicherweise verursacht durch größere Klimaschwankungen, Veränderungen in der Zusammensetzung der Atmosphäre oder Vulkanausbrüche), die zu solchen Zeiten eine rasche Anpassung des Lebens erzwangen. Zwischen diesen (größeren) Veränderungen hätten zufällige Veränderungen wenig gebracht, und die Darwin'sche Auslese hätte diese eher behindert. Diese Sicht auf die biologische Evolution wird im allgemeinen als „Punktualismus" (engl. *punctuated equilibrium, durchbrochenes Gleichgewicht)* bezeichnet.

Vielleicht läßt sich Darwins Dilemma gerade durch einen Wechsel von Stillstand und Veränderung in der Umwelt lösen. Ich persönlich glaube das nicht, obwohl ich der Ansicht bin, daß die Umwelt durchaus solchen Bedingungen, in denen Durchbrüche auftreten, unterworfen gewesen sein kann. Doch selbst, wenn es Zeitabschnitte gegeben haben sollte, in denen eine schnelle Anpassung erfolgen mußte, hätten dann die Zufallsveränderungen und zahlreichen nötigen Selektionsprozesse so wenig Zeit beansprucht und so wenige Beispiele für die Evolutionsstufen dazwischen hinterlassen? Wäre dies bei vielen verschiedenen Arten zu verschiedenen Zeiten der Fall? Das ist auf jeden Fall eine Frage, die offen bleibt.

Darwin war sich über die Ursache der Veränderungen nicht ganz sicher, die seine Theorie voraussetzt. Die meisten Forscher in seiner Nachfolge gehen von zufälligen Veränderungen aus, Ungenauigkeiten im Bauplan für die nächste Generation. In vielen Fällen konnten sie solche Fehler sicher nachweisen. Am häufigsten stießen sie auf diese Fehler, als ihnen deren nachteilige Folgen auffielen. Aber vielleicht gibt es eine andere Ursache für Genveränderungen als zufällige Fehler? Eine Ursache, die auf einen Schlag wesentliche Änderungen bewirken könnte? Wäre das der Fall, ließe sich das Fehlen von Zwischenformen vielleicht erklären.

Die Zufallsmutation scheint ein Mechanismus zu sein, mit dem der evolutionäre Wandel in zwei der drei taxonomischen Domänen des Lebens, bei den Archäen und den Bakterien, in angemessener Weise erklärt werden kann. Diese Organismen weisen eine hohe Fortpflanzungsrate auf. Bei jeder Generation sehen wir extrem hohe Zahlen. Die Wahrscheinlichkeit, in einem bestimmten Zeitraum durch zufällige Fehler auf eine günstige Mutation zu stoßen, ergibt sich aus der Anzahl der lebenden Vertreter einer Art, geteilt durch die für den Reproduktionszyklus benötigte Zeitspanne. In diesem Punkt besteht zwischen Elefanten und Bakterien ein enormer Unterschied.

Betrachten wir die evolutionären Fähigkeiten des global am meisten untersuchten Bakteriums, *Escherichia coli (E.coli)*. Im Verdauungstrakt eines jeden Menschen gibt es etwa 10^{12} *E.coli*-Bakterien. Diese Mikroben sind für die chemische Verarbeitung unserer Nahrung von grundlegender Bedeutung. Die Menschheit besteht, aufgerundet auf die nächsthöhere Größenordnung, aus 10^{10} heute lebenden Personen. Allein die Menschheit trägt damit etwa 10^{22} *E.coli*-Bakterien in sich. Ein ausreichend ernährtes Bakterium vermehrt sich etwa alle 20 Minuten. Nun vergleiche man das Vermehrungspotential des Bakteriums *E.coli* mit dem der Elefanten. Zurzeit gibt es um die 100.000 lebende Elefanten und ihre Reproduktionszeit beträgt zehn Jahre. Die Bakterien vermehren sich 262.800-mal so schnell und es gibt von ihnen 10^{17}-mal so viele nur in dem einen, von uns erwähnten Lebensraum (dem menschlichen Darm). Die Chance auf eine günstige Mutation innerhalb eines bestimmten Zeitraums liegt demnach bei diesen Bakterien um $2{,}6 \times 10^{22}$ höher als bei den Elefanten.

So könnten zufällige Mutationen und deren natürliche Auslese der Weg zu bedeutenden evolutionären Neuerungen bei den verschiedenen Stämmen von Mikroorganismen sein, während dieser Weg bei großen Lebewesen hoffnungslos langsam verläuft. Denn es ist so, daß sich größere Lebewesen zwar stark in ihrer äußeren Gestalt, doch nicht so sehr in ihrer Funktionsweise unterscheiden. Eine Maus, ganz zu schweigen von einem Frosch, kann ganz anders aussehen als ein Elefant. Aber alle Wirbeltiere weisen die gleichen Zelltypen und Molekülarten auf. Neuerungen in der Makrofauna treten nicht im Aufbau der standardmäßigen tierischen Zellarten auf, sondern in der Anordnung der Zellen und bei Geschwindigkeit und Anzahl der ausgeführten Vermehrungszyklen. Mikroben zeichnen sich durch eine große Vielfalt ihrer Stoffwechselmöglichkeiten aus, während Eukaryoten die Wegbereiter der Form sind.

Neuerungen im Bereich des Stoffwechsels dürften schwerer zu erreichen gewesen sein. Eine sich von Methan ernährende, Hitze liebende Mikrobe ähnelt äußerlich zwar sehr einer photosynthetisierenden Mikrobe. Doch im Hinblick auf die Evolution unterscheiden sie sich voneinander weitaus mehr als Menschen von Quallen. Lynn

Margulis und andere haben überzeugende empirische Belege und theoretische Argumente vorgelegt, wonach die größeren Neuerungen beim Stoffwechsel fast vollständig vom mikrobiellen Lebensbereich erreicht worden sind. Die Domäne der Eukaryoten, die letztendlich die gesamte Makrofauna hervorbrachte, hat ganz einfach durch Endosymbiose alles übernommen, was sie von den Mikroben benötigte – indem sie Mikroben in sich aufnahmen, die dann in die eukaryotische Zelle integriert wurden. Man geht sogar davon aus, daß der gesamte Lebensbereich der Eukaryoten entstanden ist, indem Mikroben aus wenigstens zwei hinsichtlich ihres Stoffwechsels verschiedenen Stämmen eine Symbiose eingingen.

Inzwischen wird Endosymbiose als ein äußerst wichtiges, grundlegendes Instrument angesehen, mit dem evolutionäre Innovationen *über Abstammungslinien hinweg* weitergegeben werden. Ein solcher Austausch kann einen plötzlichen Entwicklungssprung des aufnehmenden Mikrobenstammes erklären, auch wenn der Mikrobenstamm, der die ertragreiche Änderung des Stoffwechsels zuerst zuwege brachte, dafür viel Zeit gebraucht hat. Ein anderer Weg der Weitergabe genetischer Eigenschaften beschäftigt zurzeit in großem Maße unsere biomedizinischen und landwirtschaftlichen Laboratorien. Wir reden von der Kunst des Spleißens von Genen *(RNA Splicing).* Könnte ein in der Natur vorkommendes Genspleißen eine wichtige Triebkraft der Evolution gewesen sein? Könnte so etwas nicht zu wesentlich schnelleren Übergängen und weniger Zwischenschritten geführt haben, als bei einzelnen Zufallsmutationen erforderlich gewesen wären? Diese Möglichkeit wird in letzter Zeit ernsthaft von Experten auf diesem Gebiet untersucht.[102] Dennoch ist es vielleicht von Interesse, wenn ein Nichtfachmann ein wenig spekuliert.

---

[102] R. V. Miller (1998): *Bacterial gene swapping in nature*, in: *Scientific American*, January, S. 67ff.

Die Darwin'sche Logik läßt sich nicht nur auf die Evolution des Stoffwechsels und der Körperformen anwenden, sondern auch auf die Evolution der genetischen Systeme, die beiden zugrunde liegen. Wenn nun eine Genübertragung von einem Organismus auf einen anderen allgemein eher hilfreich als hinderlich wäre, dann hätte sich das genetische System – nach dem Vorbild der zahlreich vorhandenen und produktiven Mikroben – sicherlich darauf eingestellt, dies zu ermöglichen. Selbst eine winzige Wahrscheinlichkeit für eine Übertragung einigen genetischen Materials von *mikrobiologischen* auf *makrobiologische* Entwicklungslinien könnte ein bedeutender, vielleicht sogar der bestimmende Mechanismus der *makrobiologischen* Evolution sein.

Um das zu veranschaulichen, wollen wir noch einmal zu unserem Vergleich zwischen Elefanten und Mikroben zurückkehren. Eine lange Abfolge von Zufallsmutationen könnte dazu geführt haben, daß ein Enzym durch einen Mikrobenstamm „erfunden" wurde, das möglicherweise so komplex ist, daß es in der Lage ist, bei bestimmten Stoffwechselvorgängen eine nützliche Rolle zu spielen. Würden diese aufeinander folgenden zufälligen Entwicklungsschritte irgendwo in einer der riesigen Mikrobenpopulationen jeweils um die einhundert Jahre benötigen, dann bedeutete das für den gleichen chemischen Evolutionsschritt, übertragen auf Elefanten (ähnliches gilt für andere makrobiologische Lebensformen), eine Dauer von 10^{18} Jahren. Das wären eine Milliarde Mal eine Milliarde Jahre. Mit anderen Worten, er würde niemals stattfinden. Wir müssen nun überlegen, ob es in der Natur Mechanismen für das Genspleißen gibt, die zwar äußerst unwahrscheinlich erscheinen, aber dennoch ein Molekül aus den Mikroben in einem für die Evolution akzeptablen Zeitrahmen in das genetische Material von Makroorganismen bringen könnten.

Es hat also den Anschein, als ob jedes ausgeklügelte „Design" aufgrund einer Abfolge von Zufallsmutationen auf die beiden taxonomischen Domänen der Mikrobiologie zurückgeht. Im Bereich der Makrobiologie können Mutationen zwar noch eine bedeutende Rolle spielen, wenn es sich um einfache Bauplanänderungen handelt (einschließlich Formänderungen), obwohl schädliche Zufallsmutationen häufiger auftreten. Chemische Veränderungen können es erforderlich machen, mehrere Zwischenformen zu erzeugen, die keinen Zweck erfüllen, bevor die nützliche Form entsteht. Dies würde ihre Wahrscheinlichkeit stark verringern und so die erforderlichen Zeiträume ausdehnen. Meiner Ansicht nach kann nur die Welt der Mikroben die große Anzahl an Experimenten durchführen, die für derartig einschneidende Neuerungen nötig sind. Gen-Splicing, also die natürliche Genübertragung, wäre dann der beste Weg, um auch die makrobiologische Welt davon profitieren zu lassen.

In der modernen Biotechnologie nutzt man zwei Züchtungsmethoden: Zum einen ist Zuchtwahl bzw. gezielte Selektion, die aus einem Wolf einen Pekinesen oder eine Dogge macht, oder auch ein Getreide mit dem doppelten oder dreifachen Ertrag seiner Vorfahren erschafft, eine in der Landwirtschaft noch immer häufig eingesetzte Methode. Damit hat man Pflanzensorten entwickelt, die gegen bestimmte Schädlinge und Krankheiten resistent sind. Auf diese Weise wurden erfolgreich Hunde, Pferde, Kühe, Schweine und andere Tiere mit bestimmten erwünschten Eigenschaften gezüchtet. Doch erleben wir gerade den Aufstieg einer konkurrierenden Züchtungsmethode, die auf Gen Splicing beruht. Wir können zum Beispiel genveränderte Tomaten kaufen, die weniger leicht faulen. Gentechnik versetzt Pharmakonzerne in die Lage, menschliches Insulin aus Schweinen zu gewinnen. Man erwartet sich zahlreiche andere Vorteile von Verfahren, die sich noch in der Experimentierphase befinden. So wird die Landwirtschaft leistungsfähig bleiben, ohne daß wie heute chemisch nachgeholfen werden muß, um Insektenangriffe und Krankheiten abzuwehren. Denn Nutzpflanzen und Vieh werden selbst mit Genen ausgestattet sein, die es ihnen ermöglichen, diese Plagen abzuwehren.

Wie lange wird es dauern, bis man Menschen Krankheiten abwehrende Gene einpflanzt und damit unsere Abhängigkeit von Medikamenten und medizinischen Behandlungen vermindert?

Wenn wir glauben, daß genetisches Material auf natürliche Weise von einer Art auf die andere übertragen werden kann, dann bekommt das Thema Symbiose – die Beziehung zwischen verschiedenen Lebewesen, die zu ihrem gegenseitigen Nutzen zusammenleben – eine neue Bedeutung. Könnte es sein, daß solche Kollektive ihr genetisches Material zusammengelegt haben? Wäre das der Fall, dann wäre mit diesem Schritt ein neuer, komplexer, ausdifferenzierter, vielzelliger Organismus entstanden. Ich weiß nicht, wie weit man diesen Denkansatz vertiefen sollte. Ist ein komplexes Tier ein Nachfahre einer symbiotischen Verbindung, die die Vorläufer der einzelnen Organe eingegangen sind?[103]

Symbiose, Endosymbiose und Gen-Splicing sind allesamt Wege, um evolutionäre Neuerungen horizontal über weite Teile der gesamten Lebensvielfalt zu verbreiten. Für diese Art des Austauschs mußte allerdings eine grundsätzliche Verträglichkeit der Genstrukturen gegeben sein. Dies bringt mich zum letzten Thema dieses Kapitels, der molekularen Chiralität bzw. Händigkeit.

In der biologischen Materie können viele Moleküle in zwei Konfigurationen vorkommen, die genau spiegelbildlich zueinander stehen. Man sagt, daß diese Moleküle Chiralität besitzen (Händigkeit, von griech. *chir,* Hand). Ein solches Molekül kann in rechts- oder in linkshändiger Form auftreten. Die Doppelhelix der DNA gleicht zum Beispiel einer Wendeltreppe mit einem Handlauf auf beiden Seiten. Theoretisch könnte sich diese Treppe nach links oder nach rechts drehen. Diese Drehrichtung gilt unabhängig davon, von welchem Punkt aus

---

[103] Vilmos Csányi hat als beste Erklärung für die grundlegenden Unterschiede der Zelltypen im Tierkörper die symbiotische Verschmelzung verschiedener Mikrobengemeinschaften vorgeschlagen. Vgl. ders.: *Evolutionary Systems and Society: A General Theory*, Durham 1989.

man die Treppe betrachtet. In der Praxis weisen alle DNA-Moleküle eine rechtshändige Chiralität auf. Warum weisen alle Domänen des Lebens auf der Erde diese Einheitlichkeit auf?

Eine Beziehung, die rechts-links-symmetrisch ist, kann nicht zweidimensional definiert werden. Chiralität kann also nur in dreidimensionalen Molekülen vorkommen. Für drei beliebige Punkte können wir immer eine Ebene bestimmen, die diese Punkte schneidet. Demnach weist ein aus nur drei Atomen bestehendes Molekül nur zwei Dimensionen auf. Ein dreiatomiges Molekül ist also immer mit seinem Spiegelbild identisch, das von der einen oder anderen Seite aus angeschaut wird. Es kann keine Chiralität aufweisen. Moleküle mit vier und mehr Atomen können, aber müssen nicht dreidimensional sein. Sie können also händig sein, müssen es aber nicht. Bei chiralen Molekülen in einer Flüssigkeit kann beobachtet werden, daß sie die Ebene des polarisierten Lichts, das durch sie hindurchgeht, in die eine oder andere Richtung drehen. Daher können Moleküle die Ebene rechts- oder linksherum drehen. Die rechtsdrehenden Moleküle erhalten das Präfix R, die anderen ein L.

In der Natur gibt es viele chirale Moleküle oder Kristallstrukturen nichtbiologischen Ursprungs. Im nichtbiologischen Material kommen beide Formen jedoch statistisch gesehen gleich häufig vor. Das ist bei biologischem Material anders. Wie erwähnt, drehen sich alle DNA-Moleküle nach rechts. Einige Aminosäuren, die die Grundbausteine der Proteine bilden, sind ebenfalls chiral. Sie weisen in allen bisher bekannten Lebensformen der Erde, von den Bakterien bis hinauf zu den Elefanten und uns, jedoch Linkshändigkeit auf. Theoretisch würde eine rechtshändige Form eines bestimmten Proteins genau dieselbe chemische Reaktion in all jenen Fällen ausführen, in denen alle beteiligten Moleküle durch ihr Spiegelbild ersetzt worden wären. Mit anderen Worten, chemische Reaktionen bevorzugen keine der beiden Chiralitäten. Warum hat dann keiner der vielen Zweige des Lebens seine Proteine auf die R-Struktur ausgerichtet?

Die naheliegende Antwort ist, daß die gesamte Biologie aus demselben Entstehungsprozeß hervorgegangen sein muß. Diese erste Zelle, oder was immer es war, hat die für alle Zeit geltenden Spielregeln festgelegt. Die Wahl der chiralen Drehbewegung erfolgte willkürlich, auf welche Form dieser Vorläufer mit einer 50:50-Chance auch immer zufällig traf. Alles, was sich davon ableitet, egal wie weit die Evolution fortgeschritten ist, unterliegt weiterhin den Zwängen dieser ersten Entscheidung.

Linus Pauling, einer der größten Chemiker des 20. Jahrhunderts, drückte seinen Zweifel an dieser Antwort so aus:

> Alle Proteine, die bisher untersucht wurden, stammten sie nun von Tieren oder von Pflanzen, von höheren oder von sehr einfachen Organismen – wie Bakterien, Schimmelpilzen und sogar Viren – bestehen nachweislich aus L-Aminosäuren. Es wurde vorgeschlagen, daß der erste lebende Organismus zufällig einige Moleküle der L-Konfiguration benutzt hat, die statistisch gesehen ebenso häufig vorhanden waren wie die anderen, und daß alle nachfolgenden Lebensformen, die sich entwickelt haben, weiterhin L-Aminosäuren nutzten, weil sie diese Eigenschaft von der ursprünglichen Lebensform geerbt haben. Dafür ließe sich sicherlich eine bessere Erklärung finden, nur weiß ich nicht, welche das sein könnte.[104]

Niemand kann erahnen, was Linus Pauling zu der Zeit dachte, als er dies schrieb. Aber ich kann mir vorstellen, daß er nicht glauben konnte, daß die Vererbung im Laufe der Evolution so präzise sein würde, daß die große Vielfalt des Lebens niemals unabhängige Subsysteme entwickeln würde, die von diesem definierten Muster der Chiralität abweichen. Das wäre jedenfalls mein Vorbehalt, der auch zur Hoffnung überleitet, daß sich eine bessere Erklärung finden läßt. Vielleicht liefern uns die Vorzüge der Gentechnik eine bessere Antwort.

---

[104] Linus Pauling: *General Chemistry*, San Francisco [2]1959, S. 599.

Sollte das Spleißen von Genen eine der Hauptursachen für die in den Evolutionsprozess eingebrachten Variationen sein, dann würde jede Abstammungslinie, die zur entgegengesetzten Chiralität mutiert, auf alle zukünftigen Möglichkeiten verzichten, die Vorteile der von einem anderen Lebenszweig erzielten Innovationen zu übernehmen. Die ausscherende Lebensform wäre von der Entwicklung abgeschnitten und würde früher oder später so weit hinter den anderen zurückbleiben, daß sie die Selektion zum Aussterben bringen würde.

Hätten Gen-Splicing und verschiedene Formen der symbiotischen Verschmelzung von weit auseinanderliegenden Stämmen tatsächlich bei der Evolution des Lebens auf der Erde eine wichtige Rolle gespielt, dann sollten wir die große Vielfalt der Lebensformen über die Zeiten hinweg nicht als einen Stamm-„Baum" der Evolution beschreiben, an dem sich jeder einzelne Zweig aus sich selbst in einzelne, neue Gattungen weiterentwickelt. Wir sollten eher an eine kombinierte Evolution der terrestrischen Biologie denken, wobei alle Beteiligten weiterhin eng miteinander und mit dem produktivsten Genpool von allen – dem der Mikroorganismen – verknüpft sind.[105] Weil die Biosphäre der heißen Tiefe meiner Ansicht nach so riesig ist, und weil dieser Bereich höchstwahrscheinlich die ersten lebenden Systeme mit Nahrung versorgt hat, dürften viele der Neuerungen und der genetischen Austausch- und Verschmelzungsvorgänge, von denen die heutigen Lebensformen abhängen, lange vor der Entstehung von Leben an der Erdoberfläche erfolgt sein. Vielleicht ist diese Entwicklung noch immer nicht abgeschlossen.

[105] Belege für die Ansicht, daß frühe Lebensformen Gene ausgetauscht haben, liefert Elizabeth Pernise (1998): *Genome data shake tree of life*, in: *Science* 280, S. 672ff.

10] Was kommt als nächstes?

Ein primordialer Ursprung der terrestrischen Kohlenwasserstoffe und daß sich deren Quelle in großer Tiefe befindet und Nahrung für eine lebhafte Mikrobiologie in einer weniger großen Tiefe bereitstellt – das ist die Auffassung, für die hier viele Belege zusammengetragen wurden. Es versteht sich jedoch von selbst, daß die Tiefengastheorie und die Theorie von der Biosphäre der heißen Tiefe noch weiter mit Belegen untermauert werden müssen, um allgemein anerkannt zu werden. Um an solche Belege zu kommen, können unterschiedliche Forschungswege eingeschlagen werden.

Die Tiefengastheorie wurde bereits durch das im sechsten Kapitel beschriebene Bohrexperiment bestätigt. Die geologische Formation des Siljan-Ringes in Schweden wurde als Experimentierfeld ausgewählt, weil es sich dabei um eine rein granitische geologische Zone handelt. Deshalb kann dort in der Tiefe entdecktes Gas nie mit der biotischen Theorie über die Entstehung der Kohlenwasserstoffe erklärt werden. Tatsächlich wurden dort Methan und schwerere Kohlenwasserstoffe entdeckt – in einer Tiefe von mehr als sechs Kilometern. Die Tiefengastheorie wurde somit in meinen Augen bestätigt. Es müssen jedoch noch mehr solche anomalen Funde gemacht werden, ehe die herrschende biogenetische Theorie von denen aufgegeben wird, die sie bis heute unreflektiert vertreten.

Ein anderer Weg, die biotische Theorie zu widerlegen, erfordert Messungen, die auf bestehenden Gasfeldern vorgenommen werden können. Kohlenwasserstoffe sind an der Erdoberfläche vielfach beobachtet worden: „Kalte" Erdölaustrittsstellen auf dem Festlandsockel, eisförmige Blöcke aus Methanhydrat, die von unten durch den Meeresboden gepreßt werden, und Methanhydrat, das unter riesigen Gebieten der arktischen Tundra lagert, wurden im zweiten Kapitel beschrieben. Die Teergruben bei La Brea im Süden Kaliforniens, die für die dort gefundenen braungefärbten Knochen von Säbelzahntigern und anderen großen Säugetieren des Pleistozäns berühmt sind, sind ein weiteres Beispiel. An den Stellen, an denen gasförmige Kohlenwasserstoffe in großen Mengen von der Erdkruste in die Atmosphäre übergehen, sind die Ausgasungen nicht sichtbar und weisen nicht immer einen Geruch auf. Aber es können dabei Flammen auftreten und wieder verschwinden.

Genaue Messungen der Gasaustrittsraten, besonders dort, wo kommerziell Erdgas gefördert wird, könnten Daten liefern, die man nur schwer mit der biogenen Theorie der Kohlenwasserstoffentstehung erklären kann. Wenn dabei herauskäme, daß Volumen und Austrittsrate der in solchen Gebieten in die Atmosphäre gelangenden Kohlenwasserstoffe Größenordnungen erreichen, die zur natürlichen Erschöpfung der Gasvorkommen darunter beispielsweise nach wenigen tausend Jahren geführt haben müßten, dann wäre die konventionelle Theorie von den Millionen Jahre alten Gasfeldern erledigt. Dann müßte eingeräumt werden, dass z. B. die heute vielleicht in einer Lagerstätte aus der späten Kreidezeit eingeschlossenen Methanmoleküle dort nicht für etwa siebzig bis achtzig Millionen Jahre einfach so lagerten. Die Kohlenwasserstoffe einer solchen Lagerstätte müßten dann auf einen zeitlich begrenzten Auffangvorgang im Rahmen eines stetigen Gasstroms von unten, aus einer sehr weit entfernten und sehr tief liegenden Quelle, zurückgeführt werden. Daraus könnte man schließen, daß die Lagerstätte mit der Zeit um ein Vielfaches ertragreicher sein wird als bisher angenommen. Damit würde ein weiterer Stein aus dem Fundament jener Theorie herausbrechen, nach der die Kohlenwasserstoffe umgeformte Rückstände von Organismen sind, die auf der Erdoberfläche gelebt haben und dort gestorben sind, dann zusammen mit Sedimenten dieses bestimmten Zeitalters verschüttet und schließlich durch geheimnisvolle, geologische Vorgänge zu Kohlenwasserstoffen verkocht und zu viel kleineren Volumina verdichtet worden sind.

Berechnungen auf der Basis von Meßwerten für die Gasdurchlässigkeit von Gestein scheinen zu belegen, daß sich tatsächlich jedes Gasfeld in einem Bruchteil der Zeit erschöpfen müßte, die aufgrund von Altersbestimmungen des umgebenden Gesteins veranschlagt wird. John S. Nelson, E. C. Simmons und andere haben berechnet, daß ein unter Gestein mit der geringsten gemessenen Durchlässigkeit liegendes Gasfeld aufgrund des Volumens und der Fließgeschwindigkeit der Gasaustritte in nur wenigen zehntausend Jahren erschöpft wäre.[106] Bevor diese scheinbar anomalen Befunde als ernsthafte Infragestellung der biogenen Theorie gewertet werden, müßten jedoch direkte Messungen der Entweichungsraten durchgeführt werden.

Es gibt eine kostengünstige Methode, die Ausgasungsrate an vielen Stellen zu messen. Dazu muß auf einer kleinen Fläche ein Zelt aus einem undurchlässigen Material wie Plastikfolie aufgestellt werden, das mit einem durchlässigen Stoff wie Sand ausgelegt ist. Es muß dabei dafür gesorgt werden, daß der untere Außenrand des Zeltes so tief in den Boden eingegraben wird, daß der Wind nicht hindurchblasen kann. Dann wird das Zeltinnere mit Instrumenten verbunden, die kontinuierlich die Zusammensetzung der Luft und der anderen Gase erfassen. Mit ziemlicher Sicherheit wird man vor allem messen, daß Methan und Kohlendioxid in das Zelt von unten einströmen, doch es wäre auch hilfreich, Stickstoff-, Argon- und Heliumströme zu erfassen. Mit einer statistisch sinnvollen Anzahl von Zelten, die in einem bestimmten Gebiet aufgestellt werden, wäre es möglich, das ungefähre Volumen des Gases zu ermitteln, das von unten heraufströmt.

---

106 John S. Nelson, E. C. Simmons (1995): *Diffusion of methane and ethane through the reservoir cap rock: Implications for the timing and duration of catagenesis, American Association of Petroleum Geologists Bulletin*, July 1995, 79(7), S. 11064ff.

Der Vorteil dieses Meßverfahrens besteht in den geringen Kosten für die dazu erforderlichen Gerätschaften. Andere, teurere Meßmethoden würden jedoch aussagekräftigere Ergebnisse liefern. Eines dieser Verfahren besteht darin, in einer gewissen Tiefe ein Prüfgas in den Boden zu injizieren. Dazu eignen sich Gase, die von Natur aus nicht im Boden vorkommen und die in Bezug auf das Bodenmaterial reaktionsträge sind. Nachdem das Prüfgas eingebracht wurde, würde man die Zeit messen, die verstreicht, bis sich dieses Gas im Umfeld des Injektionspunktes feststellen läßt. Da dieses Prüfgas immer als geringfügiger Zusatz zu den Gasen, die normalerweise durch den Boden strömen, transportiert wird, würde die vorgeschlagene Messung (kombiniert mit dem, was man über die Porosität in dem jeweiligen Bereich bis hinunter in die Injektionstiefe weiß) die Strömungsgeschwindigkeit und die Menge der natürlich aufsteigenden Gase ermitteln.

Um das Experiment mit dem Prüfgas auszuführen, sollte ein Bohrloch mit geringem Durchmesser bis auf etwa einen Kilometer Tiefe eingebracht werden. Dieses muß bis kurz über den Boden mit Zement ausgekleidet werden. Dabei muß das unterste Segment ganz verschlossen werden. Das versiegelte Segment wird mit einem dünnen Rohr durchstoßen, durch das das Prüfgas in einzelnen Stößen eingeleitet wird. Nur durch die natürlichen Poren und Risse des Gesteins kann das Prüfgas entweichen. An der Oberfläche, im Umkreis der Bohrung, würden für das Prüfgas Meßinstrumente plaziert. Aus der zwischen dem Einbringen des Prüfgases und seinem ersten Auftreten an der Oberfläche verstrichenen Zeit ließe sich die Geschwindigkeit errechnen, mit der auch der natürliche Gasstrom aufsteigt.

Ein homogener Untergrund vorausgesetzt, würde dieses Verfahren solide Daten für die Abschätzung von Durchflußraten eines größeren Gebietes liefern. Durch den Einsatz mehrerer Bohrungen könnten wir größere Inhomogenitäten erkennen. Das Verfahren würde noch ein weiteres Ergebnis liefern, das womöglich für die Durchführung chemischer Prospektionen der Erdoberfläche von großem Interesse wäre: Es würde sich zeigen, ob die Gase senkrecht durch das Gestein aufsteigen, oder ob seitliche Druckunterschiede bewirken, daß ihre Aufstiegswege schräg zur Vertikalen verlaufen. Wir würden dann ganz einfach sehen, ob das meiste Prüfgas abseits des Injektionspunktes oder gleichmäßig um das Bohrloch herum austritt.

Das Verfahren, Volumen und Fließgeschwindigkeit von in die Atmosphäre einströmenden Kohlenwasserstoffen aus der Tiefe mithilfe von Prüfgas zu ermitteln, könnte zusammen mit der gröberen Zeltmethode in jeder Größenordnung auf Gasfeldern eingesetzt werden, deren Kohlenwasserstoffreserven genau ermittelt worden sind. Ich gehe davon aus, daß die Ergebnisse die Tiefengastheorie weiter untermauern und die Zweifel an der biogenetischen Theorie weiter verstärken würden.

Mikrobielle Untersuchungen

Sobald die primordiale Natur der Kohlenwasserstoffe und ihr Aufsteigen aus großer Tiefe für plausibel gehalten werden, müßte in einem weiteren Schritt die mögliche Existenz eines riesigen eigenständigen Lebensbereiches unter unserer eigenen Oberflächenbiosphäre anerkannt werden. Allerdings wurden tatsächlich bei Ölbohrungen in großer Tiefe in Kohlenwasserstofffluiden heimische Mikroben angetroffen, wie in den Kapiteln 2 und 6 beschrieben. Auch finden sich Spuren organischer Moleküle eines bestimmten Typs in allen flüssigen Kohlenwasserstoffen. Ihr Vorkommen wird am besten erklärt, indem man die Existenz eines unseren Planeten umspannenden unterirdischen Horizontes von unterirdischen Mikroben voraussetzt, die sich von dieser ergiebigen Quelle chemischer Energie ernähren (Kapitel 5). Wie lernen wir etwas über die Bewohner der tiefen und heißen Biosphäre?

Es ist schwer genug, Mikroben zu erforschen, die sich unter den Bedingungen der Erdoberfläche wohlfühlen, und die Beziehungen im Nahrungsgefüge zwischen den Lebewesen und ihren Stoffwechselprodukten zu ermitteln. Sehr schwierig ist dies bei mikrobiellen Ökosystemen, die für Menschen immer unzugänglich bleiben werden und deren Bewohner sich an Temperaturen und Drücke angepaßt haben, die sich stark von den Umweltbedingungen unserer Labore an der Oberfläche unterscheiden (und deren Simulation sehr kostspielig wäre). Wie können wir dann sicher wissen, welche Stoffwechseltätigkeit die ursprüngliche ist, was also die Grundlage des Nahrungsnetzes darstellt? Wie können wir die ursprüngliche Energiequelle bestimmen, die das ganze System antreibt?

Die Grundlage des Nahrungsnetzes und die ursprüngliche Energiequelle eines jeden Ökosystems der Erdoberfläche läßt sich leicht bestimmen. Das liegt daran, weil all diese Nahrungsnetze letztlich von der Photosynthese abhängen. Hat man den Photosynthetisierer (oder dessen in die Erde eingelagerten Reste) gefunden, hat man auch die Grundlage des Nahrungsnetzes gefunden. Doch die Grundlage eines auf chemischer Energie beruhenden Ökosystems zu finden, kann äußerst schwierig sein. Wie läßt sich feststellen, ob ein bestimmter chemischer Bestandteil ein Ausgangsmaterial oder ein biologisches Endprodukt ist?

Über das Leben in der Biosphäre an der Oberfläche wissen wir, daß sich überall dort, wo die Anforderungen des Lebens an Energie, Material, Wasser, Wärme und sonstige chemische Bedingungen befriedigt werden, Kolonien von Mikroorganismen entwickeln. Als Grundlage des oberirdischen Nahrungsnetzes wandeln Zellen, die zur Photosynthese fähig sind, die Energie des Sonnenlichtes in chemische Energie um, mit der sie ihren eigenen Stoffwechsel und Körperaufbau betreiben. Nacheinander wird alles, was an Energie im Körper oder in den Stoffwechselprodukten einer Gruppe übrigbleibt, von der jeweils nächsten Gruppe auf der Verwertungsskala verbraucht.

Auch an den Tiefseeschloten sind verschiedene chemische Prozesse erwartbar, die alle in demselben Wasserkörper vereint ablaufen. Das ist so, weil der Abfall eines jeden einem anderen als Nahrung dienen kann. Die Schwierigkeit besteht darin zu entscheiden, welches der erste Schritt ist, der die Energie für all diese biologische Aktivität liefert und woher die wesentlichen chemischen Nährstoffe stammen. Diese Energie dürften reduzierte Moleküle, die sich oxidieren lassen, liefern. Diese Moleküle und andere, die noch hinzukommen, liefern Kohlenstoff, Wasserstoff, Wasser, Sauerstoff, Stickstoff und (in geringeren Mengen) diverse andere Chemikalien, die erforderlich sind, um komplexe chemische Reaktionen auszulösen. Um empirisch zu bestimmen, welche Substanz die ursprüngliche Energiequelle ist und welche dem auf chemischen Energieträgern basierenden System nur den Sauerstoff liefern, benötigt man mehr Informationen, als ein Studium des Stoffwechsels nur einer Art von Bewohnern erbringt.

Um das Leben der Mikroben tief unten in der äußeren Erdkruste oder in einer Grenzzone wie den Tiefseeschloten zu erforschen, entnimmt man üblicherweise an den entsprechenden Stellen Proben mit biologisch aktiver Flüssigkeit. Dann versucht man, diese Flüssigkeit zu kultivieren, in dem man sie in ein zuvor sterilisiertes Gefäß gibt und dieses mit materiellen Lebensbedingungen ausstattet, von denen man annimmt, daß sie für das Wachstum der entnommenen Mikroben erforderlich sind, und versucht diese Mikroben dort wachsen und sich vermehren zu lassen. Wenn man etwa eine Mikrobenkultur mit Hydrogensulfid versorgt und molekularen Sauerstoff zugibt, kann man davon ausgehen, daß nur jene Mikroben gedeihen, die von Hydrogensulfid als Energielieferant und Sauerstoff als Oxidationsmittel leben. Wenn Kohlendioxid als Kohlenstoffquelle zugegeben wird, dann weist bakterielles Wachstum unter diesen Umständen auf die Anwesenheit von kohlenstoffbindenden Mikroben hin.

Bei der Kultivierung von Mikroben ist es wichtig daran zu denken, daß man keine methanotrophen Organismen entdecken wird, wenn man der Wachstumskammer kein Methan als Brennstoff zusetzt. Wenn man nicht versucht, wenigstens einen Teil der Zellkultur mit einem Kohlenwasserstoff wie Methan statt Kohlendioxid zu ernähren, dann wird man natürlich keinen Organismus entdecken, der statt Kohlendioxid Methan verwertet. Weil man bei der Untersuchung des Stoffwechsels von Mikroben aus dem Umfeld hydrothermaler Tiefseeschlote biologische Aktivitäten auf einem Labornährboden entdeckte, der aus Hydrogensulfid, Sauerstoff und Kohlendioxid bestand, wird allgemein angenommen, daß Organismen, die diese Stoffe nutzen, die Grundlage des Nahrungsnetzes bilden. Allerdings drängt einer der wichtigsten Teilnehmer dieser Forschungen, David Karl, seine Kollegen „unvoreingenommen zu bleiben".[107] Die bloße Tatsache, daß eine Lebenswelt nachgewiesen wurde, bedeutet nicht, daß es sich dabei um die einzige handelt und es daneben keine andere gibt.

Deshalb hoffe ich, daß dem Ursprung und der Rolle von Methan in diesem Ökosystem mehr Beachtung geschenkt wird. Wie im zweiten Kapitel dargelegt, gibt es Methanotrophen, Mikroben, die ihre Energie und ihren Kohlenstoff aus Methan beziehen und die an den Tiefseeschloten in Symbiose mit Muscheln leben.[108] Ich erwarte, daß weitere Studien endgültig zeigen werden, daß Methan eine wichtige chemische Grundlage des Ökosystems an den Tiefseeschloten bildet. Möglich ist auch, daß sich Hydrogensulfid als ein Abfallprodukt jener Me-

---

[107] David M. Karl (1995): *Ecology of free-living, hydrothermal vent microbial communities*, in: Ders. (Hg.): *The Microbiology of Deep-Sea Hydrothermal Vents*, Boca Raton 1995, S. 109.

[108] Für einen Überblick über die Veröffentlichungen zu Methanotrophen in Lebensgemeinschaften an Tiefseeschloten und als Symbioten der Makrofauna siehe: Daniel L. Distel (1998): *Evolution of chemoautotrophic endosymbiosis in bivalves*, BioScience 48(4) S. 277ff.

thanotrophen erweisen wird, die ihren Sauerstoff aus Sulfaten beziehen. In diesem Fall würde Methan die grundlegende Rolle zuerkannt.

Ein erster Schritt besteht darin, dem Behälter mit der Zellkultur die richtige Energiequelle, ein Oxidationsmittel und Nährstoffe zuzuführen. Genauso wichtig ist es, daß die Mikroben, mit denen diese Zellkultur beimpft wird, für sie günstige Temperaturen und Druckverhältnisse vorfinden. Wenn eine Probe aus einem Bohrloch bei 110 °C und einem Druck von 1.000 Hektopascal entnommen wurde, dann sollte man diesen Mikroben die gleichen Bedingungen in ihrem neuen Zuhause bieten. Mikrobiologen gehen im allgemeinen nicht davon aus, daß hyperthermophile Mikroben bei Zimmertemperatur gedeihen. Es ist auch nicht schwer, im Labor hohe Temperaturen zu gewährleisten. Doch es ist etwas völlig anderes, Mikroben einem hohen Druck von 1.000 Hektopascal in einem Labor auszusetzen. Wenn überhaupt, besitzen nur wenige mikrobiologische Labore die entsprechende Ausstattung. Ein unzureichender Druckaufbau bei Kultivierungsversuchen dürfte sich auf methanotrophe Kulturen („Methanfresser"), die aus großen Tiefen stammen, besonders nachteilig auswirken. Diese sind möglicherweise nicht in der Lage, bei Druckverhältnissen, wie sie an der Oberfläche normalerweise herrschen, auf die diffundierenden Methandämpfe zuzugreifen. Für sie dürfte die Tiefe (oder eine simulierte Tiefe) nicht nur wünschenswert, sondern auch lebensnotwendig sein.

Solange wir unsere Labore nicht mit Kultivierungsbehältern ausstatten, die die extremen Hitze- und Druckbedingungen nachahmen, die für große Tiefen charakteristisch sind, sollten wir Züchtungsexperimente, in denen sich kein mikrobielles Leben zeigt, nicht als wissenschaftlichen Beleg für die Abwesenheit von Leben in solchen Tiefen interpretieren. Außerdem sollten wir in Fällen, in denen in Proben biologische Moleküle entdeckt wurden, aber nicht zur Stoffwechselaktivität gebracht werden können, diese Moleküle nicht einfach als Verunreinigungen abtun, die beim Bohren von der Erdoberfläche aus eingebracht worden sind. Es ist auch möglich, daß die Mikroben auf dem Weg ins Labor versehentlich abgetötet wurden.

Selbst wenn im Labor ideale Bedingungen gegeben sind, kann die erfolgreiche Kultivierung von Mikroben aus tieferen Erdschichten durch die Art und Weise beeinträchtigt werden, wie Proben ins Labor gebracht werden. Hohe Temperaturen und Drücke sind sicher nicht nur für das Wachstum erforderlich, sondern möglicherweise auch für das Überleben. Selbst ein kurzzeitiges Einwirken des an der Erdoberfläche herrschenden Druckes könnte für sie tödlich sein, so wie man nicht erwarten kann, daß geangelte Tiefseefische weiterleben und in ihren Lebensraum zurückkehren können, nachdem man sie auf dem Schiff vom Angelhaken befreit hat. John Postgate erzählt in seinem Buch *The Outer Reaches of Life (Die äußeren Bereiche des Lebens),* wie Forscher versuchen, eine Probe aus der Antarktis zu kultivieren.[109] Die ersten Züchtungsexperimente erbrachten Mikroben, die bei sehr kalten Temperaturen lebensfähig waren und sich vermehren konnten. Diese Mikroben waren jedoch keineswegs völlig von kalten Temperaturen abhängig. Sie konnten sich auch bei wärmeren Temperaturen vermehren. Doch erst als Proben während der gesamten Transportkette von der Entnahme bis zum Labor in einer kalten Umgebung aufbewahrt wurden, entdeckte man ganz andere Mikroben, die nur bei Kälte überleben konnten.

Diese Geschichte ist ein warnendes Beispiel für Forscher, die versuchen, Proben aus tiefen Bohrungen zu kultivieren. Proben müssen entlang des gesamten Weges, vom Grund des Bohrlochs bis ins Labor, unter geeigneten Bedingungen gehalten werden. Liegen diese nicht vor, können wir nicht erwarten, daß die Lebensformen in einem Zustand im Labor ankommen, der uns erlaubt, sie aus ihrem Ruhezu-

[109] John Postgate: *The Outer Reaches of Life*, Cambridge [UK] 1994, S. 29.

stand zurückzuholen. Wie schwierig ist die Schaffung geeigneter Bedingungen? Käme eine Probe aus fünf Kilometern Tiefe, hätten wir es mit einem örtlichen Druck von etwa 500 bis 1.500 Atmosphären zu tun. Es bedarf in der Tat hochfester Druckgefäße und einer außergewöhnlich guten Versiegelung, um Proben zu bekommen, deren Biologie unversehrt und für solche Tiefen typisch ist. Zudem muß jeder Züchtungsversuch unter Temperaturen und Drücken stattfinden, die denen am Ursprungsort der Probe ähneln. Liegt der Druck dort unten nahe 1.500 Atmosphären und herrscht dort eine Temperatur von 120 °C, dann wären Bau und Betrieb der Laboranlage sehr aufwändig. Ich habe bisher noch nie etwas von solchen Anlagen gehört.

Doch gibt noch eine Methode, die womöglich viel einfacher ist. Wir könnten einen ausreichend festen Behälter, der dem Fluiddruck standhält, über das Bohrloch nach unten bringen. Dieser Behälter sollte aus zwei Kammern bestehen, die sich von oben aus öffnen lassen. Eine Kammer müßte dabei das übliche Nährmedium für Bakterien enthalten, wie etwa Acetat oder Zucker. Die andere müßte eine Substanz enthalten, die man für den Sauerstofflieferanten des mikrobiellen Lebens dort unten hält. In einer bestimmten Tiefe würden wir beide Kammern öffnen, damit sie sich mit Wasser aus dem Bohrloch füllen, um sie danach wieder zu verschließen. Im Inneren beider Kammern würden dann weiterhin Druck und Temperatur der Entnahmestelle herrschen. Der Behälter könnte so lange an Ort und Stelle verbleiben, bis sich Kulturen entwickelt hätten. Werden die Versuchsbehälter in die niedrigen Drücke und Temperaturen der oberirdischen Biosphäre zurückgebracht, dürfte zwar viel von dem mikrobiellen Material umkommen. Doch könnten die Endprodukte ihres Stoffwechsels immer noch ermittelt werden. Hätte also eine Kammer kleine Partikel des Oxidationsmittels Eisen(III)-Oxid enthalten, doch bei der Rückkehr an die Oberfläche wäre weniger oxidiertes Eisen wie etwa Magnetit vorgefunden worden, dann würde man schlußfolgern können, daß unter den in der Tiefe eingebrachten Mikroben einige waren, deren Stoffwechsel die Reduktion von Eisen(III)-Oxid erfordert und die dabei sicherlich die reduzierten Gase oder Flüssigkeiten nutzten, die sich im Bohrloch angesammelt hatten.

Durch solche neuen Kultivierungstechniken ließe sich mit der Zeit die gesamte Ökologie des Lebens in der Tiefe offenlegen. Schrittweise würde man so die verschiedenen Mikroben der Tiefe beproben, kultivieren und verstehen. Zweifellos würden einige die Ergebnisse dann immer noch so interpretieren, daß unsere oberirdische Biosphäre Strategien für das Überleben in einer extremen Umwelt entwickelt hat, um sich dort von geologisch umgeformten Überresten von Lebewesen der Oberfläche zu ernähren, die nach ihrem Ableben vor langer Zeit von Sedimenten überlagert worden sind. Andere dürften hingegen gemeinsam mit mir zu dem Schluß kommen, daß wir auf eine ganz neue Lebenswelt gestoßen sind.

Chancen für außerirdisches Leben an der Oberfläche

Das uns bekannte Leben hängt – wie in Kapitel 1 beschrieben – vollständig vom Vorhandensein von flüssigem Wasser ab. Eis oder Dampf reichen nicht aus. Wasser in fester Form ist nicht mehr in der Lage, als Matrix für die Vermischung und Kombination von Molekülen zu dienen. Wenn sich nichts bewegen kann, ist eine Neukombination von Atomen nicht möglich. Wenn die Temperatur mehr als nur einige wenige Grad über dem örtlichen Siedepunkt des Wassers liegt, entweicht das Wasser aus jedem biologischen Material als Dampf. Wasserdampf, der sich in der Atmosphäre mit anderen Gasen vermischt hat, kann jedoch biologische Systeme mit Wasser versorgen und sogar durch chemische Reaktionen in flüssiges Wasser verwandelt werden. Das alles kann jedoch nur im Temperaturbereich zwischen Gefrier- und Siedepunkt stattfinden.

Ist Wasser – in flüssiger Form – tatsächlich eine Voraussetzung für Leben auf der Oberfläche des Planeten, dann muß eine Kombination mehrerer, für das Vorhandensein von Wasser notwendiger Bedingungen vorliegen. Dazu gehören insbesondere die Beschaffenheit des Zentralgestirns, der Abstand der Umlaufbahn des Planeten von diesem Stern, die Größe und Masse des Planeten und die Zusammensetzung seiner Atmosphäre. Wenn die hauptsächliche Energiezufuhr über die Photosynthese erfolgen muß, dann muß auch ein beträchtlicher Temperaturunterschied zwischen der Oberfläche der Sonne und der des Planeten gegeben sein. Licht in geeigneter Wellenlänge und das vorhandene flüssige Wasser bestimmen das, was sich als ein sehr enges Fenster für oberirdisches Leben herausstellt.

Wasser ist ein Molekül, das im Universum weit verbreitet ist. Doch Wasser in flüssigem Zustand kommt an der Oberfläche von Planeten und Trabanten unseres Sonnensystems selten vor. Es gibt nur einen Himmelskörper, der damit gesegnet ist: unser eigener Planet, die blaue Perle. Wir brauchen nicht weiter zu schauen als zu unseren beiden unmittelbaren Nachbarplaneten, der Venus und dem Mars, um zu erkennen, welcher glückliche Umstand es für das oberirdische Leben war, daß die Erde an der richtigen Stelle entstand, die richtige Größe und Zusammensetzung aufwies und von einem geeigneten Stern angestrahlt wurde.

Beginnen wir mit der Venus. Diese bezieht fast doppelt so viel Sonnenstrahlung wie die Erde. Modellrechnungen zum Klima[110] zeigen, daß es auf der Erde bei einer derartigen Sonneneinstrahlung zu einem „Treibhauskollaps" käme, der alle Aussichten auf oberirdisches Leben vernichten würde. Da sich die Sonne tatsächlich langsam aufheizt, wird sich die Erde in der Zukunft auch in ein überhitztes Treib-

---

[110] Über Klimamodellrechnungen für die Venus berichtet James F. Kasting (1988): *Runaway and moist greenhouse atmospheres and the evolution of Earth and Venus*, Icarus 74, S. 472. Vgl. auch ders. (1997): *Habitable zones around low mass stars and the search for extraterrestrial life*, in: *Origins of Life and Evolution of the Biosphere* 27, S. 291ff.

haus verwandeln – aber nicht für die nächsten Milliarden Jahre.[111] Ein überhitztes Treibhaus funktioniert wie folgt: Erstens bedeutet eine höhere Strahlungsintensität zunächst einmal ein heißeres Klima, wodurch auf einer Planetenoberfläche mehr flüssiges Wasser verdampft. Das heißere Klima führt dazu, daß mehr Wasserdampf in der Atmosphäre verbleibt, bevor er als Regen niedergeht. Wasserdampf ist ein Treibhausgas – er ist sogar das wirksamste Treibhausgas in der Erdatmosphäre. Er läßt den größten Teil der einfallenden Sonnenenergie durch. Aber wenn auf der Erdoberfläche einiges von dem sichtbaren Licht in Infrarotstrahlung umgewandelt worden ist, blockiert der Wasserdampf die Abstrahlung eines Teils dieser Wärme zurück ins All. In der Erdatmosphäre als Dampf vorhandene Wassermoleküle reflektieren die längeren Wellenlängen zur Erdoberfläche und heizen so den Planeten weiter auf. Dabei wird die Atmosphäre in die Lage versetzt, noch mehr Wasser in Form von Dampf aufzunehmen, was sich dann wieder auf die von der Erde gespeicherte Wärmemenge auswirkt, und so weiter. Am Ende verdampft das gesamte Wasser der Erdoberfläche.

Schlimmer noch: Ein besonders heißes Treibhausklima würde einen Großteil dieses Wasserdampfes in die oberen Bereiche der Atmosphäre drücken, wo seine molekularen Bindungen durch die energiereichsten Wellenlängen der solaren Strahlung gefährdet würden. Wenn Wassermoleküle in Wasserstoff und Sauerstoffatome aufgebrochen werden, dann entweicht der leichtgewichtige Wasserstoffanteil (H_2) aus der äußeren Atmosphäre direkt in das All. Die übrig gebliebenen Sauerstoffatome können dann entweder dem Sauerstoffbestand der Atmosphäre beitreten oder bis zu einem gewissen Grad die Oxidation der an der Erdoberfläche befindlichen Materialien

[111] Der Beginn eines galoppierenden Treibhauseffekts auf der Erde wurde von James Lovelock und Michael Whitefield geschätzt, siehe dies. (1992): *Life span of the biosphere*, Nature 296, S. 561ff. Eine neuere Schätzung bieten Ken Caldeira, James F. Kasting (1992): *The lifespan of the biosphere revisited,* Nature 360, S. 721ff.

befördern. Aller Kohlenstoff wird wahrscheinlich zu Kohlendioxid oxidiert werden, dessen Schicksal es sein wird, für immer in der Atmosphäre eines wasserlosen Planeten zu verbleiben. CO_2 ist ein wirksames Treibhausgas und wird durch ein Schwerefeld, das so stark ist wie das der Erde oder der Venus, dauerhaft gebunden sein. Solange der Planet kohlenstoffhaltige Gase aus seinem Inneren heraustreibt, wird sich weiter CO_2 in der Atmosphäre ansammeln.

Das überhitzte Treibhaus der Venus hat ein wasserloses Ende genommen. Obwohl sich Venus und Erde aus denselben Trümmern des Sonnensystems gebildet haben und vermutlich anfangs die gleiche Wassermenge aufwiesen, ist in der Venus-Atmosphäre heute keinerlei Wasserdampf nachweisbar: CO_2 dominiert.

In unserer eigenen, sehr wasserreichen Welt wurden die Kohlenstoffatome der Atmosphäre etwa genauso schnell entzogen, wie sie durch Ausgasung aus unterirdischen Tiefen dort hingelangten. Wie in den vorangegangenen Kapiteln erwähnt, stammt der Kohlenstoff, der heute in die Atmosphäre gelangt, aus Methan und Kohlendioxid. Dabei wird Methan in unserer oxidationsfreudigen Atmosphäre sehr schnell in Kohlendioxid und Wasser umgewandelt. Statistiken aus Bohrungen und Materialuntersuchungen an Meteoriten (die bei der Formation der Planeten übriggeblieben sind) deuten stark darauf hin, daß Methan die größere Rolle spielt. Kohlendioxid wird der Atmosphäre wieder entzogen, für immer oder langfristig, vor allem, weil es von Karbonat-Ablagerungen am Meeresboden gebunden wird. Interessant ist, daß unsere Atmosphäre genauso viel Kohlendioxid wie die unseres Schwesterplaneten Venus mit einem 80-fachen Atmosphärendruck der Erde enthalten würde, stünde dieser vom Wasser vermittelte Weg für die Kohlendioxid-Abscheidung nicht zur Verfügung. Dann würde es keinen Ozean, keinen Regen und damit keine Oberflächenbiosphäre geben.

Auf dem Mars stellt sich für wasserabhängige Lebewesen der Oberfläche das umgekehrte Problem. Während die Intensität der Sonnenstrahlung auf der Venus etwa doppelt so hoch ist wie auf der Erde, beträgt sie beim Mars weniger als die Hälfte. Es überrascht daher nicht, daß die Temperatur an jedem Punkt der Marsoberfläche unter dem Gefrierpunkt des Wassers liegt. In einigen Gebieten und Jahreszeiten liegt sie sehr weit darunter. Während sich die Venus zu nahe an der Sonne befindet, liegt der Mars anscheinend zu weit von ihr entfernt. Doch ein noch größerer Nachteil als seine Randlage ist seine Größe. Der Mars ist zu klein.

Die Oberflächentemperatur hängt sowohl vom Abstand zur Sonne als auch davon ab, wie ausgeprägt der Treibhauseffekt und die Dichte einer Atmosphäre sind. Je geringer die Masse des Planeten ist, desto weniger stark verläuft der Ausgasungsprozeß, der eine Atmosphäre erzeugt, und desto schwächer ist die Gravitation, die die Atmosphäre verdichtet. Eine solche Atmosphäre reagiert besonders empfindlich auf Sonneneruptionen von jener Intensität, wie sie in jedem solaren Elfjahreszyklus mehrmals beobachtet werden. Diese Ausbrüche können einen Teil der Atmosphäre eines massearmen Planeten oder Mondes abtragen, was vor allem dann geschieht, wenn diese über kein Magnetfeld verfügen, das sie vor hochenergetischer und ionisierender solarer Strahlung abschirmt. Weil er nur ein Zehntel der Erdmasse (ein Drittel unserer Gravitation) und kein umfassendes Magnetfeld aufweist, kann der Mars leicht solche Verluste erleiden.

Die heutige Marsatmosphäre übt nur ein Siebentausendstel des Drucks unserer eigenen Atmosphäre aus. Sie besteht fast völlig aus dem Treibhausgas CO_2, doch ist viel zu wenig CO_2 vorhanden, um die Oberflächentemperaturen so weit anzuheben, daß Eisschmelze und Regenfälle einsetzen könnten. An den Polen ist es sogar so kalt, daß die Eiskappen zum Teil aus Trockeneis (CO_2) bestehen.

Die dünne Marsatmosphäre engt die Möglichkeit der Bildung flüssigen Wassers noch auf eine weit wichtigere Weise ein. Jeder, der schon einmal versucht hat, hoch oben im Gebirge zu kochen, kennt das Problem. In großer Höhe herrscht auf der Wasseroberfläche im Kochtopf ein viel geringerer Atmosphärendruck. Daher verdampft das Wasser viel leichter und der Siedepunkt sinkt. Das heißt, daß der Temperaturbereich, in dem flüssiges Wasser an der Oberfläche eines Planeten vorkommen kann, vom Atmosphärendruck bestimmt wird.

Auf der Erde erreicht die Atmosphäre auf Meeresspiegelhöhe einen Druck von rund einem Kilogramm pro Quadratzentimeter Fläche. Dieser Druck schafft für flüssiges Wasser ein Fenster von null bis 100 °C zwischen Gefrier- und Siedepunkt. Das bedeutet, daß dem gesamten oberirdischem Leben für seinen Stoffwechsel ein 100-Grad-Fenster zur Verfügung steht (der Temperaturbereich läßt sich durch im Wasser gelöste chemische Stoffe um einige Grade erweitern). Dieser Temperaturbereich ist nicht viel größer als derjenige, den Lebewesen benötigen, um mit der solaren Wärmestrahlung in den verschiedenen Teilen unseres Planeten zurechtzukommen. Auf dem Mars ist das Fenster für flüssiges Wasser viel enger, denn obwohl der Siedepunkt von Wasser entscheidend vom Atmosphärendruck abhängt, wirkt sich dieser Druck kaum auf seinen Gefrierpunkt aus. Der atmosphärische Druck, den die heutige dünne Marsatmosphäre ausübt, läßt die Existenz flüssigen Wassers nicht zu. Stattdessen würde es gefrieren und sublimieren (direkt von einem festen in einen gasförmigen Zustand übergehen, ohne den flüssigen Aggregatzustand zu durchlaufen). Bei einem schwachen Schwerefeld, wie es der Mars besitzt, müßte über jeden Quadratzentimeter Oberfläche dreimal so viel Atmosphäre anliegen wie auf der Erde, um einen ähnlich hohen Atmosphärendruck und damit ein ähnliches Temperaturfenster für flüssiges Wasser zu erreichen. Das heißt, die Marsatmosphäre müßte mehr als 140-mal so viel Masse besitzen als sie zurzeit hat.

Doch kann es ein, daß es eine solche Atmosphäre jemals auf dem Mars gegeben hat? Wo wäre sie hergekommen und wie wäre sie wieder verschwunden? Mit 44 Atomgewichtseinheiten ist CO_2 ein schweres Molekül, das dauerhaft an den Mars gebunden ist. Dagegen konnte das leichte gasförmige Wassermolekül mit nur 18 Einheiten Atomgewicht entweder entweichen oder es wurde von den energiereichen Bestandteilen der Sonnenstrahlung zerlegt. Das versetzt Wasserstoff in die Lage, ins Weltall zu entweichen, während der Sauerstoff auf dem Mars zurückbleibt, entweder in der Atmosphäre oder in einer Verbindung mit dem Bodenmaterial. Das Gleiche geschieht auf der Erde, wo aber der größere Atmosphärendruck und die Abschirmung durch das Magnetfeld dafür sorgen, daß kaum Wasserdampf direkt ins Weltall entweicht. Ein Teil des freigesetzten Wasserstoffs entweicht jedoch, wie bereits erwähnt, und der freigesetzte Sauerstoff gelangt in den großen Sauerstoffbestand der Erdatmosphäre.

Gab es auf dem Mars jemals flüssiges Wasser? Könnte die Marsoberfläche einst Lebewesen beherbergt haben? Es wird allgemein angenommen, daß vor langer Zeit auf dem Mars tatsächlich einmal Wasserströme geflossen sind. Die Bilder, welche die Raumsonde *Viking* 1976 gesendet hat, lieferten Hinweise auf eine in früherer Zeit reichlich mit Wasser ausgestattete Welt. Nach diesem Ansatz sind ausgetrocknete Flußbetten einst riesiger Ströme hervorstechende Merkmale der Marslandschaft. Einige dieser Kanäle sind so riesig, daß man annimmt, sie seien durch plötzliche Brüche von natürlichen Dämmen gefräst worden, wobei Unmengen von Wasser freigesetzt wurden, viel mehr als jemals über die Erde geflossen sind.

Ich und andere vor mir[112] glauben allerdings, daß sich die Strömungsmuster auf dem Mars besser durch Gletscherbildung erklären

[112] Gute Argumente für Eis auf dem Mars liefern Bärbel K. Lucchitta et al. (1981): *Did ice streams carve Martian outflow channels?* Nature 290, S. 759ff. Dazu auch Hugh H. Kieffer et al.: *Mars*, Tuscon 1992, S 498ff. Die Eistheorie wird auf die jüngsten Bilder vom Mars angewendet von Jeffrey Winters (1998): *A survey of ancient Mars*, Discovery, Juli, S. 113ff.

lassen. In meinen Augen weisen die breiten Täler mit ihren sanften Biegungen, die als „Superautobahnen“ bezeichnet werden, Formen auf, wie sie für den Gletscherfluß, aber keineswegs für Flußläufe typisch sind. Dort wo zum Beispiel ein großes Hindernis im Strombett liegt, spaltet sich das Strömungsmuster in zwei Teilströme, umfließt es und fügt sich dahinter wieder zusammen. Dabei bildet sich eine tränenförmige Insel. Nie ändern diese Kanäle ihre Richtung abrupt. Auf 100 Kilometer findet sich keine Richtungsänderung von mehr als 30 Grad. Die Kanalkanten sind glatt und besitzen keine scharfen Einkerbungen. Die Form der Uferböschungen ändert sich über Hunderte von Kilometern nicht. Solche Formen lassen sich nicht mit Wasser erklären, wie schnell auch immer es geflossen sein mag. Schnellfließende Gewässer sind unruhig. Die Fließrichtung wird nur über kurze Strecken bis zur nächsten Störung beibehalten. Bereits geringe Geländeunebenheiten leiten einen Fluß in eine völlig andere Richtung. Dagegen ist Eis fest, oder, um genauer zu sein, eine Flüssigkeit mit enorm hoher Zähigkeit. Diese hohe Viskosität sorgt für gleichförmigere, langsamere und störungsfreie Fließbewegungen. Das steife Material verhindert Strömungsmuster, die zu abrupten Richtungsänderungen führen würden.

Die „Superautobahnen“ lassen sich zwar am besten als Hinterlassenschaften eines früheren riesigen Gletschergeschiebes auf der Marsoberfläche erklären. Es finden sich dort aber noch andere Kanäle, die all jene Biegungen und Unregelmäßigkeiten von Flüssen auf der Erde zeigen und die durch abrupte Richtungswechsel gekennzeichnet sind. Einige zeigen sogar die typischen Schleifen, wie wir sie von den Deltas der großen Ströme der Erde her kennen. Solche Charakteristika legen nahe, daß an der Marsoberfläche einst Wasser floß, wo sich heute nur noch ausgetrocknete Rinnen finden. Kann das bedeuten, daß hier einmal eine gewaltige Atmosphäre das Oberflächenwasser schützte und die Temperatur der Atmosphäre über dem Gefrierpunkt lag?

Das glaube ich nicht. Auch diese Merkmale lassen sich durch eine starke Vergletscherung in früheren Zeiten erklären. Wasser fließt bekanntlich auch häufig unter den Gletschern der Erde. Durch dieses Wasser entstehen im Boden unter ihnen typische Fließmuster von Flüssen. Auf der Erde sind oftmals dort, wo sich Gletscher zurückgezogen haben, Spuren von Flußläufen zu erkennen. Man kann davon ausgehen, daß auf dem Mars das gleiche passiert ist. Wäre dessen Eisbedeckung 2.000 Meter dick gewesen, dann hätte diese im Gravitationsfeld des Mars einen Druck von 67 Erdatmosphären ausgeübt. Ein dicker Eisschild hätte auch wie eine Wärmeisolierung gewirkt. Dadurch konnte von tieferen Schichten aus heißes Wasser (erwärmt durch Prozesse, die auch das Erdinnere aufheizen, wie die Neuordnung von unterschiedlich dichten Bestandteilen der Planetenmaterie durch Gravitation *(gravitational sorting),* Verdichtung und radioaktiven Zerfall) unter das Eis gelangen und unter ihm hindurchfließen. Solche Flüsse unter dem Eis konnten dann wie auf der Erde Kanäle auswaschen und Geröll transportieren.

Im Laufe der Zeit dürften die Gletscher auf dem Mars verdampft sein, ohne sich vorher zu verflüssigen. Der flüssige Aggregatzustand wäre wegen des geringen Atmosphärendrucks entfallen. Statt durch eine Schmelze wäre die Eiszeit durch einen solchen, Sublimation genannten, Übergang beendet worden. Die durch fließende Gletscher geschaffenen Kanäle und die Ablagerungen der Gletscherbäche unter dem Eis wären so relativ gut erhalten freigelegt worden. Eine große Zahl von Felsbrocken unterschiedlicher Größe und Art, die durch große Meteoriteneinschläge an vielen Stellen in verschiedene Gletscherschichten gelangt waren, dürften sich während der langsamen Verdunstung der Gletscher allmählich auf der trockenen Marsoberfläche abgesetzt haben. Das würde auch die Herkunft der zahlreichen

Gebiete auf dem Mars erklären, die dicht mit Gesteinsbrocken unterschiedlicher Art übersäht sind.

Eines der ersten Bilder der Raumsonde *Viking* von 1976 (Abb. 10.1) zeigt einen großen Gesteinsbrocken, der aus einem dicht mit Steinen übersäten Gebiet herausragt. Um ihn herum liegen sehr viel kleinere Felsbrocken, die eindeutig nahezu kreisförmig angeordnet sind. Genau das gleiche Muster wurde schon oft bei Gletschern auf der Erde beobachtet (von mir und vielen anderen). Wie kommt es zu einem solchen Muster? Der große Brocken heizt sich während des Tages auf, speichert viel Wärme, die dann wieder abgestrahlt wird. Das ihn direkt umgebende Eis, das zunächst weniger Wärme aufgenommen hatte, wird durch den großen Felsbrocken etwas erwärmt und verdampft daher etwas schneller als das Eis dahinter. Dadurch

Abb. 10. 1, eine kleine glaziale Struktur auf dem Mars („Big Joe“, Chryse-Planitia-Gebiet): Gesteinsringe, die einen großen Felsbrocken im Zentrum umgeben, liefern deutliche Hinweise auf eine Vergletscherung mit nachfolgender Verdunstung des Eises. Ähnliche Strukturen sind häufig bei Gletschern auf der Erde zu sehen. Die Abbildung erfolgte mit freundlicher Genehmigung der NASA.

bildet sich um den Felsbrocken herum ein Trichter. Die im Eis eingeschlossenen Steine gelangen bei der Entstehung des Trichters auf dessen Boden. Wenn Temperaturen und Verdunstungsraten schwanken, bilden sich um den großen Felsbrocken herum Geröllringe (wie auf der Erde auch).

Mars-Aufnahmen von 1997, die von der NASA-*Pathfinder*-Mission und dem die Mars-Oberfläche erkundenden ferngesteuerten Fahrzeug stammen, bestätigten die Ergebnisse der zwei Jahrzehnte zurückliegenden *Viking*-Missionen. Nahe beieinander liegende Felsbrocken unterschiedlicher Zusammensetzung kommen sehr oft vor. Zwischen ihnen lagert staubförmiges Gesteinsmehl. Meiner Meinung nach liegt das Gestein auf dieser Fläche so dicht, daß man es schwerlich zu Objekten erklären kann, die mit hoher Geschwindigkeit aus Einschlagskratern geschleudert wurden. An den Steinbrocken ist wenig Zerstörung erkennbar. Ein von Einschlägen übersätes Feld würde hingegen zertrümmerte Gesteinsbrocken aufweisen, weil die Flugbahnen oft in einem engen Winkel über dem Boden verlaufen und es somit vor dem endgültigen Auftreffen auf dem Marsboden zu Kollisionen mit vielen anderen Felsbrocken gekommen sein müßte. Die auf dem Mars entdeckten kleineren und größeren geologischen Strukturen lassen sich besser mit Gletscheraktivität erklären.

Eine eher großräumige Landschaftsformation auf dem Mars, die man mit Vergletscherung erklären könnte, ist die auffällige Geländestufe, die den gesamten Fuß des größten Berges auf dem Mars, *Olympus Mons*, umgibt. Dieser ist der wahrscheinlich größte Vulkan des Sonnensystems.[113] Die sehr steile Geländestufe ist zwischen einem und zwei Kilometern hoch. Man kann nur sehr schwer erklären, warum die

[113] Die gigantische Höhe des *Olympus Mons* auf dem Mars macht es schwer, den Berg als Lava-Vulkan zu erklären. Da die Dichte von Lava fast der von festem Gestein entspricht, ist es schwer vorstellbar, wie der nötige Druck entstanden sein soll, um die Lava in einer späteren Phase auf diese Höhe zu pressen. Vielleicht sollte der Berg als gigantischer Pingo (ein im Permafrost entstandener Erdhügel) oder als riesiger Schlammvulkan erklärt werden.

vom Berg herabfließende Lava genau an der Hangkante zum Stillstand gekommen ist oder wie eine derart große Menge erkalteter Lava anschließend erodiert sein soll. Doch wäre der Vulkan zur Zeit seiner letzten großen Ausbrüche von Gletschern umgeben und wäre das Gletschereis etwa zwei Kilometer dick gewesen, dann wäre alles, was den Berg hinuntergeflossen wäre, auf oder nahe dem Gletscherniveau aufgehalten worden. Die spätere Verdunstung des Eises hätte die steile Geländestufe zurückgelassen. Ähnliche Vorgänge wurden für Vulkane auf der Erde beschrieben, die an Gletscher angrenzen.

Diese und andere geologische Gegebenheiten auf dem Mars sprechen eher für eine starke Vergletscherung als für ausgedehnte, an der Oberfläche strömende Flüsse. Indem man solche geologischen Formen glazial interpretiert, löst man auch ein größeres Problem, auf das die Planetenforschung stößt, wenn sie versucht, die Klimageschichte des Mars zu modellieren. Es ist sehr schwierig, plausible Szenarien vorzulegen, in denen der Mars zeitweise in der Lage war, eine Atmosphäre aufrecht zu erhalten, die groß genug war, um flüssiges Wasser am Boden zu halten, das dann verschwinden muß, wobei nur ein Hundertstel seiner ursprünglichen Masse zurückbleibt. Und das soll alles geschehen sein, während eine „Fluß"-Landschaft mit Hilfe von Überschwemmungen geschaffen wurde, die weitaus größer waren als diejenigen, die jemals über die Erdoberfläche strömten.

Während die Venus-Oberfläche für ein Leben auf der Grundlage von Wasser zu heiß ist, so ist der Mars zu kalt dafür. Die steinigen Monde der großen äußeren Planeten sind sogar noch kälter als der Mars. Doch im Unterschied zum ihm sind diese so kalt, daß gefrorenes Wasser auf ihrer Oberfläche lange geologische Zeiträume überdauert. Daher scheint es ausgeschlossen zu sein, daß auf anderen Himmelskörpern unseres Sonnensystems an der Oberfläche Leben existiert. Unterirdisches Leben ist jedoch etwas anderes. Der Mars, die Monde der größeren Planeten, viele Asteroiden und sogar unser Mond sollten als mögliche Orte außerirdischen Lebens angesehen werden.

Die vertiefte Suche nach außerirdischem Leben

Ein äußerst spannendes Forschungsgebiet der Zukunft, auf dem wir viel über den Ursprung und die Entwicklung des Lebens lernen werden, ist die Erforschung des Lebens unter der Oberfläche anderer Planeten unseres Sonnensystems. Bei diesen notwendigerweise kostspieligen und langwierigen Erkundungsmissionen wäre es sehr hilfreich, wenn man bereits ein klares Verständnis für das erste derartige Beispiel erlangt hätte: Die Biosphäre in der heißen Tiefe der Erde. Es dürfte von beiderseitigem Vorteil sein, wenn die Weltallforschung und die geologisch-chemische Erforschung unseres eigenen Planeten Hand in Hand gingen. Dies würde Befunde ermöglichen, die für beide Forschungsbereiche bedeutsam sind.

Obwohl sich die Oberflächenbedingungen der anderen festen Planeten sehr von denen auf der Erde unterscheiden, dürften unter der Oberfläche vieler größerer Himmelskörper Bedingungen vorherrschen, die denen bei uns ähneln. Das Verhältnis von Druck und Temperatur zur jeweiligen Tiefe dürfte natürlich anders aussehen. Doch die Entwicklungschancen für Leben in einiger Tiefe dürften sich nicht allzu sehr von denen bei uns unterscheiden. Auf der Oberfläche und in den Atmosphären vieler Himmelskörper wurden Kohlenwasserstoffe (u.a. Methan) spektroskopisch nachgewiesen. Es ist zu erwarten, daß unter der Oberfläche der meisten von ihnen Wasser in flüssiger Form vorkommt (Anscheinend war in der die Sonne umgebenden Wolke, aus der die Planeten hervorgingen, reichlich Wasser enthalten. Auf verschiedenen anderen Planeten und Kometen, die deutlich kälter als die Erde sind, wurde Wassereis nachgewiesen). Das Gestein dieser Himmelskörper dürfte wie hier auf der Erde einige oxidierte Bestandteile enthalten, die als Sauerstofflieferanten dienen können. Damit wäre das Feld für mikrobielle Lebensformen bestellt.

Um nach Belegen für außerirdisches unterirdisches Leben zu suchen, wäre der Mars der preiswerteste planetarische Körper. Denn man muß nicht unbedingt ein Raumschiff losschicken, um mit einer solchen Mission zu beginnen. Manche Meteoriten, die auf die Erde niedergehen, besitzen die chemischen Eigenschaften des Mars. Einige Meteoriten, die man auf den Eisfeldern der Antarktis aufgelesen hat, scheinen vom Mars zu stammen. Das für den Mars typische Verhältnis von Spurenelementen wie die Edelgase von Neon bis Xenon als auch das ungewöhnliche Verhältnis der Stickstoff-Isotope in der Mars-Atmosphäre sind von den frühen *Viking*-Landungssonden ermittelt worden. Ganz ähnliche Werte für diese Mengenverhältnisse zeigen sich in diesen Meteoriten. Es scheint unwahrscheinlich, daß Trümmer eines anderen Himmelskörpers bei diesen Mengenverhältnissen derart genaue Übereinstimmungen aufweisen könnten. Millionen von Jahren nach einem Meteoriteneinschlag auf den Mars, bei dem Gestein ins All geschleudert wurde, führten die Umlaufbahnen einiger dieser Bruchstücke zur Kollision mit der Erde.

1996 lieferte einer dieser Meteoriten mit der offiziellen Bezeichnung *Allan Hills 84001* deutliche Befunde, daß seine mineralische Struktur durch mikrobielle Lebensformen verändert wurde, als er noch Teil des Mars war.[114] Eine eingehende Untersuchung ließ es sehr unplausibel erscheinen, daß diese Befunde auf die Kontamination durch Lebensformen der Erde zurückzuführen sind. Die biologischen Strukturen befanden sich vermutlich bereits im Inneren des Steins, bevor er vom Mars weggeschleudert wurde. Wie viele andere Meteoriten wurde *Allan Hills 84001* auf einem großflächigen Gletscher der

[114] D. S. McKay et al. (1996): *Search for Past Life on Mars: Possible Relic Biogenic Activity in Martian Meteorite ALH 84001,* Science 273 (5277), 16. 8. 1996, S. 924ff.

Antarktis gefunden, wo er nicht mit Rückständen von Lebewesen der Erde gekommen war.

Der Meteorit *Allan Hills 84001* verleiht unserer Suche nach außerirdischem Leben Gewicht, weil der Gesteinsbrocken mit großer Sicherheit nicht von der Marsoberfläche stammt, sondern aus einiger Tiefe. Nur ein sehr großer Meteoriteneinschlag auf dem Mars kann dazu geführt haben, daß ein Objekt vom Mars aus in eine Umlaufbahn geschleudert wurde, die es schließlich auf die Erde gelangen ließ. Weil es auf dem Mars viele Einschlagkrater gibt, ist das sicher nicht unmöglich. Bei einem größeren Einschlag dürfte das meiste von dem Material, das abgelöst und wahrscheinlich mit hoher Geschwindigkeit weggeschleudert wurde, aus einer erheblichen Tiefe stammen. Ist das der Fall gewesen, dann kommen die Belege für biologische Vorgänge im Meteoriten *Allan Hills 84001* Belegen für Leben in der Tiefe gleich – allerdings nicht für Leben an der Marsoberfläche, das später von jüngeren Oberflächensedimenten verschüttet wurde.

Wenn ein kleiner Meteorit lange Zeit im Weltraum unterwegs ist, dürften sich die flüssigen oder gasförmigen Rückstände der Mikrobiologie aus der Tiefe in kurzer Zeit vollständig verflüchtigt haben. Es sind die festen Erzeugnisse der Lebewesen, die uns Hinweise liefern. Nach welchen festen Stoffen sollten wir suchen? Wenn Lebensformen auf Kohlenstoffbasis im Inneren des Mars sich von primordialen Kohlenwasserstoffen, die von unten heraufströmen, ernähren oder ernährt haben, und wenn Lebensformen auf dem Mars Sauerstoff benötigten, um an die Energie zu kommen, die durch chemische Reaktionen des Sauerstoffs mit den Kohlenwasserstoffmolekülen entsteht, dann wäre der veränderte Zustand der Sauerstofflieferanten ein Beleg. Wenn etwa Eisenoxide als Sauerstoffspender dienten, dann wäre Eisen in einem weniger oxidierten Zustand das Endprodukt, das magnetische Eigenschaften hätte. Magnetit ist die am weitesten verbreitete Form, und wie in Kapitel 6 ausgeführt, war die große Menge an sehr kleinen Magnetitpartikeln, die in unserem Bohrloch in Schweden gefunden wurde, ein wichtiger Beleg für aktives Leben. Sollte dagegen alternativ dazu Schwefeloxid den Sauerstoff geliefert haben, dann wären als bleibende Überreste Metallsulfide zu erwarten. Das Ergebnis einer Oxidation von Kohlenwasserstoffen wären Kohlendioxid und Wasser. Diese würden in vielen Gesteinsarten mit Kalzium oder Magnesium reagieren und so feste Karbonate bilden. In unserer eigenen Biosphäre in der Tiefe nehmen die Karbonate als Nebenprodukte des Lebens die Form von Zementen an, die enge Porenzwischenräume im Gestein versiegeln.

Wir wissen, daß hochoxidiertes Eisen auf dem Mars reichlich vorhanden ist. Sehr feinkörniger Magnetit wurde in dem Meteoriten *Allan Hills 84001* nachgewiesen, der auf Spuren biologischer Veränderungen hin untersucht worden ist. Eisensulfid und Karbonat-Zement sind ebenfalls in diesem Meteorit enthalten. Darüber hinaus finden sich in ihm polyzyklische aromatische Kohlenwasserstoffe. Dabei könnte es sich um jene großen Moleküle handeln, die von einem primordialen Rohöl zurückbleiben, das einst in dem Gesteinsbrocken enthalten war, dessen leichtere Moleküle sich während der vielen Tausenden von Jahren, in denen sie dem Vakuum des Alls ausgesetzt waren, verflüchtigt haben. Dazu kommen im Meteoriten enthaltene kleine Objekte, die unter dem Elektronenmikroskop sichtbar sind, bei denen es sich durchaus um Fossilien von Mikroben handeln könnte. Obwohl die vermeintlichen Fossilien für sich allein keinen endgültigen Beweis darstellen, spricht die Verbindung von Magnetit, Eisensulfid, Karbonaten und schweren Kohlenwasserstoffen aus meiner Sicht sehr deutlich für eine mikrobielle Erklärung. Zwar kann jeder dieser Stoffe auch ohne biologischen Eingriff entstanden sein. Doch dürfte die Wahrscheinlichkeit, daß sie zufällig gemeinsam in einem kleinen Gesteinsbrocken auftreten, sehr gering sein. Viele Öl- oder Gasbohrungen auf der Erde zeigen genau die gleiche Kombination (doch auch eine Verbindung mit Helium, das ein Meteorit nicht durch das All transportieren kann).

Die These vom Leben unter der Mars-Oberfläche klingt inzwischen so überzeugend, daß ein Besuch auf dem Mars in dieser Frage wissenschaftlich sehr ergiebig sein könnte. Künftige Missionen zu anderen Planeten, die Proben zur Erde mitbringen sollen, müßten möglichst auf Stellen gerichtet werden, an denen an der Oberfläche Material zu finden ist, das ursprünglich aus einiger Tiefe stammt. Der Boden der tiefen *Valles Marineris* ist so ein Ort. Dort haben riesige Erdrutsche Material freigelegt, das sich einst sehr tief in wasserführenden Schichten befunden haben muß. Auch große Meteoriteneinschläge dürften tief in wasserführende Bereiche vorgedrungen sein, wobei einzelne hochgeschleuderte Brocken ebenfalls wasserbedingte Veränderungen aufweisen könnten.

In meinem Aufsatz von 1992, der die Idee von der Biosphäre der heißen Tiefe vorstellt, nahm ich an, daß vielleicht zehn Himmelskörper unseres Sonnensystems unter ihrer Oberfläche solchen Lebensformen geeignete Lebensbedingungen bieten könnten, die vom Grundsatz her auch im Erdinneren leben.[115] Meine Vorhersage stützte sich auf eine eher einfache Faustformel: Von jedem felsigen Himmelskörper, der mindestens so groß wie der Erdmond ist, darf erwartet werden, daß er über die dafür erforderlichen unterirdischen Bedingungen hinsichtlich Wärme und aufsteigender Kohlenwasserstoffe verfügt.

Zwei Überlegungen führten mich dazu, die Größe unseres Mondes als Untergrenze für ein Leben unter der Oberfläche festzulegen. Zum einen können Himmelskörper, die kleiner als unser Mond sind, wahrscheinlich selbst in der Tiefe kein flüssiges Wasser vorhalten. Zum anderen sind Kohlenwasserstoffe auf dem Mond empirisch belegt. Der einzige nachvollziehbare Grund für die tief im Inneren des tektonisch

[115] Vgl. Thomas Gold (1992), wie Anm. 2.

erstarrten Mondes beobachteten Beben sind Poren, die sich wegen aufsteigender Fluide öffnen und schließen. Auch dort dürften die Fluide wie auf der Erde primordiale Kohlenwasserstoffe enthalten. Ein Instrument, daß von einer *Apollo*-Mission auf dem Mond aufgestellt wurde, wies während solcher Erschütterungen Gasteilchen mit der Atommasse 16 nach. Ich kenne bis auf Methan kein Atom oder Molekül mit dieser Masse, das so stabil und reaktionsunfähig ist, daß es sich seinen Weg durch das Mondgestein hätte bahnen können.

1992 kam ich daher zu dem Schluß, daß unterirdisches Leben im Inneren einer Reihe von Himmelskörpern tatsächlich möglich wäre. Doch konnte ich damals nicht einschätzen, ob außerirdisches Leben nicht nur möglich, sondern auch wahrscheinlich – oder vielleicht sogar vorhanden – ist. Mittlerweile bin ich davon überzeugt, daß im Inneren dieser Himmelskörper höchstwahrscheinlich Leben existiert. Ich kann zwar heute genauso wenige handfeste empirische Belege vorweisen wie damals. Die Argumentation beruht vielmehr auf Logik. Vor allem unterstelle ich nicht nur, daß die Biosphäre tief im Inneren der Erde unabhängig von ihrer Oberflächenbiosphäre besteht, sondern auch, daß erstere Vorläufer der zweiten ist. Wenn mein Fazit korrekt ist, daß zehn Planeten in ihrem Inneren Bedingungen aufweisen, die Leben ermöglichen, daß aber nur unser eigener Planet Leben an der Oberfläche zuläßt, dann wäre die Entstehung einer tiefen Biosphäre nur auf dem einen Planeten, auf dem auch Oberflächenleben möglich ist, höchst unwahrscheinlich.

Interdependente Anfänge oder Panspermie?

Wenn unterirdisches Leben woanders im Sonnensystem existiert, entstand es dann auf jedem Himmelskörper eigenständig? Oder gibt es vielleicht natürliche Vorgänge, durch die Leben von einem Planeten oder Mond zum anderen gelangt? Die letztgenannte Art der interplanetarischen biologischen Infektion wird als *Panspermie* bezeichnet.

Um auf diese Fragen zu antworten, müssen wir überlegen, ob sich mikrobielles Leben spontan an allen dafür günstigen Orten entwickeln könnte. Wie wahrscheinlich ist es, daß unabhängig voneinander entstandenes Leben eine ähnliche chemische Grundstruktur angenommen hat? Und wenn die Infektion von einem Planeten zum andern ein Mechanismus wäre, wie würde er funktionieren?

Wenn wir auf einem anderen Planeten eine Biologie antreffen würden, die sich auf völlig andere, außerhalb des beobachteten Variantenbereichs für das Leben auf der Erde liegende, chemische Entwicklungsschritte stützt, dann müßten wir daraus auf einen eigenständigen Ursprung schließen (wenn auch nicht mit letzter Sicherheit). Diese Entdeckung würde wiederum bedeuten, daß höchstwahrscheinlich bestimmte Varianten des Lebens an vielen Orten mit entsprechend günstigen Bedingungen entstehen. Doch würden wir auf Lebensformen mit ähnlichen chemischen Grundeigenschaften stoßen, könnten wir dann eine Panspermie von einer sehr weitgehenden parallelen Evolution unterscheiden? Vielleicht ist nur unsere eigene Biochemie in der Lage, lebenstüchtige Organismen hervorzubringen. In dem Fall könnte man keine anderen finden. Oder unsere Biochemie gehört zu einer kleinen Anzahl biochemischer Systeme, die man deshalb auch anderswo antreffen kann.

Doch was wäre, wenn die Biochemie einer außerirdischen Ökologie in etwa der auf der Erde gleichkäme doch mit entgegengesetzter Chiralität (Händigkeit)? Wie in Kapitel 9 ausgeführt, ist ein Molekül händig, wenn sich ein anderes Molekül nur dadurch von ihm unterscheidet, daß es sein Spiegelbild darstellt. So ist etwa DNA ein spiralförmiges rechtsdrehendes Molekül. Sein chirales Gegenstück wäre das gleiche Molekül, nur eben mit linksdrehender Helix.

Wenn wir in den biologischen Molekülen anderer Planeten und Monde grundlegend gleichartige chemische Vorgänge wie hier auf der Erde, aber eine der unseren entgegengesetzte Händigkeit nachweisen würden, dann besäßen wir ausreichend Belege, um davon auszugehen, daß Lebewesen, die auf den gleichen chemischen Grundlagen aufbauen, auf anderen Planeten und Monden mit ähnlichen unterirdischen Bedingungen sehr wahrscheinlich *eigenständig* entstanden sind. Würde man jedoch dort die gleiche Händigkeit antreffen, könnte man nur sagen, daß diese Keime aus einer gemeinsamen Evolution mit uns stammen (Panspermie), oder daß ein eigenständiger Entstehungsprozeß auf der Basis gleicher chemischer Grundlagen zufällig (mit einer Chance von 50 zu 50) auf die gleiche Händigkeit wie bei uns zurückgriff.

Würden wir diese Beobachtungen für einen weiteren Planeten oder Mond wiederholen und dabei ein zweites außerirdisches Beispiel mit der gleichen, erdähnlichen Chiralität erhalten, kämen wir zu dem Schluß, daß die Beweise allmählich auf einen gemeinsamen Ursprung hindeuten, denn bei einem eigenständigen Ursprung wäre die Wahrscheinlichkeit, daß dieselbe Chiralität in drei unabhängigen Fällen auftritt, nur 1 zu 4. Die Erforschung weiterer Himmelskörper wäre dann für die Lösung des Problems unerläßlich.

Doch durch welchen Mechanismus könnte sich Leben, das auf einem Planeten oder Mond entstanden ist, auf andere ausbreiten? Der in der Antarktis aufgefundene Mars-Meteorit liefert die Antwort: Ein massiver Einschlag, der Bruchstücke eines Planeten oder Mondes ins All schleudert. Doch zusätzlich zum durch den Wechsel vom alten auf den neuen Heimatplaneten ausgelösten Trauma wäre der Gesteinsbrocken mit dem Leben in seinem Inneren während der Reise kosmischer Strahlung ausgesetzt. Dauert die Reise länger, wären die Tücken der ausgedehnten Ruhephase eine zusätzliche Herausforderung für eine weitere erfolgreiche Infektion eines Mondes oder Planeten. Die schädliche Strahlung und der lange Zeitraum würden dem Transport von Leben zwischen Sternensystemen – die galaktische Panspermie – deutliche Grenzen setzen. Die Chancen würden sich verbessern, gäbe es in den Räumen zwischen den Sternen Himmelskörper mit der Größe eines Planeten, auf denen Leben möglich ist. Die größten und raffiniertesten Fernrohre haben allerdings größte Schwierigkeiten, solche Himmelskörper zu entdecken.

Molekülwolken könnten solche dunklen Objekte ständig hervorbringen, und nur ein Bruchteil davon würde mit einem Stern in Verbindung gebracht werden. Diese könnten, wie anscheinend die Erde über Milliarden von Jahren in ihrem Inneren, mikrobielles Leben beherbergen und unterhalten. Dementsprechend könnten sie auch Leben in tiefen Schichten durch interstellare Räume tragen. Käme ein solcher Himmelskörper zufällig in die Nähe eines Planetensystems, könnten Kollisionen mit Planeten dazu führen, daß lebendes Material verbreitet wird. Einschläge auf kleineren Objekten, die wie bei dem Mars-Meteoriten Stücke abplatzen lassen, könnten zu dem gleichen Ergebnis führen. In diesem Fall hinge die Übertragung weder von einem Überleben im Ruhezustand über einen langen Zeitraum, noch von einer langanhaltenden Widerstandsfähigkeit gegen kosmische Strahlungsschäden ab, zwei Probleme, die andere Vorschläge zur galaktischen Panspermie unwahrscheinlich erscheinen lassen. Selbst wenn, wie hier beschrieben, sehr viel gegen eine galaktische Panspermie spricht – unmöglich ist sie nicht. Panspermie zwischen Planeten eines Planetensystems wäre durchaus möglich, wie der Meteorit vom Mars gezeigt hat.

Ob das alles nur nutzlose Spekulationen sind? Sollten wir die in diesem Kapitel vorgetragenen Ansätze ignorieren? Sollten ich und andere aufhören, die Biosphäre der heißen Tiefe zu erforschen und unterirdisch nach mikrobiellen Lebensformen zu suchen? Sollte es die Wissenschaft demnach aufgeben, systematisch die Herkunft des Erdöls, die Ursache für die enge Verbindung zwischen Helium und Erdöl, die Auslöser von Erdbeben und die Gründe zu erforschen, warum unterschiedliche Erze so oft gemeinsam vorkommen? All das sind Phänomene, die von den herrschenden Theorien erst noch erklärt werden müssen. Daher ist ihnen besondere Aufmerksamkeit zu widmen. Das ist besser als die Vernachlässigung unerklärlicher Phänomene, wozu die moderne wissenschaftliche Literatur oftmals neigt. Die Wissenschaftsgeschichte liefert viele Beispiele offensichtlich unerklärlicher Vorgänge, für die schließlich völlig vernünftige Erklärungen gefunden wurden. In fast allen Fällen haben universell vertretene Annahmen die Wahrheit so nachhaltig verdeckt, daß kein Fortschritt auf dem Weg zu einer Lösung möglich erschien. Doch gerade bei solchen scheinbar unerklärlichen Erscheinungen müssen wir hoffen, auf Anhaltspunkte zu stoßen, die uns zeigen, wie wir uns von falschen Überzeugungen befreien können.

Spekulationen sind bei einem solchen Bemühen ein wesentlicher Schritt. Man spekulierte früher, daß sich die Erde um die Sonne drehen könnte. Ohne diese Spekulationen wäre es meines Erachtens nie zu jenen systematischen Forschungen gekommen, die diese Theorie bestätigten. Auch wenn vorgeschlagene Lösungen noch reine Spekulation sind, treiben sie die Forschung an. Deren Ergebnisse werden am Ende zeigen, wer recht hatte. Auf diese Weise wird unser Denken auf einen neuen und besseren Weg ausgerichtet.

Danksagung

Vor allem bedanke ich mich bei Connie Barlow, die mir sehr dabei geholfen hat, über diesen vielschichtigen und facettenreichen Gegenstand zu schreiben. Ihre Vorschläge führten dazu, aus meinen Ansichten und Ideen Sätze zu formen, die leichter verstanden werden können. Sie steuerte zudem verschiedene wichtige Erklärungen bei und ermittelte in meinen umfangreichen Unterlagen wichtige Zitate.

Sehr viel verdanke ich auch William Frucht, früher Herausgeber des Verlages *Copernicus*, der sich sehr für das äußerst ausgeprägte unterirdische Leben und seine zahlreichen möglichen Auswirkungen auf verschiedene Bereiche der Geowissenschaften interessierte. Er überzeugte mich, dieses Buch zu verfassen.

Zum Glück zeigte sich Jonathan Cobb, der gegenwärtige Herausgeber des Verlages *Copernicus,* in ähnlich großem Maße am Thema interessiert. Als Lektor hat seine spitze Feder viel zur Knappheit und Klarheit der Erklärungen beigetragen. Ich danke auch Connie Day für ihre zahlreichen Anregungen bei der Feinkorrektur.

Ralph E. Gomory, Präsident der *Alfred P. Sloan Foundation*, und Dr. Jesse Ausubel als Stiftungsmitarbeiter begeisterten sich ebenfalls für das Thema. Ich rechne ihnen hoch an, daß ihre Stiftung viele der zahlreichen Kosten übernahm, die beim Sammeln von Belegen entstanden.

Vor einiger Zeit fiel mir auf, daß ich gar nicht der Urheber der Theorie vom Ursprung des Erdöls in der Tiefe bin: Wissenschaftler aus Rußland bzw. der früheren Sowjetunion hatten sich schon seit mehr als einem Jahrhundert mit diesen Themen befaßt und zu ihrer Untermauerung wahrhaft riesige Mengen an Informationen zusammengetragen. Besonders der inzwischen verstorbene Peter Kropotkin, ein anerkannter Geologe am Geologischen Institut der Akademie der Wissenschaften der UdSSR, war für mich die wichtigste Informationsquelle. Ich war sehr erfreut, als ich von der Akademie der Wissenschaften der UdSSR eingeladen wurde, ein Kapitel zu einem Erinnerungsbuch für Mendelejew beizutragen, der als einer der ersten auf eine solche Theorie verwies.

Die Unterstützung meines früheren Freundes und Kollegen Dr. Steven Soter schlägt sich an mehreren Stellen in längeren Passagen nieder, besonders in Bezug auf Erdbeben. Er hatte dazu aus mehreren Jahrhunderten und vielen Ländern Augenzeugenberichte gesammelt und mich, indem er mir die ganze Breite von Sichtweisen darlegte, sehr ermutigt, damit verbundene Probleme neu zu durchdenken und Ungereimtheiten in vielen allgemein akzeptierten Erklärungen zu ermitteln.

Bei meinen Überlegungen zu den riesigen Mengen an unterirdischer Mikrobiologie, die nötig sind, um die biologischen Moleküle überall im Erdöl zu erklären, wurde ich von den beeindruckenden Forschungsergebnissen von Professor Ourisson und seinen Mitarbeitern in Straßburg (Frankreich) beeinflußt. Sie hatten gezeigt, daß in Gesteinen sehr große Mengen von Bakterienresten zusammen mit Öl und Gas auftreten. Allerdings legten sie dafür eine andere Erklärung vor als ich.

Ich danke auch meiner Frau für die große Geduld, die sie aufbrachte, wenn ich mich tagelang in mein Studierzimmer zurückzog und mein Zeitplan manchmal ihre ordentliche Haushaltsführung durcheinanderbrachte.

Register

Verlagsanzeigen

Edgar L. Gärtner

Öko-Nihilismus 2012

Selbstmord in Grün

ISBN 9783940431318, Jena 2012, 317 S., 19,90 EUR (D)

Wie die Geschichte zeigt, sind alle Formen historischer Heilsgewissheit nihilistisch: Ihre Vertreter leugnen in ihrer Alles-oder-Nichts-Einstellung stets das, was nicht in ihr Schema passt. Daß sich auch an der religiös gewendeten Ökologie nihilistische Züge ausmachen lassen, arbeitet Edgar L. Gärtner in seiner Fundamentalkritik an Ökologismus und Öko-Nihilismus sorgfältig heraus. Der Autor ist einer der profiliertesten deutschen Ökologen und Autor zahlloser Beiträge zu Umweltthemen, u. a. in Die Welt, FAS und Chemische Rundschau (Schweiz).

Felix Somary

Krise und Zukunft der Demokratie

ISBN 9783940431196, Jena 2010, 154 S., 12,90 EUR (D)

Der österreichisch-schweizerische Ökonom und Bankier Dr. Felix Somary (1881-1956) galt zu Lebzeiten als Orakel, denn er sagte mehrmals ökonomische Krisen präzise voraus. Joseph Schumpeter, Ludwig von Mises, Otto Bauer, Sir Ernest Cassel, Max Weber und anderen großen Zeitgenossen war er in Freundschaft verbunden. Dazu kam eine beeindruckende Universitätskarriere, darunter als Assistent bei Carl Menger in Wien, mit zahlreichen wegweisenden Veröffentlichungen (u.a. *Bankpolitik*, 1915). „Krise und Zukunft der Demokratie" ist Somarys politisches Testament.

Thomas Kirchner

Alternativlos

Warum wir jetzt erst recht ungezügelte Finanzmärkte brauchen

ISBN 9783940431523, Jena 2014, 265 S., 19,90 EUR (D)

Ein Insider packt aus: Das Buch ist ein leidenschaftliches Plädoyer eines deutschen, lange an der Wall Street tätigen Fondsmanagers gegen die Überregulierung der Finanzwirtschaft. Als direkt Beteiligter räumt er dabei mit zahlreichen Mythen, Medienenten und Mißverständnissen auf. Als Hauptschuldige der derzeitigen Krise sieht der Autor Politiker, die in ihrer Inkompetenz ihrer Verantwortung nicht gerecht werden können. Denn ehe man Finanzmärkte regelt, müsste man ihre Wirkungsweise verstehen.

Michael von Prollius

Die Euro-Misere

Essays zur Staatsschuldenkrise

ISBN 9783940431301, Jena 2011, 239 S., 16,90 EUR (D)

Die mit dem Euro verbundenen Ziele haben sich als Illusion erwiesen. Inzwischen ist klar, dass auch der Euro selbst eine Illusion ist. Das herrschende staatliche Geldsystem lässt sich weder ökonomisch noch rechtlich noch sozial oder moralisch glaubwürdig rechtfertigen. Die Essays des Geldexperten Dr. Michael von Prollius befassen sich mit den unser Geld betreffenden grundsätzlichen Fragen, bieten eine alternative „österreichische" Sicht auf dessen Funktionsweise und damit auf die Finanz- und Wirtschaftskrise und entwickeln zudem einen Ausweg aus der Misere.

Donna Laframboise

Von einem Jugendstraftäter, der mit dem besten Klimaexperten der Welt verwechselt wurde

ISBN 9783940431332, Jena 2012, 220 S., 19,90 EUR (D)

Der sogenannte Weltklimarat IPCC genießt großes Ansehen. Es wird stets erklärt, dessen Klimaberichte entsprächen höchsten wissenschaftlichen Standards, da sie von den weltweit besten Fachleuten erstellt würden. Die Autorin, eine bekannte kanadische Journalistin, zeigt, daß das keineswegs der Fall ist. Das Gremium ähnele eher einem schwer erziehbaren Jugendstraftäter als einer Wissenschaftsinstitution. Die Autorin koordinierte 2010 eine akribische Untersuchung aller 18.531 Quellen des 4. IPCC-Sachstandsberichts. Sie gilt als eine der weltweit besten Kennerinnen des IPCC.

Ayn Rand

Die Tugend des Egoismus

Eine neue Auffassung des Egoismus

Mit weiteren Beiträgen von Nathaniel Branden

ISBN 9783940431554, Jena 2015/24, 181 S., 19,90 EUR (D)

Ayn Rand entwickelt in ihrem Buch die moralischen Prinzipien des Objektivismus, einer Philosophie, die das Leben des Menschen als einem rationalen Wesen als Maßstab moralischer Werte ansieht und besagt, daß Altruismus unvereinbar mit der menschlichen Natur, den schöpferischen Anforderungen seines Überlebens und einer freien Gesellschaft ist.